无花果

贮藏保鲜加工与综合利用

◎ 段玉权　林　琼　范　蓓　主编

中国农业科学技术出版社

图书在版编目（CIP）数据

无花果贮藏保鲜加工与综合利用 / 段玉权，林琼，范蓓主编 . —北京：中国农业科学技术出版社，2019. 11

ISBN 978-7-5116-4432-9

Ⅰ. ①无…　Ⅱ. ①段…②林…③范…　Ⅲ. ①无花果-果蔬保藏②无花果-水果加工　Ⅳ. ①TS255. 3

中国版本图书馆 CIP 数据核字（2019）第 212827 号

责任编辑　闫庆健　王思文　马维玲
文字加工　孙　悦
责任校对　贾海霞

出 版 者　中国农业科学技术出版社
北京市中关村南大街 12 号　邮编：100081
电　　话　(010)82106632(编辑室)　(010)82109702(发行部)
(010)82109709(读者服务部)
传　　真　(010) 82106625
网　　址　http://www.castp.cn
经 销 者　各地新华书店
印 刷 者　北京科信印刷有限公司
开　　本　787 mm×1 092 mm　1/16
印　　张　18. 25
字　　数　366 千字
版　　次　2019 年 11 月第 1 版　2019 年 11 月第 1 次印刷
定　　价　59. 00 元

《无花果贮藏保鲜加工与综合利用》

编　委　会

主　编： 段玉权　林　琼　范　蓓

副主编： 董　维　张明晶　朱　捷　丁　洋　吴　斌

编　委（按姓氏笔画排序）：

丁　洋　方　婷　朱　捷　乔勇进
齐淑宁　关文强　孙　蕾　李托平
李庆鹏　李苏红　李　昂　李咏军
吴　斌　宋丛丛　张沛宇　张明晶
张佰清　陈　静　范　蓓　林　琼
赵垚垚　荣瑞芬　钟耀广　段玉权
柴奕丰　梁丽松　董　维　翟雯怡

序

我国是世界水果生产大国，改革开放以来，我国水果种植业得到突飞猛进的发展，2017 年我国水果果园种植面积为 1 114万公顷，较 2016 年同期的 1 090万公顷增长 2.14%。其中，柑橘种植面积居水果种植面积首位，超过 256 万公顷；苹果种植面积居第二位，超过 232 万公顷。2017 年我国水果总产量为 25 241.9万吨，产量较 2016 年同期的 24 405.2万吨增长 3.43%，较 1978 年增长了 38 倍。其中，苹果产量居各类水果产量之首，达到 4 139万吨，较 2016 年同期增加 3.2%。

随着水果产量的增加，我国水果贮运保鲜以及加工技术的水平也呈直线上升状态。但由于我国的水果贮藏保鲜与加工相对来说起步较晚，对于产业的需求来说相对滞后，水果产后减损和精深加工增值工程技术研究与开发及产业化发展严重滞后，主要表现在水果采后损失率高、冷链物流体系不健全、附加值高的精深加工产品少等方面，这些问题严重制约着水果产业的发展。水果因含水量高、容易腐烂、不易贮藏，我国新鲜水果的腐烂率每年高达 20%左右，是发达国家的 3~5 倍。长期以来我国重视采前栽培和病虫害防治，却忽视采后相关问题的研究。产地基础设施缺乏和条件落后，不能很好地解决产地水果分选、分级、清洗、预冷、冷藏运输、加工等问题，致使水果在采后流通过程中的损失相当严重。目前，我国水果及其加工品出口主要以鲜果和初级加工品为主，产品附加值较低。在水果加工过程中，往往有大量废弃物产生，包括落地果、不合格果以及大量的下脚料如果皮、果核、种子、叶、茎、根等，这些废弃物中含有较为丰富的营养成分，综合利用不足便造成了资源浪费。另外，缺少标准化管理，年出口量和销售价格均较低。

党的“十九大”报告指出，“既要创造更多物质财富和精神财富以满足人民日益增长的美好生活需要，也要提供更多优质生态产品以满足人民日益增长的优美生态环境需要”。随着我国已经进入中国特色社会主义新时代，人们对水果鲜果及其产品的消费需求正由“数量消费”向“质量消费”转变，即要求新鲜、方便、营养、安全的洁净水果产品。

无花果作为我国传统特色水果，在民间种植历史悠久，但无花果的消费主要是无花果果干制品，干制过程中无花果营养物质损失较大。随着消费者对鲜无花果营养的认知度越来越高，近年来，无花果的种植与消费呈现井喷式增长，这就迫切需要鲜无花果的贮运保鲜技术、无花果精深加工技术和副产物综合利用技术。本书汇集了无花果贮藏保鲜加工与综合利用代表性研究成果，作者由工作在果蔬贮藏保鲜研究一线的专家担任，详细讨论了我国无花果贮藏保鲜和加工技术现状、贮藏加工特性、贮藏生理生化变化、生理病害及其防治方法、贮运保鲜技术、深加工与综合利用技术等，将国际上前沿、先进的的理论与技术实践呈现给读者，同时还附有便于读者进一步查阅信息的参考文献。

希望本书的出版，能拓宽无花果贮藏保鲜加工与综合利用领域科研人员和企业技术人员的思路，推进无花果贮藏保鲜、初加工、精深加工和综合利用的协调发展，引导和规范无花果产业的发展，提高我国无花果产业的国际竞争力。

冯双庆

2019 年 6 月

前言

无花果（*Ficus carica* Linn.），又名文仙果、底珍树、阿驵、天仙子、密果、树地瓜、明目果、映日果、优昙钵、奶浆果、蜜果夹肺桃、野枇杷、天仙桃、天生子、阿驿、文先果等。为桑科（*Moraceae*）榕属（即无花果属）多年生灌木或小乔木，属于亚热带浆果类果树。无花果原产地为中海沿岸，考古发现无花果在中东地区已有11 000年的栽培历史，是人类驯化最早的经济作物。无花果于汉代随“丝绸之路”被引入我国，并最早在新疆维吾尔自治区（全书简称新疆）南部栽培，以和田、阿图什一带种植广泛，到唐、宋由新疆传到甘肃、陕西、中原及岭南等地，在我国已有2 000年的栽植历史。目前，世界无花果年产量超200万吨，主要分布在美国、以色列、西班牙、意大利、埃及、伊朗等国家；中国无花果栽培主要分布在新疆和威海地区，年产量大约为4万吨，排在世界第二十位。制约无花果在中国发展的主要因素是低温伤害，随着我国设施农业的不断发展，设施无花果在北方地区已经兴起，南方热带和亚热带地区无花果引种也已经开始兴起，无花果在我国的发展前景广阔。然而，鲜食无花果的贮藏保鲜技术一直是困扰无花果产业健康发展的瓶颈。如何有效减少无花果采后损失，提高无花果附加值已成为我国鲜食无花果产业亟待解决的重大问题，加强无花果采后成熟衰老的生物学基础研究、提高采后无花果贮运保鲜和精深加工水平，提升无花果产品品质及市场竞争力，对保证无花果产业持续健康发展具有重要意义。

近年来，本团队承担了“一氧化氮调控桃果采后冷藏过程抗氰呼吸作用机理研究”“浆果贮藏与产地加工技术集成与示范”“园艺作物产品加工副产物综合利用”“新疆石榴贮藏与冷链物流技术研究与应用”“无花果采后分级与贮运技术规范”农业行业标准项目等国家重点研发专项、国家自然科学基金、农业部公益性行业科研专项项目和课题。在无花果贮藏保鲜及加工领域进行了多年深入研究，攻克了一批关键技术难题，取得了一批科研成果，培养了一批技术人才。在此基础上编写了《无花果贮藏保鲜加工与综合利用》一书。本书内容共七章，第一章为无花果贮藏保鲜加工与综合利用的概述，介绍了我国无花果贮藏保鲜和加工技术现状、存在的问题以及贮藏保鲜加工的发展方向。第二章为无花果贮藏加工特性，介绍了影响无花果贮藏的因素、适宜贮藏加工的主要无花果品种及耐藏性和加工特性。第三章为无花果贮藏过程中的生理生化变化，介绍了无花果贮藏过程中的化学成分变化、蒸腾作用及成熟衰老相关的代谢。第四章为无花果采后生理病害及其防治方法，介绍了无花果侵染性病害、非侵染性病害、无花果果实的虫害及防治方法。第五章为无花果贮运保鲜技术，介绍了无花果采收前的农业生产管理、采收方法和技术要求、采后分级及包装技术、贮藏保鲜方法。第六章为无花果深加工技术，介绍了果干、果汁、果酒、果醋、果粉等加工技术。第七章为无花果综合利用技术，介绍了补骨脂素、佛柑内酯、生物活性物质提取技术。本书汇集了本团队及本领域的最新成果，在内容上更加突出系统性、新颖性和创新性。本书旨在为无花果贮藏保鲜加工与综合利用提供有益的参考和指导，进而为我国无花果保鲜加工行业的科技创新提供技术支撑。

中国农业科学院农产品加工研究所段玉权研究员、林琼副研究员、范蓓副研究员、张明晶副研究员、董维副研究员、朱捷副研究员、李庆鹏助理研究员、赵垚垚博士后、张沛宇硕士，中国农业科学院植物保护研究所李咏军副研究员、上海农科院乔勇进研究员、新疆农业科学院吴斌研究员、北京物质学院丁洋副教授参与了本书的编写，硕士研究生宋丛丛、李昂、陈静、齐淑宁、柴奕丰、方婷、翟雯怡等也参与了本书部分内容的编写。中国农业大学冯双庆教授、北京联合大学荣瑞芬教授、天津商业大学关文强教授、中国林业科学院梁丽松研究员、山东省林业科学院孙蕾研究员、上海海洋大学钟耀广教授、沈阳农业大学李拖平教授、张佰清教授、李苏红教授在本书编著过程中给与了指导。同时在编写过程中参考了国内外有关专家学者的论著，在此表示最衷心的感谢。

鉴于作者水平所限以及无花果贮藏保鲜加工与综合利用研究领域技术发展迅猛，书中内容难免有偏颇或遗漏之处，恳请各位读者批评指正。

编　者

2019 年 6 月

目　录

第一章　概　述

第一节　我国无花果产业发展现状

无花果（*Ficus carica* Linn.），又名文仙果、底珍树、阿驵、天仙子、密果、树地瓜、明目果、映日果、优昙钵、奶浆果、蜜果夹肺桃、野枇杷、天仙桃、天生子、阿驿、文先果等。为桑科（*Moraceae*）榕属（即无花果属）多年生灌木或小乔木，属于亚热带浆果类果树。无花果原产地为地中海沿岸，考古发现无花果在中东地区已有 11 000 年的栽培历史，是人类驯化最早的经济作物。无花果在汉代随着“丝绸之路”被引入新疆南部，以和田、阿图什一带尤盛，到唐、宋由新疆传到甘肃、陕西、中原及岭南等地。2016 年，全国无花果种植面积已达 5 000 公顷，产量达到 4.18 万吨。目前，我国的无花果产地主要分布在山东、新疆、江苏、上海、浙江、福建、广东、陕西、四川、广西壮族自治区（全书简称广西）等地；华北地区的无花果主要集中在山东省沿海的青岛、烟台、威海地区；江苏省主要分布在南通地区、盐城地区、丹阳市、南京市；福建省集中栽培在福州市，上海市郊也有一定种植面积。新疆主要分布在阿图什、库车、疏附、喀什市、和田等地。山东省无花果种植面积最大，约 0.23 万公顷，其中威海有 2 000 公顷，青岛、烟台、济南较多。新疆无花果种植面积全国排名第二，为 0.10 万~0.13 万公顷，其中阿图什市 667 公顷左右，喀什地区和和田地区各 200~267 公顷[1-2]。20 世纪 80 年代我国才开始系统开展无花果栽培理论和技术的研究，但随着经济的增长和人民生活水平的提高，无花果的营养、药用和保健价值日益受到重视[3-5]。近几年我国先后从意大利、以色列、美国、日本等国家引进 90 多个无花果品种，此项目被列为全国经济作物类农业引智精选项目。利用无花果研制出重要药用化工原料——无花果蛋白酶，生产出的药用无花果口服液等保健产品经济效益显著，目前在国际市场上货源紧缺，出口前景广阔，国内消费市场也较少见到鲜果[6-15]。因此，实现无花果规模化、产业化、科学化生产是开拓农村经济增长点，致富果农，丰富消费者对健康果品需求及调整我国农产品结构的重要途径[16-18]。

一、我国无花果栽培现状

无花果喜光、耐旱、耐湿、耐盐碱、耐高温、不耐严寒，适宜在年平均气温为15℃、5℃以上生物学积温达4 800℃的温暖湿润地区生长，在-10℃以下容易发生冻害[19]。因此，我国热带和亚热带地区及胶东半岛沿海地区适宜无花果种植。但在保护地栽培模式下，无花果栽培区域可以扩大至全国。例如，我国新疆南部地区无花果栽培要进行冬季主枝埋土防冻，北京地区无花果要进行设施栽培[20]。

无花果苗木繁殖主要有扦插繁殖、嫁接繁殖、压条繁殖、组织培养等无性繁殖技术。“早春硬枝催根营养钵扦插促成育苗”是无花果高效育苗模式（3个月即可出苗定植），但比普通扦插成本要高，大约10元/株[21]。目前，这一育苗技术在北京等北方地区露地栽培无花果具有应用潜力。

无花果栽培品种根据果皮颜色可分为红妃格（红色品种），如玛斯义陶芬、波姬红、日本紫果等；黄妃格（黄色品种），如美丽娅、金傲芬和新疆早黄等；翠妃格（绿色品种），如青皮、108B等[22,23]。尤其值得关注的是，近几年无花果被引入北京并进行了设施栽培，“妃格”系列无花果，如红妃格、紫妃格、黄妃格、翠妃格、青妃格等已取得试验成功。在不加温日光温室栽培条件下，鲜果供应期可达6个月（6—11月）；在加温日光温室栽培条件下，无花果鲜果可周年供应。另外，无花果没有严重的病虫害，一般无需特别防治。在北京设施平茬栽培条件下，无花果抗旱，耐瘠薄，没有病虫害，无需用药，是生产有机高端果品的珍贵树种[12]。

我国无花果品种有1 000多个，但具有推广价值的不超过100个。无花果可分为野生类型和人工栽培类型。其中，栽培类型按结实是否需授粉又可分为普通类型、斯密尔那类型、中间类型和原生类型。普通类型无花果不经授粉即可形成可食用的果实，目前世界范围内栽培品种多属此类[24]。斯密尔那类型无花果花托内只有雌蕊，需原生类型无花果花粉授粉才可结实，一般有夏果和秋果，许多制干优良品种属于此类。中间类型无花果介于普通类型和斯密尔那类型之间，第一批花序不需授粉即可结实（春果），第二、第三批花序需经授粉方可结实（夏果、秋果），生产上常以夏果为主。原生类型无花果被认为是栽培类型的原始种，其花托内生有一种疣吻沙蚕属的小幼虫形成的虫瘿花，依靠其成虫传播花粉才可结果。根据果实成熟时期可将无花果分为夏果专用种、秋果专用种、夏秋果兼用种。福建省莆田市林山无花果基地引种的5个无花果品种：波姬红、美丽亚、日本紫果、丰产黄和青皮的成熟期都在夏秋季，属夏秋果兼用种。根据无花果果皮和果肉颜色可分为绿色品种，如青皮、绿抗1号；红色品种，如波姬红、日本紫果、麦司依陶芬等；黄色品种，如丰产黄、布兰瑞克、金傲芬等[25]。郭英[26]用细胞学中核型分析、同工酶及基因组随机扩增多态DNA（RAPD）分子标记方法，把普通无花果类型中的6个栽培品种聚类成3群：原产于美国的波姬红和金傲芬、原产于日本的日本紫果和麦斯依陶芬及原产于法国的布兰瑞克、中国无花果单独成群。王亮等[27]利用RAPD标记技术对山东省58份普通无花果资源进行了DNA水平遗传多样性评估，认为58份资源分23个组，即23个不同的基因型，且各基因型之间的遗传相似性较高。

我国无花果栽培还存在着品种结构单一，栽培面积少，管理水平低，采用保鲜技术落后等问题。随着研究工作的深入，无花果的营养价值、药用价值、保健价值逐渐被认可，特别是用于治疗癌症方面研究的进步，使人们对无花果的经济价值有了更深的认识，无花果栽植范围不断扩大。但我国无花果种植产业发展时间短，还存在很多亟待解决的问题。我国目前尚没有无花果国家种质资源圃，栽培品种结构单一，栽培面积少，管理水平低，抗灾能力弱，采后保鲜技术相对落后。因此，我国发展无花果生产应不断提高果农的商品化意识和组织化程度，加强宣传，实施名牌战略。应选择优良品种，建立无花果绿色种植基地，生产优质果品，并通过加强采后处理，进一步增强果品质量。同时，应加大科研力度和投入，深入研究无花果优质丰产栽培技术、采后贮藏保鲜技术、病虫害生物防治技术等。随着分离、提纯技术的成熟和精密仪器的使用，无花果中新的生物活性成分的发现，活性成分的高效制备、结构改进和增效及含有无花果活性成分的药品、营养健康食品、保健品研制开发等必将成为无花果生产与研究中的新热点[8]。

二、我国无花果资源的研究现状

无花果为桑科无花果属，染色体数为2n=26。无花果的资源类型主要分为野生型和栽培型2种，其中栽培型又分为3个园艺类型：“普通型（Common）”（第一批果或有或无，第二批果可不经过授粉而成熟）、“斯密尔那型（Smyrna）”（通常没有第一批果，第二批果只有授粉后才能成熟）和“中间型（SanPedro）”（第一批果可以不经过授粉而成熟，但是第二批果授粉后才能成熟）。目前，世界上所报道的无花果栽培种中，75%是“普通型”，18%为“斯密尔那型”，其余7%是“中间型”或者“原生型”。研究表明，“玛斯义陶芬”与“布兰瑞克”以及“日本紫果”聚成一类，“金傲芬”与“波姬红”聚在一起。目前，我国无花果主栽品种为“妃格”系列，包括红妃格、紫妃格、黄妃格、翠妃格、青妃格等。

三、无花果果实发育及成熟研究

无花果的果实由花托及内生隐头花序发育形成，属于假果。无花果的花芽分化大致分为3个时期：分化始期、花托形成期和小花形成期。无花果果实生长发育呈快-慢-快典型的双S形曲线，“始熟期”为缓慢生长期和第二个快速生长期之间的转折期；果实随着内部的小花逐渐膨大而成熟，在始熟期以前小花膨大主要发生在子房，在始熟期以后小花膨大主要发生在花梗；子房迅速膨大是果实进入始熟期的标志，而花梗快速膨大是果实进入成熟期的标志。无花果始熟期前筛分子伴胞复合体和周围薄壁细胞存在共质体联系，但始熟期后变为共质体隔离，同时果实整个发育过程中果肉薄壁细胞间始终存在大量胞间连丝。所以，无花果果实同化物韧皮部卸载路径存在由共质体向质外体转变的转折过程。始熟期后果实淀粉开始分解，同时伴随着葡萄糖和果糖快速积累；无花果果实发育过程中脱落酸（ABA）含量整体呈下降趋势，但乙烯释放量随着果实发育逐渐增加，在始熟期呈现高峰，所以无花果果实属于呼吸跃变型果实。最近的研究发现，ABA 控制了果实种子的发育和成熟，乙烯控制了果实的膨大和成熟。另外，根据果实成熟时期可将无花果分为夏果和秋果。

四、贮藏保鲜技术现状

目前，贮藏保鲜技术主要有冷藏、1-甲基环丙烯（1-MCP）处理、气调贮藏、二氧化硫（SO_2）处理、二氧化氯（ClO_2）处理等措施。无花果适宜的冷藏温度为-2~4℃，在0℃条件下能达到很好的保鲜期。冰点冷藏可能是无花果果实保鲜发展的新方向。另外，100 毫克/升醋酸溶液处理后 2℃冷藏是简易有效的保鲜方法。国外现在对无花果采后贮藏保鲜的研究主要集中在贮藏保鲜方法的选择应用与贮藏过程中的硬度、固形物含量、糖等营养成分变化和抑制腐烂效果的研究上，关于无花果采后的呼吸强度、酶活性、细胞壁结构等生理变化的研究较少，对果实的基因表达、调控等方面的研究刚刚开始。我国对无花果的研究多集中在功能成分的提取和栽培技术的发展方面，采后生理及贮藏保鲜技术研究处于起步阶段，但与国外同行相比差距较大。采用的贮藏保鲜技术主要有冷藏、1-MCP 处理、气调贮藏、二氧化硫（SO_2）处理、二氧化氯（ClO_2）处理、热激处理和冷激处理、涂膜保鲜、辐射处理等。

近几年来，壳聚糖涂膜保鲜技术在果蔬保鲜方面得到广泛应用。马肖静等[28]研究表明，壳聚糖涂膜可以抑制无花果果实的呼吸消耗，降低维生素 C 和可滴定酸的降解速率；同时，可减少果实水分蒸发，推迟酸败的发生，有效抑制前期果皮褐变（6~8天），改善果实的商品性状。在 1~3℃条件下，壳聚糖涂膜的无花果果实货架期达 6~8天。壳聚糖涂膜处理中，以 1.5%壳聚糖涂膜处理无花果保鲜效果较理想。

欧高政等[29]研究表明，冷激处理对无花果腐烂指数的增长较热水处理和 1%大蒜提取液处理有着更为明显的抑制作用，且以冷激处理 1.5 小时的效果最明显，而冷激处理 1.5 小时也能有效保持无花果可溶性固形物、可滴定酸及维生素 C 含量，贮藏保鲜效果明显优于其他各组处理，且简便实用，是一种较为理想的无花果保鲜方法。目前，生产上用一些化学保鲜剂对无花果进行保鲜，虽然可以降低其呼吸强度，减少失水，提高硬度，但是化学保鲜剂的存在对人们的食用安全存在影响。研究结果表明，1%的大蒜汁虽效果不及其他处理，但也能起到保鲜作用。因此，尝试从一些植物中提取天然保鲜剂，既可减少无花果果实贮藏期间的品质损失，并且无毒、无残留，符合绿色食品的要求，有着较好的应用前景。

无花果的贮藏寿命和产品品质与呼吸强度、乙烯释放量、膜透性及自由基的积累等诸多因素密切相关，因此选择合理的保鲜处理手段降低呼吸强度及乙烯的释放量，抵御自由基的破坏作用是保鲜的关键所在。应铁进[30]通过试验研究发现，采用钙处理和热激处理都能有效地抑制无花果在贮藏期内的各种生理生化反应，降低腐烂率。而且从整体来说，热激处理的效果要更好于钙处理。

无花果在0℃下贮藏能有效降低其呼吸强度，减少乙烯释放量，降低组织内各种酶活性，使无花果能保持较低的呼吸水平，延长贮藏期，保持其商品价值。同时，试验发现，在0℃、2℃、4℃温度贮藏下的无花果，在贮藏10~15天时，果皮出现褶皱，果肉质地变松弛，果皮表面出现褐色病斑。应该是随着贮藏时间延长，果实失水严重，贮藏环境湿度小，有害微生物滋生所致。对于如何解决无花果贮藏中出现褐色病斑的现象，需要对无花果采后生理及贮藏品质进行更深入的研究。贮藏30天时，臭氧冰膜处理的无花果SOD（超氧化物歧化酶）、CAT（过氧化氢酶）、POD（过氧化物酶）活性值均明显高于对照组、冰膜处理组。臭氧冰膜处理显著地提高了无花果SOD的活性，与对照组相比，其酶活性峰值的出现时间推迟了5天，使SOD活性一直保持较高活性水平。因而，有效地抑制了MDA（丙二醛）的积累和细胞相对膜透性的增加。在前期阶段有显著抑制膜透性增加的作用，主要原因可能是抑制了乙烯的作用。臭氧冰膜保鲜可以维持POD较高的活性，减弱膜脂过氧化作用，其过氧化有害产物也将减少，在一定程度上保护了细胞膜系统，延缓果实组织衰老。臭氧冰膜处理可以延缓CAT活性的下降，将其活性保持在较高的水平上，从而更好地保护无花果延缓其衰老。而贮藏30天时，对照组、冰膜处理组、臭氧冰膜处理组的无花果MDA含量分别为：24.43微摩/克、22.79微摩/克、16.34微摩/克，冰膜处理组、臭氧冰膜处理组均与对照组无花果MDA含量呈现极显著性差异（$P<0.01$），冰膜处理组与臭氧冰膜处理组之间MDA含量差异显著（$P<0.05$），表明经臭氧冰膜处理能有效地抑制无花果MDA的产生，延缓果实衰老[31]。

五、加工技术现状

目前，无花果果实的加工产品主要包括果干、果脯、果酱、果汁、果粉、果酒、保健饮料和口服液等。无花果果实中含糖多，含酸量少。鲜果中的可溶性固形物含量在15%~22%，而且其果胶含量丰富，果实的可食部分非常高。果品的常规加工工艺都可以应用于无花果的加工上，因此可以对无花果进行多种加工。同时，由于无花果的保健功效，可将其加工成为保健茶等系列保健品。最近的研究发现，无花果成龄叶可以制作清香的上等绿茶，参考工序为：在60~80℃旋转加工条件下，杀青20分钟变软，而后取出进行揉捻，再回炉烘干20~40分钟，脱水至绿中泛黄即可。由于无花果叶中含有丰富的营养、保健及药用成分，因此茶叶可能是推动无花果产业发展的重要环节。另外，经初步试验，原汁原味的无花果罐头也是一种加工简便、适宜推广的加工品。

赵丛枝等[32]以无花果为试验材料对发酵型无花果果酒的加工工艺进行了研究，得出最佳的无花果果酒发酵工艺条件：发酵酵母选用高活性干酵母（葡萄酒用），酵母接种量为0.04%，发酵初始pH值控制在3.5，最适发酵温度为25℃，最佳发酵时间为7天，在以上条件下可发酵出酒香醇厚、果味浓郁、色泽美观、酒精度为9.24%的果酒。左勇等[33]以无花果为原料对无花果果酒的发酵条件进行了优化。结果表明，优化后的发酵工艺条件为：发酵温度20℃，糖度22%，总接种量0.7%，二氧化硫添加量为60毫克/升，发酵pH值为6。经过方差分析得出，各因素中温度和糖度对无花果果酒酒精的产率有非常显著的影响，接种量有显著影响。寇天舒[34]对无花果果酒做了进一步的发酵，得出无花果果醋的最佳工艺条件：首先将无花果果酒的酒精度调至为7%~8%，醋酸固态发酵最适工艺条件为接种量0.4%，稻壳：麸皮=1：4，35℃的发酵温度，总酸含量6.88克/100毫升。缪静[35]对无花果果醋发酵工艺进行了优化，得到最佳发酵条件：旋转摇床转速220转/分，发酵温度33℃，接种量5.4%，在此条件下，醋酸含量可达52克/升。

周涛等[36]采用八成熟的无花果，经过选料、清洗、破碎、打浆、配料、浓缩、装罐、密封、杀菌、冷却等工序，制备低糖无花果果酱。产品呈现紫红色或者红褐色，有光泽；甜酸适度，有无花果特有的风味及滋味；具一定的胶凝性，无糖结晶、不分泌液汁、不流散、无杂物。热娜古丽·木沙等[37]用3种方法研制果酱，进行比较分析得出，一次性加糖多次浓缩法改为分次性加糖或分次性加糖并加柠檬法后，无花果果酱的安全保存期分别延长1倍和4倍以上，认为添加10%柠檬汁分次加糖法制作的无花果果酱口感和贮藏效果最佳。无花果果酱在加工过程中，应避免与铁器等接触，以免引起果酱变色，所用的设备和器具应该用不锈钢材料制成；在浓缩过程中，应注意经常搅拌，以免结焦产生异味。同时，还要控制一定的浓缩时间，通常以20分钟左右为好，浓缩时间过长，容易造成产品颜色加深，香味、酸度及其他营养物质的损失增多。汤慧民等[38]以无花果和苹果为原料研制出无花果苹果复合果酱的最佳配方：无花果果浆：苹果果浆=4：5，添加14%（质量分数）的糖，添加0.02%的柠檬酸，制得色泽、风味、口感以及组织状态均俱佳的无花果苹果复合果酱。黄鹏[39]研究了无花果果酱的生产工艺，获得最佳的生产工艺为：无花果果浆：白砂糖=1：0.4~0.6，浓缩终点温度控制在

105～110℃，3 次加糖煮制进行浓缩。周涛等[38]对低糖无花果果酱生产技术进行了研究，得出较佳的生产工艺参数：无花果预煮 3～5 分钟后打浆加入配料（配料为无花果浆料：砂糖=1：0.5，加柠檬酸 0.3%，琼脂 0.5%～0.8%，常压浓缩至可溶性固形物含量达到 45%～48%时装罐。

何志德等[40]采用无花果、茶叶、黄芪和升麻经烘干加工等工序，目前已经成功研制出具有营养保健功效的无花果保健茶，并且投入批量生产。该产品的开发，有利于企业开拓新的市场，同时也可使茶农、果农增收致富。

我国大约有 90%以上的无花果被加工成无花果果干，果干在尽量保留营养的同时还增强了耐贮性。关于无花果果干的研究并不是很多，目前采用的干燥方式还是比较传统的晒干、风干和烘干等。Stamations J、Babalis 等[41]对无花果的薄层干燥工艺条件进行了研究，结果表明，无花果的薄层干燥工艺最佳条件为：气流最佳温度范围为 55～58℃，气流最佳流速范围为 0.5～3 米/秒，对干燥速率有显著影响的因素是气流温度。强立敏[42]对无花果真空冷冻干燥工艺进行了研究，得出结论：无花果切片厚度控制在 7～10 毫米，干燥室的压力控制在 30～50 帕，加热板的温度控制在 50～60℃，在此条件下对无花果切片的干燥速率较快而且耗能较低，制得的无花果果片无论从各种理化指标、营养成分，还是从感官指标等方面均体现出了较好的优势。张倩等[43]以威海“青皮”无花果为原料，采用变温压差膨化干燥加工技术，制得的产品具有口感酥脆、果味浓厚、营养丰富和储运方便等优点，延长了无花果产业链，丰富了无花果的产品种类。

张倩等[44]对无花果果脯加工工艺进行了研究，指出加工要点为 50%糖液浸糖，0.15%亚硫酸氢钠护色，0.4%β-葡萄糖酸内酯硬化，浸果 1～2 小时。先以 60℃烘干 5 小时，后以 50℃干燥 25 小时至水分含量达到 20%～22%，含糖量达 60%。此工艺条件下生产的无花果果脯具有较高的渗透压，在低水分环境中可长期保藏，作为一种休闲食品，实现了无花果的周年供应，有效延伸了无花果的产业链。值得注意的是，在果脯干燥过程中，最好使用不锈钢筛网，以缩短干燥时间。如需增加果脯的风味，可以适量添加柠檬酸或抗坏血酸。

无花果如果制成粉也能够较多的保留其有效的营养保健成分，并且可以用水冲泡，增加消化吸收率。汤慧民等[45]用喷雾干燥法对无花果微胶囊粉的制取进行了研究。通过正交试验分析获得了微胶囊化无花果粉的最佳工艺条件：壁材和芯材的比例为 4：1，麦芽糊精：阿拉伯胶=1：1，其中有 30%的固形物含量，0.3%的乳化剂添加量，2 次均质都在压力 30 兆帕的条件下进行，进风温度和出风温度分别为 200℃和 81℃，此种试验方法更适合于工业化的批量生产。

近年来，无花果的深加工研究逐渐增多，尤其是果汁饮料的研究。杨萍芳[46]以无花果为主要原料，对无花果果肉饮料的制作工艺进行了研究。采用正交试验的方法，得出最佳配方：40%的无花果果浆，添加 8%的白砂糖、0.02%的柠檬酸和 0.1%的复合稳定剂，制得的无花果果肉饮料质地均匀，口感爽滑，酸甜适口。马晓军[47]采用九成熟以上的无花果制备无花果饮料。其配方为澄清无花果果汁 30%，饴糖 3%，砂糖 6%，酸度（以柠檬酸计）0.2~0.35 克/100 毫升，抗坏血酸 0.02%，柠檬酸钠 0.03%，山梨酸钾 0.05%。生产的果汁总固形物达 10%以上，氨基酸>0.005 克/100 毫升，总酸（以柠檬酸计）0.2~0.35 克/100 毫升，并且具有无花果特有的清香，没有其他异味，酸甜可口。汤慧民[48]以无花果干为原料，得出无花果果汁澄清和调配的最佳工艺：将水和无花果干以 7：3 的比例进行榨汁，在 4℃的低温下进行 6 小时的冷澄清，然后在此汁中加入 50%的糖浆 0.3 克和 0.5%的柠檬酸 0.5 克。所制得无花果澄清果汁饮料的澄清效果较好，并且生产成本较低，口味酸甜适中，甘甜爽口，易于被大众接受。沙坤等[49]生产固体发泡饮料，通过正交试验获得无花果浆的最佳酶解条件：果胶酶的添加量为 0.3%，酶解最适温度为 45℃，酶解时间为 5 小时；用微胶囊包埋工艺进行制粉，最佳包埋剂及用量为 β-糊精添加量 1%，麦芽糊精添加量为 1.5%，与 1%的 CMC-Na（羧甲基纤维素钠）以同样的比例包埋。无花果糖和氨基酸的含量均较高并且营养丰富，很适合做发酵型饮料。魏东[50]以优质的无花果果酱和牛蒡原汁为原料，研制开发了无花果、牛蒡混合汁的乳酸菌发酵饮料，选择保加利亚乳杆菌（Lb）：嗜热链球菌（St）=1：1 混合乳酸菌为发酵菌种进行发酵试验。混合汁最佳配方：无花果：牛蒡=7：3，最适发酵温度 41℃，发酵时间 24 小时，总接种量 4%；发酵液的最佳调配配方为：蔗糖添加 5%，柠檬酸添加 0.02%，稳定剂添加 0.2%的耐酸 CMC-Na 和 0.03%的黄原胶。

第二节　我国主要省份无花果产业发展现状

一、新疆

近年来，随着“一带一路”的提出，跨区域的农产品贸易流通日益发展，新疆作为“丝绸之路经济带”的核心，其农产品贸易更是深受“一带一路”浪潮的影响，跨地区甚至跨国家贸易不断增多。随着跨区域的农产品流通的发展和深化，物流在农产品销售发展过程中处于日益重要的地位，这对新疆农产品物流模式及其发展提出了更高的要求。与此同时，新疆地区农产品物流技术也在不断发展和提高，冷链物流等专业物流技术不断进步，自营物流和第三方物流等多种物流方式共同发展，农产品物流模式呈现出日益多样化、专业化的形势。当然，新疆地区农产品物流模式在不断发展的同时，也存在着一定的问题，尤其是在基础设施建设和物流技术方面，都有待加强[51]。

无花果在新疆南部尤多，主要分布于塔里木河流域的阿图什、喀什、和田等地，其中以阿图什栽培最盛，素有“无花果之乡”的美称。新疆无花果资源丰富，目前大多将无花果加工成果酱、果脯等制品。但由于采用传统的加糖法加工，果酱及果脯甜度高、口感很腻，故消费量极低。

无花果传入中国的第一站是新疆。因此，新疆不仅是我国无花果的最早种植地，也是我国无花果种植的传播和扩散中心。无花果自汉代随着“丝绸之路”传入中国以来，虽然已经扩散到全国，但是其种植面积尤以和田、阿图什一带最大。目前新疆是我国无花果种植面积最大的规模化生产地，主要分布在天山以南的克孜勒苏柯尔克孜自治州的阿图什市，在库车、疏附、喀什、和田、库尔勒和吐鲁番地区也有一定规模的种植。阿图什的无花果以其优良的品质誉满全疆，有“无花果之乡”的美誉。阿图什市松塔格乡松塔格村、阿孜汗村、麦协提村，阿扎克乡的铁间村，泰合提云乡的泰合提云村被称为“无花果之村”。

阿图什的无花果之所以出名，与其适宜无花果生长和结实的特定环境有关。夏季炎热、冬季寒冷、气候干燥、日照时足、昼夜温差大、无霜期长等是这里最明显的气候特征。阿图什的夏季中午温度可高达 50～60℃，年降水量 78 毫米，但是蒸发量高达 3 218.2 毫米；无霜期长达 240 天，全年日照时间在 2 745 小时以上，跟地中海地区类似，这种地区气候正适于无花果树的生长。阿图什的无花果产量特别高，一般单株可达 50～100 千克，也有单株结果 4 730个、年产量达 33.78 千克的高产纪录。阿图什地区无花果的生长环境位于沙漠边缘地带，缺水、土壤盐碱化严重。因此，阿图什维吾尔人为了防止沙漠化扩大，改善绿化庭院环境质量及提高农民收入，选用了抗旱性较强的无花果。研究者在调查中发现，阿图什维吾尔人居住的庭院、公园、学校、清真寺及餐厅门前均能看到种植或盆栽的无花果。他们认为无花果叶大、美丽，并有吸收空气中有毒物质的作用，能调节并改善屋内和庭院的气候。他们还认为当无花果果实成熟时，早晨在果园里深呼吸，能提高人的情绪并预防各种神经衰弱等疾病。阿图什人认为，无花果为“幸福和吉祥”的象征树，栽培于花盆中的传统习惯与伊斯兰文化有关。无花果作为象征树的习惯已经传到了喀什、乌鲁木齐、博乐市、塔城、阿克苏和和田等新疆的其他地区。无花果在阿图什维吾尔人的民间传统应用范围较广，不仅在食物和保健品方面有应用，而且其果、叶和乳汁均有单方和复方的药用作用。迄今为止，阿图什当地居民还保留有每天吃几粒蜜浸无花果可以长寿的传说和习惯[52]。艾沙江·阿不都沙拉木等[53]研究探讨的治疗 23 种疾病的“民间处方”是阿图什维吾尔人在应用无花果中积累的经验，具有现代医学方面的重要研究价值。阿图什维吾尔族人在 6—10 月，有每天连续食用 4～6 个成熟的无花果的习惯，以提高人体的免疫力，使人长寿。

南疆属于暖温带大陆性干旱气候，并且农区几乎无工矿企业，土壤、大气、水质无污染，加之气候极端干燥，病虫害少，不用农药和其他化学制品，所产果品易达到绿色食品标准。本地区的阿图什无花果已经成为中国地理标志产品，而且与驰名全国的吐鲁番葡萄、哈密瓜、伊犁苹果、库尔勒香梨齐名，是新疆的名优特产之一。当地群众充分利用这一资源优势，开展无花果深加工，大力发展无花果相关产业。无花果已经成了当地群众脱贫致富的“摇钱树”。因此，其他地区也可以借鉴阿图什的经验，积极发展无花果产业，加快脱贫致富的步伐。

随着特色林果产品销量的不断增加，新疆越来越多的贫困户实现了脱贫。岳普湖县的无花果产业，就是助力贫困户实现脱贫的特色林果产业之一。目前，岳普湖乡喀拉玉吉买村的无花果种植面积达到 3 180亩（15 亩=1 公顷。全书同），并且为了延长无花果产业链，岳普湖县还为喀拉玉吉买村投资新建了无花果加工厂，目前主体工程已完工。他们将无花果做成无花果果酱，也可以做烘干无花果干。另外，还积极鼓励村民就近在这个卫星工厂就业，让村民真正实现致富。

二、山东威海

我国无花果主要有三大产区，新疆、华东沿海、山东半岛，栽培面积达 8 万多亩，其中山东荣成达 1.5 万亩。山东省威海市是我国北方最早栽植无花果的地区，借助当地独特的地理、气候等条件，经过多年的规模化发展，无花果栽植已成为当地种植最为广泛、经济效益最为显著的产业之一。2014 年，威海地区荣成市被中国经济林协会授予“中国无花果之乡”称号。

（一）种植情况

1. 面积和产量

由于无花果具有易栽易活、无虫害、易管理等优点及销售形势向好，近年来，区内栽植面积逐年增加，由 2012 年的 0.8 万亩发展到目前的 1.37 万亩，年产鲜果 2.5 万吨，是除苹果外种植面积和产量最大的果品。

2. 种植模式

一是专业合作社经营，合作社为果农社员提供技术指导和收购销售服务，目前有觉苑、马格、宏丰等 14 家无花果合作社，涉及农户 4 500户，栽植面积 4 800 多亩。二是规模化种植，通过种植大户、采摘园等流转土地扩大种植规模，现有占地 1 000 亩的仙极无花果生态园一处，100~500 亩的种植基地 13 处，总面积约 3 000 亩。三是农户利用自有土地或房前屋后分散种植，约占种植面积的一半。

3. 栽植品种

现有青皮、布兰瑞克等 10 余个品种，其中种植最广泛的为本地青皮，产量、面积均占 95%以上。2016 年王同勇等[56]在威海地区引进 7 个国内外无花果新品种。结果表明，7个无花果良种在威海地区均生长良好，适应性好。其中，B1011成熟期早，采摘时间长，适量发展可以调节市场供应期；B110果实不裂口，外观和内在品质均较好，成熟期集中，丰产性高，作为鲜食加工兼用品种，具有较大发展潜力；波姬红果实色泽艳丽，风味浓郁，不易裂口，可适当发展；玛斯义陶芬虽然抗寒性较差，果实成熟时遇雨易裂口，但果实个大，果色鲜艳，可在保护地适度栽培发展。为促进品种改良，区内仙极无花果生态园与山东省林业科学院合作，开展国家“特色小浆果良种选育及产业化”科研专项，已引进24个国内外优质品种进行试验；觉苑无花果合作社培育的保存期长、易于加工的无花果新品种，通过了中国林业科学研究院验收。[54]

4. 品质情况

荣成无花果品质优良，风味独特，驰名全国。鲜果入口，香甜软糯，如吃奶油椰丝点心，令人赞不绝口。荣成无花果鲜果含糖15%~24%，且多为人体可直接吸收的果糖和葡萄糖，还含有18种氨基酸，其中8种是人体必需的，含有多种维生素、矿质元素以及纤维素等，维生素C含量是橘子的2.3倍。果实性味甘、平，具开胃、润肠、消炎、解毒、催乳、止痢和治痔疾等多种功效。特别是果实内含有多种抗癌成分，有着独特的防癌抗癌效果，已得到世界各国公认，被誉为“21世纪人类健康的守护神”。

（二）加工销售情况

区内新引进乐康休闲食品项目，果脯生产线已投入使用，全部投产后可生产果汁、果茶、果酱、冻干和烘干无花果等6个系列、13个品种，年消化原料2 000余吨。另外，还有3家作坊式加工厂，年产果干、果脯15吨左右。由于缺少加工企业，本地无花果除少量鲜食，大部分通过收购商收购、合作社及个人销售、休闲采摘等方式外销，比例分别为55%、35%、10%。果品商主要是为威海市、烟台市等加工企业收购，价格根据企业需求变化较大，产量较少年份曾达到每千克14元，其余时间在1~3元。合作社销售，主要通过对接超市、批发商，马格无花果专业合作社销售收入年增长20%以上，2015年对接超市、批发商400多批次，销售2万千克，销售收入达30万元。农户销售以前主要靠肩挑手推，近年来随着电子商务的快速普及，许多果农试水网络营销，20余家种植户在淘宝、1号店开设网店30多家，2015年电商营销约11万千克，平均售价在20~60元不等，是本地零售价的3~5倍。休闲采摘主要是政企合力，通过举办无花果采摘节等方式进行推介，年可接待游客约1.5万人次，收入100多万元。

三、河北

河北栾城县圣康无花果种植基地是石家庄乃至河北省最大的无花果种植基地，是2013年国家命名的唯一的无花果科普示范基地。从2008年开始，该基地陆续引进无花果新品种，并对各品种的果实品质、抗逆性和丰产性等性状进行试验研究，优选出了多个适宜本地区栽培的优良无花果品种，解决了亚热带水果在北方生长的技术难题，基地所生产的无花果果酒、无花果果茶等产品深受当地市民欢迎。

四、江苏

句容无花果是江苏省句容市的特产。句容“龙山湖”牌无花果鲜果、蜜饯、果茶和无花果冻干产品，深受广大消费者的喜爱，2009 年度被评为镇江市名牌产品，2011 年被评为镇江市名牌农产品。目前，镇江地区的无花果产业已初具规模，以郭强创办的句容市虎耳山无花果专业合作社为平台，无花果种植户数已达到 103 户，种植面积达到 400 多亩，分布在句容市茅山镇、石狮镇、白兔镇、下蜀镇等乡镇。合作社被命名为江苏省五好专业合作社；以合作社下属的句容市碧园果品厂为龙头，以遍及沪宁线上的 100 多个产品销售网点为窗口，镇江市无花果年产值达 270 多万元。句容市行香碧园果品厂的产品日益受到消费者的喜爱，主打产品“龙山湖”牌无花果蜜饯，已经成为镇江市和句容市的新兴土特产。在全国市场，该品牌的产品也凭借优良的质量，建立起了覆盖苏州、无锡、常州、上海、南京等经济发达城市的销售网点。

江苏省常熟市神农果业 2009 年种植的 80 亩无花果如今已进入盛产期。夏季的高温，更是让无花果产量翻倍，亩产达到了 2 000 千克，预计总产量可达 16 万千克。为走规模化生产之路，神农果业目前已将无花果种植基地扩大到 280 亩。一旦这些无花果全部进入盛产期，产量将比前几年翻几倍。在保证产品品质的同时，神农果业不断探索加工之路。这几年，神农果业不断引进新设备，实现了对无花果的冻果、冻干等处理，最大限度地保持了果实的营养价值，让无花果在保持美味的前提下走向广阔市场。正因为在生产和储运环节上下足了功夫，2013 年，神农果业的无花果不仅顺利打入了南京、上海市场，还通过了出口所要求的各项检测，远销日本，并将出口西班牙。出口量已经占生产总量的 30%，销往周边城市的份额达到 40%。在常熟本地市场，其产品已经进入欧尚、常客隆等超市。

五、四川

近年来，四川省内江市林业局坚持将“发展现代林业、带动农民增收”作为重点工作，采取“以项目为依托、以市场为导向”的办法，大力推进无花果产业发展，渐显成效。整合项目资金，利用退耕还林及专项建设、天然林保护、林业科技示范等工程项目，把林业工程、企业扶持、农业产业化、财政扶持资金和农发行政策性贷款整合起来，集中用于无花果产业基地建设和对龙头企业的重点扶持。目前，全市发展无花果面积 3. 2 万亩，其中核心连片区达 2. 3 万亩，2016 年产量达 1. 6 万吨，是全国最大的集中成片种植基地。实行园区化管理，建立了威远县无花果现代林业示范园区，成立了园区管委会，构建起在党委领导下，政府有关部门、群团组织、社会组织和公众等共同参与的园区治理格局。园区引进了4个无花果种植企业，3个无花果加工企业，示范带动成效显著。强化“科技+品牌”效应，威远县获得“中国无花果之乡”和“国家地理标志保护产品”两块牌子；“金四方牌”获得内江市知名商标，无花果基地获得“四川省森林食品基地”认证；“向家岭牌”无花果系列产品获得“四川省特色食品”称号，在第四届中国义乌森林产品博览会上获得优质奖。依托中国农业大学，研究所已经选育出4个适合内江市气候的新品种，并开始示范推广，“金四方1号无花果”通过四川省林木良种审定委员会审定为“地方优良品种”。培育带动主体，在确权颁证的基础上，通过农村产权交易流转服务体系和农村金融体制改革，重点支持无花果新型农业经营主体培育发展。已培育无花果新型经营主体15个，其中威远县向家岭无花果种植农民专业合作社和南强无花果种植专业合作社为省级示范社。

四川省威远县位于四川盆地中南部，气候温暖湿润，四季分明，有适宜无花果种植生长的优良环境。威远县无花果种植自清末以来，已有100多年的历史，在全县20个镇均有种植。转机出现在2012年12月，威远县改变以往直接将土地流转给业主几十年的传统模式，尝试在林业项目中引入“BOT模式”。业主集中流转农民土地，成片种植无花果并统一进行管理和经营，其间所有收益归业主所有。与此同时，政府给予业主土地流转金补助：第一年补助100%，第二年80%，第三年60%，第四年进入无花果盛产期后，停止补助。这样的扶持方式减轻了业主寻找启动资金难的压力。5年后，无花果林达到丰产果园标准，业主将其移交给农民自主经营，以后收益由双方分成。截至目前，威远县已发展无花果种植总面积达3 400公顷，形成了“示范基地+核心栽植区+现代农业产业带观光区”为特色的绵延30平方千米的无花果绿色长廊，成为全国有名的三大无花果生产基地之一，在国际无花果产业界享有一定声誉。发挥区域优势，创新驱动，强力推进无花果产业全面转型升级，对于促进威远县生态建设、发展绿色经济、产业可持续发展和建设幸福美丽新村具有重要意义。

2002年，威远县实施退耕还林工程，县国有林场一名叫游勇的职工停薪留职，想发展无花果产业，县里协助他从向义镇四方村退耕户手里流转土地300亩，从山东省引进了5~6个优质无花果品种，进行集约栽培，并组建了威远县金四方果业有限责任公司，建成无花果加工厂。退耕还林工程的实施，开启了威远县无花果产业化进程。2009年后威远县先后引进了金四方果业、四川万成、久润泰、汇丰4家公司，集中连片发展无花果1.2万亩，成立了10余家无花果种植农民专业合作社，密切了与种植农户的利益联结，初步形成了种植、收购、加工、销售一条龙产业链。基地现已发展专业村20个，从业农民达8万人，栽种面积5.3万亩，占全国无花果种植面积的1/3，年产量3.3万吨，占全国总产量的20%。目前，威远县无花果已形成了果酒、饮料、炖品、保健茶、休闲食品、药用原料五大系列、上百个产品，远销日本、韩国、东南亚等地。金四方果业公司与德国捷克纳食品集团公司达成协议，将共同开发无花果营养能量制品和医药中间体精深加工项目。借助“中国无花果之乡”“中国森林食品示范品牌”“国家地理标志保护产品”的美誉，威远县正在雄心勃勃地打造产区变景区、田园变公园、果园变伊甸园的美丽图景。每逢无花果成熟时节，这里都要举办盛大的无花果采摘嘉年华。2016 年 3 月 9 日，威远县还办起了中国首届无花果产业大会和无花果产销对接会，中外客商云集，一望无际的无花果果园洒满欢声笑语，成了人们观光游览的生态乐园。

内江市地处巧江下游中段，地域面积 5 385.46 平方千米，地跨东经 104°15′~105°26′、北纬 29°11′~30°2′。平均海拔在 300~500 米。由于整个河床网发育较差，致使土壤呈现不足。内江市气候条件良好，具备常年气候温和、光照充足、霜期短、雨量丰盈等自然特点，自然条件极其适合无花果的生长。近年来，内江市调整农业结构，走特色的农业产业化之路，政策制度的制定偏向农业，并重视特色经济作物的发展，为无花果的产业发展提供政策与资金支持。主产区在威远县及东兴区两地，其种植模式主要有小型散户种植、家庭农场和种植大户、合作社+农户、公司+合作社+农户等，其中大部分农户还是进行小规模的散户种植。无花果种植从 2012 年的仅 6 000亩规模，经过 3 年的发展截至 2014 年年底，两地无花果种植面积已经达到 5.9 万亩，目前已经突破 10 万亩。可看出内江市无花果产业正在蓬勃发展，但随着规模的增加，无花果整个产业的经济脆弱性就越大，当市场风险来临时，易出现无花果售价降低，或市场需求达到饱和出现滞销现象等。所以在大力发展无花果产业的同时，应该考虑到无花果销路及风险防控问题[55]。

第三节　世界无花果产业发展现状

无花果在世界 50 多个国家种植面积已超过 40 万公顷，葡萄牙、土耳其、阿尔及利亚、摩洛哥、埃及、伊朗、突尼斯、西班牙、阿尔巴尼亚和叙利亚等是无花果主产国家。种植面积居前列的国家是葡萄牙和土耳其，分别为约 8 万公顷和约 6 万公顷。全球无花果产量约为 1 亿吨/年，其中 60%来自土耳其和北非地中海国家（埃及、阿尔及利亚和摩洛哥）。其他主要生产国包括伊朗、西班牙、意大利、希腊和美国。2003—2012 年年均产量超过 5 万吨的国家有土耳其、埃及、阿尔及利亚、摩洛哥和伊朗，其中土耳其年均产量超过 25 万吨，埃及超过 20 万吨。2001—2011 年世界每年无花果干果出口量为 6 万~9 万吨。

由于对种质资源保存和利用的重视程度越来越高，近年来无花果种质资源研究工作显示，斯洛文尼亚、西班牙、美国、约旦、摩洛哥、巴勒斯坦、巴西、日本和伊朗等国无花果种质资源逐渐丰富并建立和扩大相应的资源库或管理中心。西班牙巴达霍斯建立了无花果种质资源研究中心，至 2007 年，对来自世界各地的 416 个种质资源进行了特性分析，并最终确定了 229 个品种并入该资源库，其中西班牙本土栽培品种 195 个[56]。Aradhya 等[57]在美国 NCGR-Davis 种质资源库中对无花果种质资源研究使用了 194 个栽培品种。Achtak 等[58]对摩洛哥 75 个无花果种质资源进行了研究，表明摩洛哥传统的农业生态系统为无花果栽培植物品种多样性提供了基础和条件。Almajalia 等[59]对无花果种质资源研究显示，约旦至少有 30 个栽培品种，斯洛文尼亚为建立无花果种质资源库共研究了 38 个栽培品种。此外，巴西、日本、伊朗等国也对无花果种质资源进行了相应研究以发展本国无花果资源以及产业[60]。

多年前，日本无花果也和我国一样，多个品种均有广泛栽培，不过目前日本无花果主栽品种为玛斯义陶芬，大约占全国种植面积的 80%以上。其主要特点为单果大，卖相好，产量高，但抗寒性差，甜度一般。采用一字形整枝，栽培的株行距在 2 米左右。行间整洁，几乎无草，多采用覆盖稻草或是铺覆无纺布的办法除草、防潮，也喷施除草剂，但并无无花果专用除草剂。设置铁丝和捆绑带贯穿整行，起到固定支撑的作用。日本农业协同组合（JA）按照标准化栽培指南指导农户种植，并安排专人为农户提供技术服务、农药化肥等生产资料，对符合质量要求的鲜果进行回收，冷链运输到全国销售。日本国土面积小，快递物流业发达，所产鲜果均可以当天、最迟次日到达全国市场。储运用的开窗式纸箱上印有无花果产地、生产者姓名、果实划分的等级等信息，实现产品可追溯。而无花果加工业较国内比并不发达，究其原因，日本无花果以鲜食为主，且可种植土地面积有限，总产量并不高，缺少多余的果实用于加工。日本一字形栽培、精耕细作的管理模式，无论是用于商品果生产还是无花果采摘园建设，都非常值得我国学习；另外，日本无花果生产人员和销售人员是分离的，生产人员可以专心研究种植，我们也可以借鉴，政府部门以销定产，避免盲目发展。我国幅员辽阔，可种植无花果的区域广大，但气候差异明显，尽快选育出每个区域的适生品种，制定适合每个区域的栽培流程以及采收标准，这是发展无花果产业亟须着手的工作。2000 年全球无花果（干）产量为 13.3 万吨，2013 年为 13.3 万吨，2014 年产量为 13.9 万吨。2000—2014 年全球无花果（干）产量如图 1-1 所示，2000—2014 年全球无花果（干）生产区域分布如图 1-2 所示。

2011 年，世界无花果年产量约为 250 万吨，人均 0.4 千克，而我国产量不足 3 万吨，人均仅有 0.02 千克。土耳其的安娜托利亚是世界无花果的主要起源地，当地常见的无花果品种多达 160 多个，该国无花果制品主要是果干，占世界果干产量的一半；突尼斯无花果品种很多，但只有少数几个品种被广泛种植，且多是零星种植，个别品种面

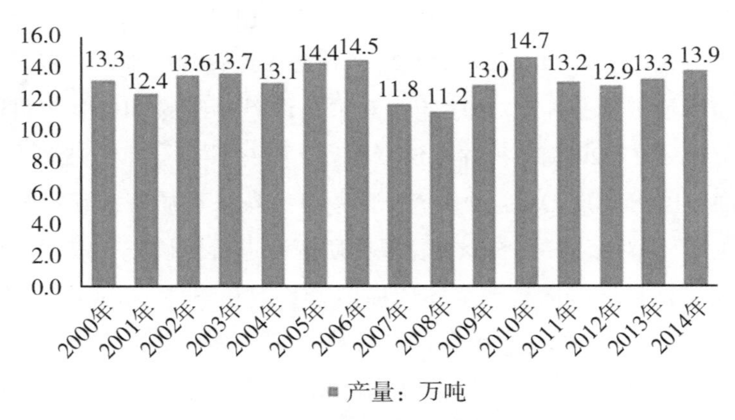

图 1-1　2000—2014 年全球无花果（干）产量

Fig. 1-1　Production of Global Fig (Dried) from 2000 to 2014

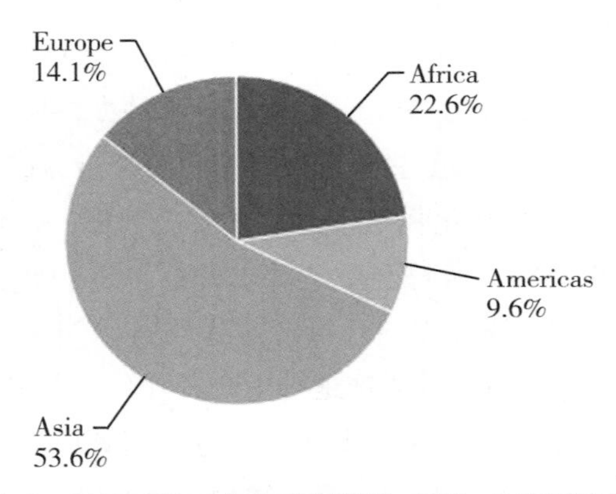

图 1-2　2000—2014 年全球无花果（干）生产区域分布

Fig. 1-2　Production Area Distribution of Global Fig from 2000 to 2014

临灭绝；意大利的无花果种植面积在减少，在普利亚区有大约 100 个品种，但全部分散在小果园中，该国无花果大部分用来酿酒；西班牙巴达霍斯有来自不同国家的 220 个品种，其中 94%都是当地品种。

第四节　我国无花果采后贮运保鲜及加工存在的问题

一、贮　藏

无花果虽属于呼吸跃变型果实，但又不同于具有后熟现象的香蕉和番茄等典型呼吸跃变型果实，即绿熟期采摘后经过后熟达到食用成熟度；另外，又具有非呼吸跃变型果实的成熟特点，即无花果果实后熟现象不明显，只有在树上达到可食成熟度才能采摘，但采后迅速衰老；又由于成熟的无花果在果顶端裂一小圆口并易裂果，易遭受病虫害的为害，这些因素造成无花果极不耐储运。果实不耐储运是制约无花果发展的一大难题。因此，未来加大无花果成熟及衰老理论基础研究，开发出适合无花果的加工、果实成熟调控及贮藏保鲜技术，是无花果产业可持续发展的关键环节[61]。

无花果含糖量高、含水量高、果皮保护功能不完善，极易受损和被微生物感染，因此采后极易腐烂而难以保存和运输，贮藏期短。影响无花果果实的五大病害是黑穗病（Smut，由黑曲霉及相似真菌在干无花果上引起）、黑腐病（Alternaria rot，由链格拖霉及其他链格孢霉菌引起的并经常与其他真菌如多主枝孢和黑细基格孢等共同作用）、灰霉病（Gray Mold 或 Botrytis Rot，由灰葡萄孢菌引起）、无花果内腐病（Fig Endosepsis，由串珠镰刀菌和其他镰刀菌属引起）和酸腐病（Sour Rot or Souring，由汉生酵母属、酵母属、毕赤酵母属或芽孢杆菌属等的各种细菌和酵母菌引起）。引起无花果真菌腐烂的敏感部位是果实底端形成的天然开孔，采后以水为媒介的处理可能会造成处理后水分滞留在小孔处，由此可刺激病原孢子萌发，致果实腐烂发霉。研究表明，灰霉病和黑腐病是鲜无花果采后两种主要病害，黑腐病约占采后病害的70%。黑腐病是成熟无花果特别是雨后采收的果实的主要问题，灰霉病可通过伤害无花果果皮感染果实，也是引起无创伤无花果腐烂的最重要的病原体之一[62]。

质量是新疆果品赖以发展的基础，是提高果品市场竞争力的关键。然而，现行果品贮运保鲜技术标准中鲜有对入库及出库果品的质量安全做出相应的规定。GB、NY、LY、DB、SB 等标准对入库果品的质量仅限于基本特性、质量等级及卫生等方面的要求，未涉及农药残留、防腐保鲜剂的使用等信息，然而果品在贮藏前往往需要使用二氧化硫、二氧化氯、高锰酸钾、甲醛等消毒剂对冷库进行喷洒，这些消毒剂大多属于化学试剂，使用过度对人体有害，这些消毒剂的使用是否对贮藏环境中的果品造成试剂残留，在干（坚）果贮藏过程中，杀菌剂或杀虫剂的使用对其质量安全的影响，亦未进行规范。针对出库果品的质量安全仅限于贮藏期限、损耗率、营养成分或者感官等指标的描述，相应的标准仅使用“按市场需要分批出库”，很少有标准针对出库果品在贮藏过程中使用的保鲜剂种类及安全使用范围做出明确的规定。可见，现有标准针对果品质量安全方面的要求还不够明确，有待于进一步完善和补充[63]。

二、运 输

从总体上来讲，现阶段中国水果物流的发展，正逐步得到政府的重视和政策的支持，但是在理论和实践上仍处于初级阶段。调查表明，导致我国水果采后流通损耗严重的原因主要有以下几个方面。一是对水果物流重视程度不够且理论研究滞后。中国农村自古以来普遍存在“重生产、轻流通”的传统思想，水果产品增值的目标难以实现。此外，现阶段的大多物流政策都是直接借用国外的，这就难免造成物流系统的各个要素被肢解，从而无法全面、系统的进行优化。因此，造成当前的果蔬物流处于无序的发展状态和混乱的局面。二是“冷链”流通意识不足，体系不完善。发达国家的水果采后流通冷链系统已经建立，标准化的贮运体系也已形成。冷链物流投资巨大，目前冷链运输带来的物流成本增加还不能被大多数经销商和消费者所接受。调查显示，我国人均冷库面积及人均冷藏车数量都很少，2014 年人均冷库面积是 0. 058 米^3/人，同期美国是 0. 357 米^3/人。2014 年我国公路冷藏车保有量为 7. 6 万辆，日本是 15 万辆，美国是 25 万辆。我国果蔬及肉类等食品冷链流通率在 5%～25%，生鲜农产品大部分在常温下流通，而欧美发达国家已经形成了完整的农产品冷链物流体系，农产品及易腐坏食品的冷链流通率达到 95%以上[64]。

运输振动引起的机械损伤不仅会影响水果的外观，还会加速水果果实内部的变质。振动损伤会造成果实局部形变，还会造成受损部位发生褐变、失水加快，继而发生组织萎蔫、整个果实底色变黄等现象。振动胁迫造成的损伤还会加快果实呼吸代谢和愈伤代谢活动，从而加速果实贮运过程中营养物质的转化和消耗，果实中营养成分向次生代谢产物转化会降低营养成分的比例，这是一种应激机械伤带来的逆境伤害的反应。振动损伤会改变果实的风味，主要表现为促进果实质地变软、甜度增大、纤维素含量增多等，这些不利影响是伴随着一系列其他生理变化而逐渐发生的。振动损伤使得微生物入侵导致水果腐败，降低了水果在储藏销售过程中的商品价值[64]。

采后保鲜贮运技术落后既影响鲜果远销，又造成无花果鲜果外销价格相对较高，以 2008 年秋果为例，在北京新发地市场批发价 36 元/千克，而同一时段本地鲜果售价仅为 6 元/千克。但是，无花果保鲜期极短，充分成熟的果实常温下只能放置 1 天，极易腐烂变质；采摘八分熟果，采用塑料盒小包装或网套包装+冰块+泡沫箱+常温运输+目的地冷库贮藏+冷柜销售方式，鲜期也仅为 3～5 天。受无花果保鲜期极短和贮运方式相对落后的限制，当前无花果外销量极少，除东三省部分城市、北京、上海等地偶见威海产无花果外，其他城市目前难觅其踪影，无花果鲜果的高价值尚未充分体现出来。

我国乃至整个东亚地区的农产品生产多有规模小、分散经营的特点，这一经营方式具有灵活性高的优点的同时，也存在着很大的问题。例如，难以形成规模经济、生产单位成本高、基础设施难以普及且运输配送困难等。新疆无花果就存在这样的问题，其多为个体农户经营，集中性较差。随着电子商务的普及和发展，部分农户在淘宝、京东等网络平台进行直接销售，直接自己联系专业的物流公司进行运输配送。这样分散化的运输配送，成本较高，且会造成人力、物力、财力的浪费，还可能因为运输时间过长造成

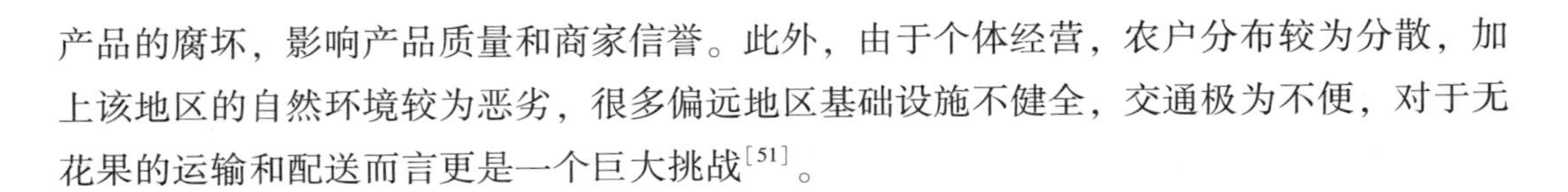

产品的腐坏，影响产品质量和商家信誉。此外，由于个体经营，农户分布较为分散，加上该地区的自然环境较为恶劣，很多偏远地区基础设施不健全，交通极为不便，对于无花果的运输和配送而言更是一个巨大挑战[51]。

三、加　工

目前，我国无花果育种工作几乎为零，栽培品种全部为国外引入，缺乏自主品种。因此，建立无花果资源圃和优良苗木繁育基地，加大无花果育种技术、组织培养快繁技术的研究力度和遗传转化体系的建立，培育一批具有自主知识产权的品种及优良株系，打造我国“妃格”无花果品牌，是提升我国无花果产业可持续发展及国际竞争力的根本途径[55]。

目前，各类无花果深加工产品的技术和专利，覆盖面很广，且产品链正在逐步完善，向纵深方向发展。无花果深加工企业分布面广，但集中成片的极少，大多零星分布，同类无花果深加工产品差异化凸显。深加工产品种类繁多，但缺乏统一标准，只能借鉴其他产品的类似标准。产品种类名称纷杂，有待于统一命名。深加工产品的产地及不同品种在深加工系列产品的价值差异化没有体现出来，也导致品牌价值不能凸显的问题。无花果产业链太长，且种植规模不够也制约深加工的发展。深加工产品的研发、技术开发与工程化转化之间尚不能无缝衔接。无花果深加工产业链长，深加工要走产品生产专业化的道路。如何整合资源，与其他行业的工商资本结合，避免像种苗引进及产品销售过程中出现的无序竞争问题，是需要我们研究的课题。其中一项有效措施，是品牌树立以及定位品牌差异化与深加工产品的价格差异化。在行业协会的领导下，整合人才、资金、产品研发的优势资源，尽快做大、做强几家深加工企业，是无花果行业发展的唯一出路。无花果协会的组织体系建设是无花果深加工良性发展的支撑。要保障无花果深加工良性发展，深加工产品的标准制定以及行业自律、监督，强化质量管理是必不可少的。

随着人们生活水平的提高，对食品的保健功能日益重视，无花果的社会需求量逐年增加，消费市场前景广阔。但无花果采后成熟衰老快，鲜果不耐贮藏，常温下 1~2 天即软化、褐变、风味下降甚至腐烂，加上现阶段对无花果贮藏保鲜技术的研究尚不成熟，制约了无花果的发展。果脯作为无花果的一种加工产品，能在一定程度上缓解无花果产量迅速增加而鲜果不易贮藏的问题[46]。

第五节　无花果贮运产业的发展方向

除东北、西藏和青海外，我国其他省区均有无花果分布。虽然分布面广，但集中成片栽种的极少，大多零星分布。国内主要分布地区为新疆、山东、江苏、广西等地。目前全国栽培面积约 3 000 公顷，只相当于苹果栽培面积的 1/1 220、柑橘栽培面积的 1/420，属目前国内栽培面积较小的果树种类之一，原果产量有限，不具备工业化生产条件。因此，扩大无花果集约种植，实现规模化和产业化，是无花果形成新型高效支柱产业，增加新型农村经济增长点，使果农早日致富，丰富消费者对健康食品的需求，适应加入 WTO 后国际市场对我国农副产品结构要求的重要途径。第一，选择和选育无花果优良品种，进行品种结构调整。根据栽培目的选择优良品种，如以鲜果上市为主的应选用果型大、品质好、耐贮运的品种；以加工利用为主的应选用大小适中、色泽较淡、可溶性固形物含量较高的品种。根据无花果的生长发育要求，按照无公害标准操作技术规程种植，达到无公害要求，并研制推广生物农药和无花果专用肥。第二，要进行土壤测定和环境认证，生产无公害无花果。在建园时要对果园土壤用水水质和果园环境进行测定或认定，以确定无污染和无有毒有害成分，才能作为无花果无公害种植基地。第三，要加强产后处理及加工设施建设，提高无花果的附加值。为保证无花果果品的商品化、优质化、标准化和规范化，应加强产后处理和分级包装冷藏，才能使无花果走向高档次和远距离销售。工作人员应剪指甲、戴手套、不饮酒、不摘伤残小果，用软包装袋盛果，及时预冷、分级、包装、入库。销售时有冷链运输与集散库，采用小盒式分层托盘型包装。同时，要加大无花果在医药和食品领域深加工的投资力度，加强加工设施建设，提高无花果高效活性成分的高效制备技术，进一步开发生产出适销对路的市场产品。第四，要走产业化道路，以质量取胜。在农村以农户为单位的土地承包责任制情况下，采用公司加农户的股份制形式，在最适宜区建立大面积的栽培基地，进行集中经营，实行统一管理、统一技术指导、统一品牌，利益分成[65]。

根据栽培目的选择优良品种，如以鲜果上市为主的，应选用果型大、品质好、耐贮运的品种；以加工利用为主的，应选用果型大小适中、色泽较淡、可溶性固形物含量较高的品种。根据无花果的生长发育要求，按照绿色或有机标准技术规程种植，生产绿色或有机无花果。以建设冷链贮运系统为突破点，推行系列化的采、贮、加、运、销技术，着力改善贮运条件，打造从采收、贮运到销售的一个完整的冷链贮运系统。一是在清晨低温时段进行采摘，降低热容量；二是建立田间预冷库，将采摘的果实分级包装后及时入库，散去田间热；三是配备中短途低温保鲜运输车，运往目的地；四是建设不同吨位的冷库或气调库，在适合的低温、湿度和气体条件下进行短中期保鲜；五是销售地保鲜柜上市销售[66]。

近年来，新疆无花果物流发展态势不断好转，物流模式日益多样化。2016 年 8 月 18 日，在新疆阿克苏实现了无花果产销对接，实现了生产厂商和销售商直接对接进行物流运输配送，在很大程度上推动了物流模式的发展，也是“北美模式”中国化的一种体现。新疆无花果还开始了线上销售的模式，通过淘宝等平台进行直接销售，将物流配送外包给专业的物流公司，形成了无花果第三方物流模式。此外，随着科技的发展和人们对无花果需求的变化，新疆无花果的冷链物流也在不断进步和发展[69]。

生产合作社是计划经济体制下的一种生产组织模式，其特点是集中人力、物力进行统一生产，生产出来的产品统一分配使用。这种生产组织模式在计划经济时期被广泛使用，容易造成人民生产积极性不高、效率低下，但其统一生产加工以形成规模经济效应的模式在现代农业中一直留存，如浙江省仙居县的杨梅生产合作社、台湾嘉义市农产品生产合作社等。由政府或者相关组织主持或协调形成无花果生产合作社，集中经营散户的原产品，然后进行统一定价、统一包装、统一配送，可以形成规模效应，提升经济效益。同时，可以有效规避新疆地区无花果物流发展中面临的单位成本高、基础设施不健全等问题，促进其物流发展模式的优化升级[66]。

无花果如果在容器内被固定不动，并用轻柔的缓冲物包裹，即使在较高的强度下振动，也不会出现明显的机械损伤。因此，设计和使用合理的包装容器和包装材料，可以在很大程度上避免或减轻振动对果实的机械损伤。非外伤性振动在极短的时间内会引起无花果呼吸强度的上升，但这种响应并没有随振动的延续而加强，有时反而不断减弱（图 1-3）。这种情况与桃和草莓相似，但番茄果实由振动而引起的呼吸上升现象可延续几个小时。非外伤性振动同步引起果实呼吸强度、乙烯释放量、细胞渗漏率和 SOD 活性的普遍提高，但在振动后的第四日开始，这些胁迫诱导的生理反应逐渐减小。这些结果提示，非外伤性振动造成的生理异常存在着修复的可能性。因此，采取良好的包装方法，避免振动造成果实机械损伤，能有效地防止果实的生理异常和品质变劣[67]。

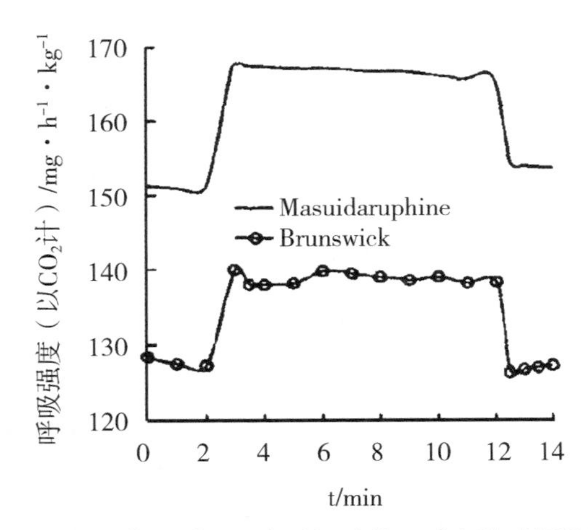

图 1-3 无花果呼吸强度对振动处理反应的时间进程

Fig. 1-3 Time course of respiratory response of fig to vibration treatment

注：2 分钟时开始振动，12 分钟时停止振动

以往的研究集中在如何能够尽量减少运输中振动胁迫造成成熟水果品质下降方面。

事实上，为了抢占市场，大多数后熟水果并不是在完全成熟时采摘，而我们已经知道运输振动会促进果实的成熟软化，这就使利用振动催熟具有可行性。然而，尚未见到振动催熟水果的相关研究报道，所以未来的研究方向可以尝试利用振动可催使未成熟水果成熟软化来实现振动物理催熟的方式，从而取代传统意义上的化学试剂催熟水果。可以对需要进行催熟处理的水果（即后熟型水果）进行实验。通过研究，一方面，先分析振动胁迫对运输贮藏过程中水果组织状态的影响机理，总结规律，为进一步揭示振动催熟水果的原理奠定基础；另一方面，对振动胁迫处理后水果的品质变化进行分析，获取较合适的振动催熟条件，并建立基于振动胁迫条件下水果品质的预测模型，为未来出现振动催熟水果的机械装置提供理论支持。通过对振动催熟机制的研究，我们可以了解水果后熟的产生过程和原理，为进一步阐明振动胁迫影响采后水果生命活动的规律奠定基础，因此对水果果实的储运保鲜具有重大意义。同时，还可为水果农产品储运保鲜领域的其他复杂问题的揭示和解决提供新的模式和思路，减少目前水果催熟过程中化学药剂的使用，有效地消除消费者对食物安全隐患的顾虑，因此也具有非常重要的现实意义[64]。

第六节　无花果的营养价值

无花果（*Ficus carica* Linn.），又名奶浆果、映日果、蜜果等，属桑科榕属植物，为落叶乔木或灌木，是目前研究较多的药食兼用植物。果实皮薄无核，肉质松软，具有广泛的营养价值和药用价值，富含糖、蛋白质、氨基酸、维生素和矿物质元素；通过无花果生理活性方面的研究发现其具有抗肿瘤、镇痛、抑菌等作用[1]。无花果是雌性两性异株的多年生木本植物，根据形态、结构、收获和授粉特性分为4类变种，分别为卡毕力无花果（*F. carica* var. *sylvestris* Shinn.）、普通无花果（*F. carica* var. *hortensis* Shinn.）、斯密尔那无花果（*F. carica* var. *smyrnica* Shinn.）和圣比罗无花果（*F. carica* var. *intermedia* Shinn.）。卡毕力无花果生长功能性的雄花和短期的雌花，雄花花粉可用于斯密尔那无花果和圣比罗无花果的雌花授粉。果实不适于食用，1年3期，主要为无花果授粉蜂的寄主。无花果栽培中大多数为普通无花果，单性结实无须授粉，有1年1期或2期收获季；斯密尔那无花果需要得到卡毕力无花果雄花花粉授粉才能形成结实，1年2期；圣比罗无花果1年2期，前一期为单性结实，而后一期则需要得到卡毕力无花果雄花花粉授粉才能形成结实。

一、营养价值

果实分为真果和假果，真果由子房膨大发育形成，如桃、李、杏等，食用部分主要是子房；假果由子房及花托和花萼等花的其他部分一起发育形成，如苹果、草莓和菠萝等，食用部分主要是花托。值得关注的是，无花果果实的花托及全部花器官可整体食用。因此，无花果果实同一般水果相比，营养价值极高。无花果果实富含碳水化合物、蛋白质、氨基酸、脂肪酸（主要为不饱和脂肪酸）、黄酮类化合物及助消化的多种酶类、维生素和矿物质元素，是少有的营养素含量全面均衡、食用价值高的水果，是世界第一保健水果。据分析，每 500 克中含蛋白质 3.7 克、脂肪 1.5 克、碳水化合物 46.6 克、热量 215 千卡、粗纤维 7.0 克、钙 181 毫克、铁 1.5 毫克、胡萝卜素 0.19 毫克、维生素 C 4 毫克，果汁中含有多种有机酸和酶类。无花果果实中的酶类包括淀粉糖化酶、脂肪酶、水解酶、超氧化物歧化酶、酯酶、蛋白酶。无花果中的碳水化合物包括单糖、多糖、淀粉、纤维素和果胶等。成熟无花果果实可溶性固形物含量高达 24%，多分布在 15%~22%。无花果所含单糖以葡萄糖和果糖为主，蔗糖含量相对较少；多糖以阿拉伯糖和半乳糖为主。无花果果实中所含微量元素有锶、锰、铁、铜、锌、铬、镍、硒、钴，其中以铁和锌含量最高，同时含丰富的镁和钙等，含量依次为铁>锰>锌>铜>锗>钼>硒。每 100 克无花果中含维生素 C 2 毫克，是柑橘的 2 倍、桃的 8 倍、葡萄的 20 倍、梨的 27 倍，高居各类水果之首。最近还发现无花果是富硒水果。

实验结果表明，无花果中碳水化合物含量很高，含糖量高达 30%左右，高于荔枝、苹果等水果，且所含糖中 95%为单糖，易被人体吸收。糖类产热快，在较短的时间内就能满足人体对热能的需求，还具有解毒的功效。其水分含量很高，在 80%左右。水在人体中含量约占体质重量的 2/3，有着很重要的地位，人体代谢需要水的参与，还能调节和维持体温，普通成人每日饮水和从食物中获得的水平均约 2 200 毫升，无花果则是一种很好的补水水果。另外，无花果中的脂肪含量高于苹果、梨、桃等水果，可促进脂溶性维生素的吸收，延长胃的排空，增加饱腹感。脂肪为人体提供 20%~30%的能量，脂肪产能 37.56 千焦，是很大的能量来源[4]。

无花果营养价值高，可食部分达 90%以上，内含物质的活性作用也较强，富含多糖、维生素、蛋白质等。其中无花果鲜果含糖为 10.4%~20.3%，主要包括葡萄糖和果糖，属于一种低热量食物。营养物质含量随无花果品种、部位、地域等因素不同存在差异。氨基酸总量为 3 724~8 091 毫克/千克，蛋白质含量为 0.6%~4.1%，脂肪含量为 0.1%~1%，水分约为 85%。无花果中还含有多种维生素和矿物质，叶中维生素 C 含量高达 0.971 毫克/克[5]。

无花果含多种维生素，其中维生素 C 含量极高。每 100 克无花果中含维生素 C 2 毫克，是柑橘的 2 倍，桃的 8 倍，葡萄的 20 倍，梨的 27 倍，高居各类水果之首。布兰瑞克无花果干叶中维生素 C 含量较高，达 971 微克/克，果实中为 73.6 微克/克。无花果中维生素 A 含量为 0.12 微克/克，维生素 B_1 含量为 0.3 微克/克，维生素 B_2 含量为 0.3

微克/克，烟酸含量为 2 微克/克[6]。近年来的研究表明，无花果的营养价值和药用价值与其矿物质含量有关。张英等[7]研究了贵州、云南、山东等 20 个产地无花果中的微量元素，指出无花果中铁含量不少于 7 毫克/千克，锌不少于 20 毫克/千克，镁不少于 10 毫克/千克，硒不少于 0.4 毫克/千克，而 铜、铅和镉含量分别不得超过 23 毫克/千克、0.5 毫克/千克和 0.2 毫克/千克，这为提高无花果的质量标准提供了依据。无花果是最新发现的浓集硒果树，硒具有延缓衰老、抗氧化、提高机体免疫力、防治癌症等作用，是人体必需的微量元素。据山东省林业科学研究所测定，无花果果实硒含量为 54.7 纳克/克，叶片硒含量为 189.3 纳克/克，成熟无花果果实可溶性固形物含量最高，达 24%，大部分品种在 15%~22%之间[8]。无花果干果含糖达 52%~75%，主要是葡萄糖和果糖，蔗糖较少。广东韶关地区无花果果实还原性糖含量为 41 毫克/克，总糖含量为 112 毫克/克，淀粉含量为 10 毫克/克，果胶含量为 18 毫克/克，粗纤维含量为 7 毫克/克；无花果多糖约占其干重的 6.49%，以阿拉伯糖和半乳糖为主。无花果含大量的膳食纤维和果胶，能驱除人体内的铅，降低胆固醇和血糖[9]。

二、药用价值

无花果果实可药食两用。据《本草纲目》和《神农本草经》记载，无花果“味甘平，无毒，具有健胃清肠、消食解毒功效，可治肠痢、便秘、痔疮、喉痛等”。《中药大辞典》中说，无花果“健胃清肠、消肿解毒，治肠炎、痢疾、喉痛、疮疖疥癣”。中医认为无花果性味甘平，有健胃、清肠、消肿、解毒之功效。民间常用其治疗以下疾病：①消化不良、不思饮食。以鲜果 1~2 个，早、晚各 1 次。②咽喉肿痛、干咳无痰。以鲜果 1~2 个，蜜枣 2 个，隔水炖烂吃，每日服 1~2 次。③肺热声音嘶哑。取无花果 30 克，水煎调冰糖服。④脚癣。用未熟鲜果榨果汁液涂于患处，每日 2~3 次，加涂数日。此外，无花果可降低高血压、延缓衰老、消除肌体疲劳、提高免疫力，特别是具有明显的抗癌和降低化疗引起的副作用的功效。现代医学研究发现，无花果富含营养和药用成分，在药用和保健中均具有较高的利用价值。无花果富含硒，现有研究证实硒具有增加机体细胞免疫和体液免疫、延缓衰老、抗肿瘤、保护肝细胞不受毒害等功效。无花果提取液中黄酮和多糖物质具有提高免疫力和抗衰老作用。无花果挥发油中富含的呋喃香豆素内酯、补骨酯素、佛手柑内酯等具有抗癌、抗肿瘤作用。随着现代分离、提纯技术的成熟和精密仪器的使用，无花果中新的药用价值不断被发现。例如，治疗白癜风、带状疱疹和骨质疏松，抑菌抗病毒，尤其还发现其具有降血糖和降血脂的功效及镇静催眠作用。无花果中含有的苯甲醛和它的衍生物等镇痛物质，堪比吗啡。无花果叶与果实在所含成分及其含量和药理作用方面有相近之处，也越来越引起人们的重视，现已从无花果中提取出抗肿瘤、抗菌、治疗心血管疾病等有效成分[10]。

戴伟娟等[11,12]系统研究了无花果多糖对小鼠免疫活性的影响。结果显示从无花果中提取的有效成分多糖对正常小鼠、荷瘤小鼠和免疫缺陷小鼠均具有免疫增强的功能，可提高小鼠吞噬细胞的功能，增加抗体形成细胞数，促进淋巴细胞转化。能明显提高小鼠血清溶血素抗体水平；增强迟发型超敏反应的强度。无花果叶提取物具有较强的体外清除自由基活性，房昱含等[13]研究表明，无花果叶提取物可清除二苯代苦味肼基自由基（DPPH·）、羟自由基（·OH）和氧自由基（O_2·）。从无花果中提取的黄酮和多糖也具有清除羟自由基（·OH）和氧自由基（O_2·）活性。另外，研究表明，无花果口服液能增强红细胞免疫功能。张兆强等[14]研究了无花果水提取液对环磷酰胺诱发微核的拮抗作用，实验结果发现无花果水提取液有拮抗环磷酰胺诱发微核的作用。研究还表明，无花果水提取液能显著提高小鼠血中 SOD 的活性。C. Perez[15]通过实验证实糖尿病大鼠的抗氧化能力下降，而给予无花果叶水提取物具有抗氧化作用，能使链脲佐菌素（65 毫克/千克）造成糖尿病模型的抗氧化指标（血红蛋白、不饱和脂肪酸、维生素 E）趋于标准化。

王静等[16]用无花果浆处理体外培养的肿瘤细胞，结果表明，FFL 对人胶质瘤和肝癌细胞的增值有明显的抑制作用，并对肿瘤细胞 DNA 合成、凋亡和细胞周期有影响。解美娜等[17,18]研究表明，无花果叶提取物能够通过激活 Caspase3 和 p53 诱导肝癌 Hep G2细胞凋亡从而抑制其体外的生长与增殖，且无花果枝提取物能够通过诱导胃癌 BGC-823 细胞凋亡从而抑制其体外的生长与增殖。尹卫平等[19]研究表明，无花果的抗癌活性可能与无花果中的芳香类化合物有关，苯环结构能使癌细胞蛋白质合成受到抑制。他们还从无花果的果实中又分得一个新的皂苷成分（化合物Ⅰ）和一个新的糖苷化合物（化合物Ⅱ）。化合物Ⅰ对人胃癌细胞（BGC-823）和人结肠癌细胞（HCT）抑癌率平均分别为 37.66%和 32.64%。化合物Ⅱ没有抑制肿瘤细胞的活性，但具有提高小鼠免疫功能的作用。也有研究表明，无花果的抗肿瘤活性与其中的苯甲醛以及丰富的营养成分、维生素及微量元素等有关。王振斌等[20]研究表明，无花果残渣脂溶性物质对白血病细胞（U937）、肺癌细胞（95D）和胃癌细胞（AGS）均具有体外抑制作用。另外，无花果提取液中的活性物质具有抗 Ehrlieh 肉瘤的作用。用水蒸气蒸馏法从无花果果实中分离得到的苯甲醛具有抑制老鼠 Ehrlich 肉瘤增长的作用。

赛小珍等[21]将无花果的叶茎摘下，流出的乳汁收集在小药杯内。将创可贴中部浸上无花果的乳汁，贴在疣体表面。每天 2 次，7 天为 1 个疗程，连用 2~3 个疗程。表明无花果乳汁能治疗病毒性跖疣，有明显的抗病毒作用，效果良好。研究发现，无花果水提取物在 Hep-2、BHK21 和原代兔肾（PRK）3 种细胞上均有明显的抗单纯疱疹病毒（HSV-1）作用。其中对 HSV-1 的最小有效浓度（MIC）为 0.5 毫克/毫升，而且毒性低，最大无毒浓度（TDO）为 15 毫克/毫升，治疗指数（TI）为 30.0，并有直接杀灭

HSV-1 的作用。无花果叶提取物在体外对新城疫病毒（NDV）具有明显的抑制和杀灭作用，药物的最小有效浓度（MIC）为 0.5 毫克/毫升，治疗指数（TI）分别为 1 100 和 100。除抗病毒外，无花果叶乙醇提取液对革兰阳性和革兰阴性球菌或杆菌均有良好的抑菌效果，对金黄色葡萄球菌、大肠杆菌、蜡状芽孢杆菌等 8 种细菌具有抑制作用。李玉群等[22]采用生长速率法，对无花果各器官 6 种溶剂的提取液进行了 4 种植物病原菌的抑菌生物活性筛选。实验结果表明，无花果各个器官均含有丰富的农用抑菌活性物质，以茎皮、根和叶中所含活性成分较高。郭紫娟等[23]研究无花果乙醇提取物对真菌的抑制效果，结果表明无花果乙醇提取物对金黄色葡萄球菌、大肠杆菌、产气肠杆菌、酿酒酵母、沙门氏菌、溶血性链球菌、志贺氏菌等均具有一定抑制作用。另外，无花果还具有治疗痔疮和肠炎的效果。

E Dominguez 等[24-26]研究无花果叶水提取物对链脲菌素-糖尿病大鼠的血脂、血糖的调节作用，表明糖尿病大鼠口服无花果叶水提取物 3 周后，血糖浓度由 28±3.7 毫摩尔/升降至 19.9±10.1 毫摩尔/升。甘油三酯浓度由 3.9±2.3 毫摩尔/升降至 0.9±0.9毫摩尔/升。胆固醇含量无变化。糖尿病大鼠腹腔注射给药后 90 分钟血中葡萄糖、甘油三酯含量无明显改变；注射给药后 48 小时，血糖浓度由给药前 28±4.5 毫摩尔/升降至 2.1±8.6 毫摩尔/升，甘油三酯由 6.7±4.3 毫摩尔/升降至 1.2±1.4 毫摩尔/升。胆固醇浓度始终无明显变化。表明无花果叶能有效地降低链脲菌素-糖尿病大鼠的高血糖和高血脂。血糖浓度的下降，腹腔注射的效果强于经口给药，在 24 小时胰岛素的作用消失后，无花果水提取物仍有降血糖作用。无花果叶水提取物对非糖尿病大鼠的血糖、甘油三酯和总胆固醇含量无影响。Ahmad Fatemi 等[27]选用无花果叶分别用不同浓度甲醇、氯仿、PRE 提取，以葡萄糖刺激 Hep G2 细胞来制备高胆固醇细胞模型，将不同的无花果叶提取物分别添加到经葡萄糖刺激的 Hep G2 细胞培养基中，测定 Hep G2 细胞分泌物及细胞中的胆固醇水平。该实验表明，无花果叶提取物能降低糖刺激下的胆固醇含量，初始数据显示无花果叶提取物能减少高胆醇血症，尤其减少餐后的高胆固醇血症，表明无花果叶水提取物在动物及体外细胞模型均对血糖、血脂有一定影响。

第七节　无花果产业发展存在的问题和制约因素

一、保鲜技术落后

不易储存是制约无花果产业发展的最大因素，无花果常温下至多保存 24 小时，近 70%的无花果鲜果只能在产地周边消化。尤其是大量上市时，果农需要当天采摘、当天销售，在定价上比较被动，容易出现恶意压低收购价格的现象。另外，由于本地加工企业少，一旦需求减少就会导致产量越高、卖得越难、价格越低的现象，挫伤果农积极性。

二、产业化程度低

无花果是效益较高的经济果树，每亩毛收入在万元左右，但由于市场认知度低、难以储存运输等原因，长期处于庭院经济状态，种植面积主要是果农自发增减，80%以上的果农栽植面积在10亩以下。另外，相对苹果、草莓等种植广泛的水果，无花果缺少先进的品种更新、果树管理、采摘保存等技术支持，果农大多靠自行摸索，产量质量难以获得较大提高。

三、本地加工企业少

农业商品化生产关键在于加工业的带动，尤其是无花果极难保鲜，不发展加工和高层次产品研发，就难以促进规模化生产。周边烟台等地加工企业大多停留在初加工阶段，向韩国、日本出口果丁、果酱等，新型产品开发不足，缺乏品牌化建设，严重制约了产品附加值的提升。

四、休闲采摘层次低

一方面，采摘园大多是种植园直接开放给游客采摘，没有打造配套的娱乐、餐饮设施，留不住游客。另一方面，许多园区路线偏僻，缺少宣传手段，自驾游客多是熟人联系，难以吸引外地游客。另外，许多游客不会挑选、采摘，随意折树枝、乱扔生果，降低了果农发展休闲采摘的积极性。

第八节 无花果产业发展的相关对策和建议

21世纪人类面临着极大的资源及环境挑战，健康、绿色、环保已成为人们关注的焦点。营养健康及食品安全一直影响着我们生活的质量。无花果以其丰富的营养成分和保健药用价值必将成为人们的日常水果和健康的保护神。展望未来，我国无花果来自“丝绸之路”，随着我国“一带一路”的展开，大力发展无花果产业，在京、津、冀乃至全国打造一条新的果品产业链，并推向世界，具有新的历史和现实意义。

一、发展前景

无花果被视为第三代保健型水果，逐渐受到人们青睐。从生产环节看，无花果是投产最快的果树之一，病虫害少，产量高而且稳定，一般采用扦插培育，当年即可挂果，4~5 年进入盛果期，成熟期为 7 月初至 10 中下旬，亩产量在 1 000~2 500 千克。根据测算，无花果每千克售价达到 5 元以上，经济效益高于苹果，对农民增收具有重要意义。从食用环节看，无花果兼具食用和药用价值，整个生长过程中不需喷施农药，是纯天然、无公害的绿色食品，具有营养全面、药效广泛、防癌抗肿瘤三大功效，果实、叶、根、乳液皆可入药，具有清热生津、健脾开胃、解毒消肿等功效。最引人瞩目的是果实和叶片中含有苯甲醛、补骨脂素等多种抗癌物质，能有效抑制癌细胞蛋白质合成，被称为“抗癌斗士”和“21 世纪人类健康的守护神”。从加工环节看，无花果由于地域性强，属于稀有果品，具有天生规避市场竞争的屏障。另外，市场上主要以鲜果和初加工的干果为主，果汁、果酒、含片、口服液等产品较少，发展前景广阔。

二、对策和建议

（一）充分发挥合作社作用，促进增产增收

通过积极推进合作社模式，统一为社员提供灌溉系统等设施建设，指导种植、购买肥料并给予补贴，提升无花果产量和品质。同时，通过合作社协调，进行统一收购、制定收购保护价等方式，维护果农权益，提升种植无花果的积极性。

（二）加快精深加工发展，拉长产业链条

一方面，要加快引进高端加工项目，借鉴“露露”杏仁露品牌运作模式，重点跟踪汇源集团无花果饮品开发等项目，利用特产特色变不利为有利、变劣势为优势，找准无花果产品定位，开发高级主导产品。另一方面，研究出台鼓励无花果企业发展政策，解决企业收果资金周转难等问题，鼓励引导本地食品企业发展无花果加工。

（三）强化宣传推介，打造特色品牌

一是市级层面加大宣传力度，对无花果的营养价值和抗癌效果进行广泛推介，通过举办无花果节、果茶果酒产品展销活动等方式，叫响“中国无花果之乡”的名片。二是以无花果营养和药用价值为基础，开发无花果食疗功能，带动无花果特色餐饮、医药产业发展，形成特色产业集群。三是做大网络营销规模。加快在建的华林农产品电商交易基地等平台建设，为合作社和果农开设电子商务培训班，提供网店建设和运营、微信微博平台销售等指导服务。

参考文献

[1] 孙锐，孙蕾，贾明，等．山东引种无花果品种营养成分分析［J］．经济林研究，2014，32（4）：64-66.

[2] 古丽尼沙·卡斯木，刘永萍，阿洪江·欧斯曼，等．新疆无花果的营养价值与作用［J］．防护林科技，2012，6（111）：97.

[3] 朱海舰，张胜男，何保华，等．草莓、无花果的营养与医疗作用［J］．国土绿化，2004（4）：45.

[4] 许彦．无花果营养成分分析及评价［J］．北京农业，2014（27）：17.

[5] 王伟，陈逢佳，潘勋剑，等．无花果营养组分与健康相关性的研究进展［J］．浙江农业科学，2018，59（1）：113-115.

[6] 戴伟娟，司端运，王绍红，等．无花果多糖对荷瘤小鼠免疫功能的影响［J］．时珍国医国药，2001，12（12）：1056-1060.

[7] 房昱含，魏玉西，赵爱云，等．无花果叶提取物抗氧化活性的研究［J］．中国生化药物杂志，2008，29（6）：366-367.

[8] 张兆强，张景，张春之，等．无花果水提取液对小鼠血中 SOD 的影响［J］．济宁医学院学报，2006，29（1）：14-15.

[9] 徐新春，吴明光．无花果本草考证［J］．中国中药杂志，2001，26（6）：392.

[10] C. Perez，J. R. Canal，M. D. Torres. Experimental diabetes treated with ficus carica extract：effect on oxidative stress parameters［J］．Acta Di-abetol，2003，40：3-8.

[11] 王静，王修杰，林苹，等．无花果果浆对肿瘤细胞增殖抑制和诱导凋亡作用［J］．天然产物研究与开发，2006，18（5）：760-764.

[12] 解美娜，庄文钦．无花果叶超声提取物体外诱导肝癌 Hep G2 细胞凋亡［J］．生命科学研究，2010，14（6）：523-528.

[13] 解美娜，李峰杰．无花果枝提取物体外诱导胃癌 BGC-823 细胞凋亡的研究［J］．天然产物研究与开发，2010，4（22）：219-222.

[14] 尹卫平，陈宏明，阎福林，等．从无花果中提取新的皂苷和糖苷化合物及其活性研究［J］．中草药，1998，29（8）：505-507.

[15] 王振斌，马海乐，马晓珂．无花果渣脂溶性物质的化学成分和体外抗肿瘤的

活性研究［J］. 南京：林产化学与工业，2010，30（4）：48-52.
［16］ 赛小珍，刘勤朴. 无花果叶茎乳汁外敷治疗病毒性跖疣［J］. 解放军护理杂志，2008（16）：32-32.
［17］ 张雪丹，安森，张倩，等. 无花果采后生理和贮藏保鲜研究进展［J］. 亚热带农业研究，2013，9（3）：151-156.
［18］ 张英，田源红，王建科，等. 不同产地无花果中微量元素的研究［J］. 微量元素与健康研究，2010，27（5）：17-19.
［19］ 乔洪明. 无花果——人类健康的守护神［M］. 济南：山东大学出版社，2011.
［20］ 王桂亭，王嗥，宋艳艳，等. 无花果叶提取物抗新城疫病毒的实验研究［J］. 中国人兽共患病杂志，2005，21（8）：710-712.
［21］ 李玉群，孟昭礼. 无花果农用抑菌活性的初步研究［J］. 莱阳农学院学报，2003，20（4）：264.
［22］ 郭紫娟，张凤英，董开发. 无花果干提取液抑菌活性的研究［J］. 江西农业大学学报，2011，33（5）：999-1005.
［23］ E. Dominguez，C. Pere，J. M. Ramiro，A. Romero，J. E. Campillo and M. D. Torres. A Study on the Glycaemic Balance in Streptozotocin dia-betic Rats Treated with an Aqueous Extract of Ficus carica（Fig tree）Leaves［J］. Phytotherapy Research，1996，10：82-83.
［24］ E. Dominguez，C. Pere，J. R. Canal，J. E. Campillo and M. D. Torres. Hypoglycaemic activity of an aqueous extract from Ficus Carica（Fig tree）Leaves in Streptozotcin Disabetic Rats［J］. Pharma-ceutical Biology，2000，38（3）：181-186.
［25］ E. Dominguez，J. R. Canal，M. D. Torres，J. E. Campillo and C. Perez. Hypolipidaemic Activity of Ficus carica Leaf Extract in Streptozotocin-diabetic Rats［J］. Phytoher Apy Research，1996，10：526-528.
［26］ Ahmad Fatemi，Ali Rasouli and Farzad Asadi. American Journal of Animal and Veterinary Sciences，2007，2（4）：104-107.
［27］ 郭英. 六个无花果（*Ficus carica* L.）品种的系统学研究［D］. 重庆：西南农业大学，2003.
［28］ 王亮，王彩虹，田义轲，等. 山东省无花果种质资源多样性的 RAPD 分析［J］. 植物遗传资源学报，2007，8（3）：303-307.
［29］ 马肖静，余东坡，王兰菊，等. 壳聚糖涂膜冷藏无花果保鲜效果［J］. 河南

农业科学，2010，12：111-113.
[30] 欧高政，袁亚芳，张盛旺，等．不同处理对无花果保鲜效果的研究［J］．安徽农业科学，2010，38（34）：19575-19576.
[31] 应铁进，傅红霞，程文虹．钙和热激处理对无花果的采后生理效应和保鲜效果［J］．食品科学，24（7）：149-152.
[32] 杨清蕊．不同温度和臭氧冰膜处理对无花果贮藏生理及品质的影响［D］．保定：河北农业大学，2012.
[33] 赵丛枝，寇天舒，张子德．发酵型无花果果酒加工工艺的研究［J］．食品研究与开发，2014（13）：79-82.
[34] 左勇，刘利平，鞠帅．无花果果酒发酵条件的优化［J］．食品科技，2014（1）：95-98.
[35] 寇天舒．无花果果醋加工工艺的研究［D］．保定：河北农业大学，2013.
[36] 缪静，殷曰彩，冯志彬，等．无花果果醋发酵工艺优化［J］．食品与机械，2014（3）：218-221.
[37] 周涛，周惠民．低糖无花果果酱生产技术［J］．食品工业科技，1988，3：54-55.
[38] 热娜古丽·木沙，阿曼古丽·依马木山，张红，等．新疆无花果果酱加工工艺研究［J］．食品科技，2016，41（1）：86-89.
[39] 汤慧民，普春红，郑楠，等．无花果苹果复合果酱的研制［J］．食品研究与开发，2013（6）：42-45.
[40] 黄鹏．低糖无花果果酱的加工研制［J］．食品工业科技，2007（11）：183-184.
[41] 何志德，应峥，吴厚望，等．无花果保健茶试制报告［J］．中国茶叶加工，1995，3：15-18.
[42] Stamatios J. Babalis，Vassilios G. Belessiotis. Influence of the drying conditions on the drying constants and moisture diffusivity during the thin-layer drying of figs［J］. Journal of Food Engineering，2004，65：449-458.
[43] 强立敏．无花果真空冷冻干燥工艺的研究［D］．保定：河北农业大学，2013.
[44] 张倩，葛邦国，卢昊，等．压差膨化无花果脆片加工工艺初探［J］．农产品加工，2016，5：28-29.
[45] 张倩，胡金涛，王晓芳，等．无花果果脯加工工艺研究［J］．落叶果树，2016，48（5）：46-47.

[46] 汤慧民．喷雾干燥法制备无花果微胶囊的研究［J］．食品工业，2012，33（4）：11-13.
[47] 杨萍芳．无花果果肉饮料的研制［J］．饮料工业，2003，6（4）：15-17.
[48] 马晓军．无花果果汁饮料加工工艺［J］．食品工业科技，1988，4：50-51.
[49] 汤慧民．澄清无花果果汁饮料的研制［J］．饮料工业，2012，15（4）：18-20.
[50] 沙坤，李明，张泽俊，等．无花果固体发泡饮料的研制［J］．食品科技，2010（3）：88-91.
[51] 魏东．无花果、牛蒡乳酸菌发酵饮料的研制［J］．食品研究与开发，2006，27（8）：94-97.
[52] 胡榴榴，雷硕，等．新疆无花果的农产品物流模式分析［J］．商场现代化，2018（7）：33-34.
[53] 艾沙江·阿不都沙拉木，杨培等．无花果在阿图什维吾尔族民间的传统应用的调查研究［J］．植物分类与资源学报，2015，37（2）：214-220.
[54] 麦合木提江．米吉提．中国无花果病毒的鉴定及其分子特征研究［D］．北京：中国农业科学，2015.
[55] 王同勇，杨鹤，等．7个无花果品种在威海的引种表现及栽培技术［J］．中国南方树，2016，45（2）：161-166.
[56] 林武阳．内江市无花果种植户农地规模化转型影响因素研究［D］．雅安：四川农业大学，2015.
[57] Balas F，Osuna M，Domínguez G. Ex situ conservation of underutilised fruit tree species：establishment of a core collection for Ficus carica L. using microsatellite markers（SSRs）［J］. TreeGenetics& Genomes，2014，10（3）：703-710.
[58] Aradhya M K，Stover E，Velasco D，et al. Genetic structure and differentiation in cultivated fig（Ficus carica L.）［J］. Genetica，2010，138（6）：681-694.
[59] Achtak H，Ater M，Oukabli A. Traditional agroecosystems as conservatories and incubators of cultivated plant varietal diversity：the case of fig（Ficus carica L.）in Morocco［J］. BMC Plant Biology，2010，10（1）：1-12.
[60] Almajalia D，Abdel-Ghani A H，Migdadi H. Evaluation of genetic diversity among Jordanian fig germplasm accessions by morphologicaltraits and ISSR markers［J］. Scientia Horticulturae，2012，147：8-19.
[61] 孙锐，贾明，孙蕾．世界无花果资源发展现状及应用研究［J］．世界林业研究，2015，28（3）：31-36.

[62] 沈元月．我国无花果发展现状、问题及对策［J］．中国园艺文摘，2018，34（2）：75-78.
[63] 杨蓉．无花果采后商业化处理技术初探［D］．南京：南京农业大学，2012.
[64] 张婷，车凤斌，等．新疆干鲜果品贮运保鲜技术标准体系构建初探［J］．保鲜与加工，2016，16（2）：94-98.
[65] 吴琼，周然．运输振动对水果贮藏品质影响的研究进展［J］．食品工业科技，2017，38（11）：356-362.
[66] 张华英．无花果的研究与产业化发展对策［J］．资源开发与市场，2003，19（5）：314-316.
[67] 孟艳玲，王同勇．威海无花果产业发展现状及建议［J］．烟台果树，2010，3（111）：3-5.
[68] 茅林春，叶立扬．无花果果实对非外伤性振动的生理反应［J］．浙江大学学报，2000，26（4）：423-426.

第二章　无花果贮藏加工特性

第一节　影响无花果贮藏的因素

一、采前因素

（一）品　种

无花果种类繁多，同一品种的不同种类，由于组织结构、生理生化特性、成熟收获期不同，品种间的贮藏性也有很大差异[1]。耐贮性好的新鲜果蔬，具有以下几个特点：表皮保护组织完善，果肉组织致密，可溶性固形物含量高，成熟期较晚，呼吸代谢协调平衡等。对于无花果来说，分为夏、秋两季果，夏果果大，可溶性固形物含量低，果实组织中空，而秋果果个较小，生长期长，其组织较夏果来说较紧实，秋果的耐贮藏性能要优于夏果[2]，因此盛产秋果的无花果品种果实更耐贮藏。

1. 绿抗一号

夏秋果兼用，但以秋果为主。秋果呈倒圆锥形，较大；果熟时果皮呈浅绿色，果顶不开裂，果肩部有裂纹，果肉紫红色，中空；可溶性固形物含量16%以上，风味浓甜，品质上佳。夏果现果期4月中旬，熟期7月上旬末。秋果现果期6月底，始熟期8月下旬，果实发育天数约60天[1]。

2. 波姬红（A132）

果实夏秋果兼用，以秋果为主。果实呈长卵圆形或长圆锥形，皮色鲜艳，有条状褐红色或紫红色，果肋较明显。果肉微中空，呈浅红或红色，味甜、汁多，可溶性固形物含量16%~20%，品质极佳。秋果平均单果重60~90克，最大单果重110克，成熟期7月下旬至10月中旬，为鲜食大型红色无花果优良品种[1]。

3. 日本紫果

果实春秋兼用，以秋果为主型。果扁圆形，成熟果呈深紫红色，果皮薄，易产生糖

外溢现象。果肉鲜红色、致密、汁多、甜酸适宜，果叶富含微量元素硒，可溶性固形物含量18%~23%，较耐贮运，品质极佳。该品种丰产，较耐寒，果熟期在8月下旬至10月下旬[1]。

4. 蓬莱柿

秋果专用型。秋果短卵圆形，果顶圆而稍平，易开裂，果目小，开张，鳞片红色，颈部极短，纵状果肋较明显，果皮厚，呈红紫色，果肉呈鲜红色，味甜，香气淡，可溶性固形物含量16%，品质中等。单果重60~70克，丰产，较抗寒。果实成熟期在9月上旬至10月下旬[1]。

5. 金傲芬（A212）

夏秋果兼用品种，以秋果为主。果实呈卵圆形，果皮呈金黄色，有光泽。果肉呈淡黄色，致密，单果重70~110克，可溶性固形物含量18%~20%，风味佳。果实成熟期在7月下旬至10月下旬，条件适宜可延长至12月。该品种为黄色品种，极丰产，较耐寒[1]。

（二）管理措施

1. 建　园

由于无花果喜温暖、湿润，喜阳光，所以选择土层深厚、肥沃，排水良好的沙质土壤或腐殖质土壤种植为好。对集约种植的地块可在上年冬季前进行全垦，开春进行翻耕碎土，整平。按株距2米、行距3米进行挖穴，穴径和深各50厘米，每穴施入土杂肥20千克与土混匀，待下沉后进行种植。

2. 育　苗

无花果的栽培品种主要为单性结实的普通型，故生产用苗一般只能用自根繁殖和嫁接繁殖的方式进行培育，且以扦插育苗为主。

3. 定　植

无花果一般多在宅旁园地零星栽植，或在其他果园中混植作为加密果树。混植在其他果园中的无花果通常为灌木丛生型，栽植距离较小（2~3米），这样在有冻害的地区可便于萌蘖更新。无花果发根要求温度较高（9~10℃），一般更适于晚春（清明前后）栽植。

4. 整　形

无花果比较喜光，故树形应以无中心干或平面形为宜，保持一定的枝叶量，主枝及大枝不宜暴露在直射光下，否则易产生日灼现象，严重时在分枝处开裂。目前，无花果栽培常用的树形有丛状形、开心形、自然圆头形、杯状形。

5. 修　剪

无花果适于主枝自然开心形或有中心干的无层形。由于无花果发枝力较弱，一般树冠内枝叶不密集，因此疏剪尽量从轻。对以冬果为主要收获的品种结果母枝严禁短截，以免影响产量。冬季受冻的枯枝及时剪除，注意选择新的徒长枝来代替。

6. 施 肥

施基肥在秋末落叶后至初冬间进行，基肥主要以腐熟的有机肥为主，混合少量复合肥，追肥应在新梢生长前和果实膨大期进行，追肥主要用速效肥和复合肥，早春追肥以氮肥为主，夏、秋季追肥以施磷肥、钾肥为主[3]。另外，无花果喜弱碱性，故土壤中还应适当增加钙肥等[4]。

7. 灌溉与排水

无花果植株根系发达，细胞渗透压高，易从土壤中获得水分，因而抗旱性较强。但其叶片大，夏季高温耗水量增加，所以需要土壤中有足够的水分。在正常降水不能满足要求的情况下，应及时补充土壤水分。无花果需水量大的时期主要有 3 个：发芽与新梢抽生期、新梢快速生长期和树体越冬之前[4]。灌溉时避开高温时段，多次少量以防渍害，灌溉后及时松土保墒。在果实成熟期如果多雨，会造成无花果根部积水，使果实含糖量降低，出现裂果现象，果品质量下降，严重时整株果树落叶以至死亡，此时应及时疏沟排水[3]。

8. 病虫害防治

无花果的病虫害较少，目前只发现桑天牛一种为害比较严重，其幼虫蛀食树干和大枝。防治方法：①在每年 6~7 月的成虫产卵期，人工捕杀；②用棉球在乐果或敌敌畏中浸泡后塞入虫孔，然后用泥封严虫孔，或向蛀孔内注射乐果或敌敌畏 800 倍液；③在无花果树的枝干上涂刷白涂剂，防止成虫产卵[4]。

9. 采 收

无花果的成熟期较长，由于开花早晚不一，同一树冠或枝条上成熟期也有差异，因此无花果适于分期采收[4]。采收宜选晴天进行，阴雨天和晨露未干的天气不宜采收[1]。采收时，用锋利的刀具切断果柄或用手细心地折断果柄，避免弄伤果实[5]。

（三）气候条件

无花果的适应性比较强，喜光，耐旱、耐湿、耐盐碱。由于其原产亚热带地区，它的耐寒性远不如耐热性，栽培纬度为北纬 39°，年平均温度为 15℃，夏季平均温度为 20℃，冬季平均最低温为 8℃的地区。5℃以上生物学积温达 4 800℃的地区最适宜其生长[6]。

（四）成熟度

鲜食的无花果采收成熟度一定要具有较高的食用品质，果皮颜色与硬度是主要的成熟指标[6]。无花果属于呼吸跃变型果实，呼吸强度大，呼吸旺盛，并且无花果在采后不能自行完熟，如果在果实七分熟采摘，其风味口感与果实在树上成熟相差甚远，影响产量和品质。因此，对于鲜食无花果来说，为保证其较高的商品品质，一般需要在八分熟或以上时采摘[2]。如在当地鲜销，适宜在九成熟时采收，即果实长至标准大小，表现出品种固有着色，且稍稍发软时采收；如要外运，采收应以八成熟为宜，即果已达到固有大小且基本转色但尚未明显软化；如为加工所需，成熟度可以再低些；若果实已经过熟，可以采下后用于加工果酱[4]。金傲芬在八分熟采摘时，其果实顶部无裂口[7]，并且果皮较其他品种厚，这样在很大程度上就减少了微生物侵染引起的果实腐败变质。同时，由于其果皮较厚，采摘时不易造成机械伤，贮藏时也不易被果柄扎伤，所以说金傲芬的耐贮藏性能较好。

二、采后因素

（一）温　度

贮藏环境的温度对果蔬贮藏的影响表现在对呼吸、蒸腾、成熟、衰老等一系列生理生化过程上。贮藏环境温度高，促进呼吸作用，加速水分、糖和蛋白质等营养物质的代谢，加速果实衰老，对贮藏产生不利影响；温度过低，则容易引起冷害和冻害的发生，缩短贮藏寿命。能够保持果蔬产品固有的耐贮性的温度，应该是使果蔬产品的生理活性降低到最低限度而又不会导致生理失调的温度水平[8]。无花果常温贮藏一般为 2~3 天，为了延长保质期，通常采用低温贮藏。

低温贮藏是果品贮藏保鲜的常用方法。低温保鲜通过低温抑制微生物生长，减缓果蔬的呼吸作用。但要控制好最适低温，以防发生冷害或冻害。马骏等[9]采用不同的温度、不同的果实成熟度以及不同的保鲜方式，对新疆阿图什无花果进行采后贮藏保鲜技术研究，表明在常温条件下，无花果在贮藏 5 天时，微孔袋内果实全部腐烂；低温贮藏 5 天时，不同包装之间的保鲜差异不显著，果实均无腐烂现象，风味不变。

冰温技术指将果蔬贮藏于 0℃至生物组织即将开始结冰起始的温度范围内，属于非冻结保存，是继冷藏、气调贮藏后的第三代保鲜技术[10]。冰温贮藏机制：一是将果蔬的贮藏温度控制在冰温带范围内，维持其细胞组织的活体状态；二是当果蔬的冰点较高时，人为的加入适宜的冰点调节剂使其冰点降低，从而拓宽其冰温带。冰温贮藏有 4 个优点：一是贮藏时不会破坏组织细胞；二是延长货架期；三是能够抑制有害微生物及酶的活性；四是能显著提高食品的食用品质。对无花果在 −1~0℃贮藏条件下的品质变化进行观察，结果表明冰温贮藏明显好于常温贮藏。

目前对无花果采用变温贮藏的研究主要是热处理和冷激处理两方面。热处理，指在采后以适宜温度（35~50℃）处理果蔬，以杀死或抑制病原菌的活动，改变酶的活性，改变果蔬表面结构特性，诱导果蔬的抗逆性，从而达到贮藏保鲜的效果[11]。热处理能够推迟果实软化、减缓果实成熟。热激处理维持果实硬度的可能机制：一是热激处理使细胞壁降解所需酶的合成受阻，从而使细胞壁结构完整；二是热激处理使乙烯合成下降，延缓果实衰老；三是热激处理可能使蜡质合成增加，填充了果皮上的裂缝或皮孔，也有可能热处理使蜡质溶解后重新结晶堵塞了裂缝和皮孔[12]。应铁进等[13]用钙和热激处理对无花果的采后生理效应和保鲜效果进行研究，结果表明，对无花果采用43℃热水处理，然后1℃环境中贮存，能使果实呼吸强度和乙烯释放量明显降低，并能较好地维持SOD活性，抑制MDA的生成。冷激处理，是指采用远低于果实冷害临界温度的温度对贮藏前的果实进行短时间低温处理。冷激处理能够减轻低温对贮藏果实的低温胁迫作用，延迟果实成熟，延长货架期。欧高政等[14]研究表明，冷激处理无花果1.5小时，然后在4℃条件下贮藏，发现冷激处理能抑制无花果腐烂指数和MDA含量的上升，延缓果实可溶性固形物、酸和维生素C含量的下降。

（二）湿　度

果蔬采后不断地进行蒸发作用，会引起果蔬失水萎缩，造成果蔬的品质变化并缩短贮藏寿命。相对湿度对于水分散失是一个重要指标，但若湿度过大，会利于微生物病菌的生长，在较短贮藏时间内引发无花果的病害。此外，控制环境湿度一定要与温度结合起来，只有在低温贮藏条件下才可以把湿度调节到90%~95%。控制温度为-1~0℃、相对湿度为90%~95%，二氧化碳气体浓度为15%~20%，可使无花果贮藏时间达到3~4周[15]。

（三）气体成分

在一定的温湿度条件下，通过调节环境中的氧气和二氧化碳分压，会明显降低果实的呼吸强度和乙烯的产生，进而影响果蔬的耐贮性、品质及贮藏寿命。不同果蔬最适宜的气体指标有较大差异，就氧气浓度来说，氧气含量过低，组织进行无氧呼吸，会积累大量酒精、乙醛等物质，出现生理病害；氧气含量过高，利于无花果的有氧呼吸和各类病原菌的繁殖，也不利于贮藏。因此，控制好适宜的环境气体成分是无花果采后贮藏性的重要影响因素之一[1]。

气调保鲜技术的原理在于低温、低氧和适宜的二氧化碳浓度。首先，低温条件能够抑制酶活性，减缓机体生理代谢，抑制病原微生物滋生，减少某些生理病害，降低果实腐烂率；其次，低氧可以降低呼吸强度和底物的氧化消耗，缓解叶绿素和果胶的降解，减少乙烯产生等，延长贮藏期[16]；最后，二氧化碳及由果实释放出的乙烯对果实的呼吸作用具有重大影响，降低果实贮藏环境中的氧气浓度同时适当提高二氧化碳浓度，可以抑制果实的呼吸作用，从而延缓果实的成熟和衰老，达到延长果实贮藏

期的目的。气调保鲜的原理就是在保持果实正常生理活动的前提下，最大程度降低其呼吸作用，使果实在贮藏期间进行正常而缓慢的生命活动，根据果实对低氧、高二氧化碳的耐受能力，调节贮藏环境中氧气和二氧化碳浓度，达到减缓其呼吸消耗、抑制乙烯合成的目的[17]。

（四）化学试剂

目前应用于无花果的化学保鲜技术主要有1-MCP（1-Methylcyclopropene，1-甲基环丙烯）和钙处理。1-MCP在常温下以气体状态存在，低浓度1-MCP无色、无味、无毒副作用。1-MCP通过与乙烯竞争受体，并与之紧密结合，使乙烯失去与受体结合的机会，阻断乙烯反馈调节的生物合成，即主要抑制果实乙烯生成系统Ⅱ的乙烯合成来实现[18]。1-MCP是一种高应变分子，在1-MCP和乙烯同时存在的情况下，1-MCP更易与受体结合。国内外许多实验室对1-MCP进行深入研究，表明1-MCP作为乙烯作用抑制剂，在果蔬采后贮藏保鲜方面有良好的应用前景和商业可操作性[19]。Nakatsuka等[20]认为，1-MCP可以通过阻碍乙烯与乙烯受体结合，进而影响相应的信号转导，有效减少果实对乙烯的敏感性。苏小军等[21]研究认为，1-MCP并没有破坏这些受体，因而较少量新的乙烯受体的合成便能启动果实后熟。

钙是植物生长发育的必需元素之一，在植物的生理活动中，既起着结构成分的作用，也具有酶的辅助功能。钙处理能够减缓果实采后衰老，并且是一种符合绿色环保要求的保鲜处理剂[22]。钙处理能够补偿胞壁区域钙的损失，对果蔬的细胞壁和细胞膜结构功能起到调节和维护作用。钙离子与细胞壁中果胶结合，在果胶酸间或果胶酸与其他带羧基的多糖间形成交叉链桥[23]，阻止引起果肉软化的酶或导致果肉腐烂的真菌病原体产生的酶通过，从而维持果实硬度并降低果实腐烂率。此外，钙直接作用于呼吸作用有关的酶，使呼吸强度下降[24]。应铁进[13]等人用6%氯化钙溶液处理无花果，然后在1℃环境下贮藏，结果表明，钙处理能降低果实呼吸强度和乙烯释放量，在维持果实硬度方面效果也很好。

（五）机械伤

采用细瓦楞纸箱作为外包装，内包装为精制的纸托盘，每个无花果果实恰好放在一个凹槽内，防止运输中出现碰撞和摩擦，减少损伤，一般每箱放两层[25]。

（六）振　动

包装箱内预置缓冲材料，减少振动。

第二节　适宜贮藏加工和鲜食的主要无花果品种

一、适宜贮藏加工的品种

（一）日本紫果

原产日本，果实夏、秋季兼用，以秋果为主。叶片绿色，叶基深心形，叶尖钝尖，叶缘圆钝锯齿，叶片长度22.44厘米，叶片宽度19.65厘米，叶柄长度6.81厘米，掌状五裂，裂刻深度14.07厘米，树姿开张，树势中庸。果实球形，夏果质量可达百克，秋果平均单果质量50~60克，始果节位为3~4节或枝干基部。成熟果皮深紫红色，果皮薄，易产生糖液外溢现象。果颈不明显，果柄长0.2~0.9厘米，果形指数0.81，果目开张，果目大小0.89厘米，果肉鲜艳红色、致密、汁多、甜酸适度，果、叶所含微量元素硒为各优良品种之最。可溶性固形物含量18%~23%，较耐贮运，品质极佳，为目前国内外最受欢迎、市场销售前景十分广阔的鲜食、加工兼用型优良品种。该品种树势健壮时，树体表现枝旺叶大，早实性较差，生长季应通过整形修剪和控肥控水适当控制树势。栽植第二年株产1.43千克，第三年株产3.18千克，第四年株产8.85千克。较耐寒，耐高温[26]。

（二）芭劳奈

原产法国，夏、秋果兼用品种，夏果产量较高，但以秋果为主。始果节位低，一般在2~3节。叶片深绿色，叶基深心形，叶尖渐尖，叶缘锐齿，叶片长度22.92厘米，叶片宽度20.09厘米，叶柄长度6.59厘米，掌状七裂，裂刻深度13.89厘米，树姿直立，树势旺。果实呈倒卵形，平均单果质量40~90克，夏果大的可达120克。果颈明显，果目闭合，果柄长0.1~1.2厘米，果形指数夏果2.40，秋果1.56。果皮淡黄褐色至茶褐色，皮孔明显，果肋可见，果顶部略平，果肉颜色浅红，较致密，空隙小。果肉可溶性固形物含量16%~23%，肉质为黏质、甜味浓、糯性强，有丰富的焦糖香味。耐寒性强。鲜食味道浓郁，风味极佳，品质极优。该品种早果性强，丰产性强。扦插育苗的当年即可结果并成熟，内膛枝也可以大量结果，适合高密度种植。栽植第二年株产2.98千克。果耐腐，较干旱的地区完全成熟的果实不采摘，可挂在树上而不落[27]。芭劳奈属于优良的鲜食、加工兼用型无花果新品种。

（三）绿早（B110）

由美国加利福尼亚州引入我国，为夏、秋果兼用品种。该品种树势中庸、分枝较少、树冠较开张，新梢年生长量2米左右，枝径2厘米，节间长4~5厘米，叶裂刻深14~18厘米，叶径为19~22厘米，叶浓绿。其果实为长卵圆形，果目微开，果形指数为1.16。始果节位为1~5节。成熟时果实下垂，果皮为浅绿色，果柄长0.2~1.2厘米，果目0.2~0.4厘米，成熟果不裂口，夏果单果重90克，秋果单果重45~60克，果肉红色，汁多，口感好，风味极佳，可溶性固形物含量18%~22%，品质极佳。该品种因株形紧凑，结果性、丰产性特别强，幼树进入在产期快，耐寒，是目前鲜食、加工的绿色最佳品种。

（四）福建白蜜双果

鲜食及加工兼用优良品种。鲜食加工品质均佳，耐寒、耐贫瘠、耐盐碱。树势旺盛，树冠圆长形，主干明显，侧枝开张角度大，多年生枝灰白色。叶大粗糙，色泽亮绿，背生茸毛，黄绿色，掌状分裂，通常3~5浅裂，叶形指数1.12，叶柄平均长10.32厘米。果实扁，呈倒圆锥形，果形指数0.86左右。果实熟前绿色，熟后黄绿色，果肉淡紫色，果目小，开张，果面平滑不开裂，果肋明显，果皮韧度较大，果汁较多，含糖量高，为夏、秋两季果。

（五）中农矮生（B1011）

夏、秋果兼用品种。由美国加利福尼亚州引入我国，树势中庸，分枝角度大，年生长量0.69~1米，枝粗1.3~1.5厘米，树势开张，节间短，长3~5厘米，分枝力量弱。果实个大，呈长圆形，果形指数1.06。始果节位1~5节，成熟期7月下旬，熟时果皮金黄色，有光泽，果肋明显，果顶部平而凹，果目0.2~0.3厘米，果柄长0.5~1厘米，平均单果重68克。果肉粉红色、中空，可溶性固形物含量17%~20%，品味接近纯甜，外形美观，品质极好。该品种极丰产，枝条节间短，结果能力强，始果部位低，枝条基部即可连续结果，且成熟期短。果实成熟较快，不宜过熟采摘，具有明显的矮化丰产特征，是密植、保护地栽培首选，鲜食、加工用优良品种。

（六）加州黑

原产于西班牙，1998年山东省林业科学研究院由美国加利福尼亚州引入，是美国用于商品生产的主要栽培品种之一。其树体高大，生长健旺，大枝分枝处易萌生粗壮的下垂枝，应及时剪除，以利通风透光，促进结实。果实夏、秋兼用型，夏果个大，单果重50~60克，长卵圆形。果皮紫黑色，果肉浅草莓色，品质上等。果熟期在美国加州为6月下旬，多用于鲜食市场。第二季果（秋果）数量大，果个中等，卵圆形，单果重35~45克，果颈不明显，果柄短，果目小而闭合。果皮近黑色，果肉致密，呈琥珀色或浅草莓色，果熟期在8月中旬至9月中旬。极丰产，是整果制干、制酱和果汁的优良品种。

（七）白圣比罗

为原产于尼罗河流域的古老品种。树势强，枝条开张，叶片掌状 3~5 裂。果实近圆形，果顶稍平，果大型，单果重 80~120 克。果皮呈黄绿色，果肉呈琥珀色，质黏而柔软多汁，味甜，芳香味浓，品质极优。夏果 6 月下旬至 7 月下旬成熟，不需授粉，秋果经授粉才能成熟。生产上常以夏果为主进行栽培利用。该品种鲜食、制干均可。

（八）玛斯义陶芬

原产于美国加州，从日本引入我国。玛斯义陶芬树势中庸偏旺，树冠开张。枝条节间 1~6 厘米，枝条软而分枝多，丰产性好，采收期长，口感不好，果实适合加工干制的产品[28]。枝梢先端易下垂，冬芽呈紫红色，幼叶呈黄绿色，油渍状，叶片以 5~7 裂为主，中等大，有叶柄。该品种夏、秋两季结果，但以秋果为主，夏果长卵圆形，较大，平均果重 100~150 克，果皮绿紫色，秋果倒圆锥形，中大，平均单果重 80~100 克，成熟时呈紫褐色。该品种果实个头大，果皮鲜艳，果肉桃红色，含糖 16%~18%。果实商品性好，且果皮韧性大，较耐贮运，抗病性强。

二、适宜鲜食品种

（一）波姬红

波姬红始果部位 2~3 节，果实夏、秋果兼用，以秋果为主。果实长卵圆形或长圆锥形，皮色鲜艳，条状褐红色或紫红色，果肋较明显，果柄长 0.4~0.6 厘米。果目开张径 0.5 厘米。秋果平均单果重 60~90 克[28]，最大单果重 110 克。果肉微中空，呈浅红色或红色，味甜汁多，可溶性固形物含量 16%~20%，品质极佳[3]。为鲜食大型红色无花果优良品种，也可用于加工[29]。果熟期在 7 月下旬至 10 月中旬。极丰产，耐寒、耐碱性较强。

（二）青　皮

原产于中国山东省，夏、秋果兼用品种，以秋果为主。叶片浓绿色，叶基心形，叶尖钝尖，叶缘圆钝锯齿，叶片长度 19.77 厘米，宽度 17.98 厘米，叶柄长度 5.76 厘米，掌状三裂，裂刻深度 11.35 厘米，树姿半直立，树势旺。果实梨形，单果质量 40~60 克，始果节位在 2~3 节，果形指数 1.00 左右，果颈明显，果柄短，果目开张，果目大小 0.88 厘米。果实熟前绿色，熟后黄绿色，果顶不开裂，但果肩部有裂纹。果肉紫红色，中空，可溶性固形物含量 16%以上，风味极佳，果面平滑不开裂，果肋明显，果皮韧度较大，果汁较多，含糖量高。耐寒性中等，抗病力强，耐盐力较强。

（三）紫　宝

紫宝是从我国无花果主栽品种青皮中获得的芽变品种，于 2015 年 12 月通过了国家林业局新品种授权。紫宝无花果主干栎色、不光滑，树姿半直立，树冠分支形，树势中等。一年生枝条呈黄褐色，多年生枝条呈深褐色，一年生休眠枝茸毛多。新梢浅绿色，节间平均长为 4.2 厘米，顶芽为绿色。叶片大，叶面呈抱合状，两面粗糙，色深亮绿，3 或 5 裂多掌状，基部心形，叶缘波状锯齿。平均叶长 21.4 厘米，叶宽 18.9 厘米[30]。紫宝为普通型无花果品种，以秋果为主，成熟时间为 8 月 20 日至 10 月底。秋果扁圆形，大小基本一致，平均单果重 33.4 克，平均横径 33.6 毫米、纵径 35.7 毫米，平均果梗长 5.1 毫米。果皮呈紫色、片状着色、着色度深、有少量蜡质和皮孔，多果粉。果肉呈深红色，肉质松软，果汁量适中。夏果单果重 45~60 克，成熟时间为 7 月 10 日至 7 月底，但数量显著少于秋果。果实含糖度、含酸量与青皮无花果基本一致，产量与同等栽培条件下的青皮无花果无明显差异。

（四）金傲芬

原产于美国，夏、秋果兼用品种，以秋果为主。叶片绿色，叶基心形，叶尖钝尖，叶缘圆钝锯齿，叶片长度 20.44 厘米，叶片宽度 19.75 厘米，叶柄长度 6.89 厘米，掌状 5 裂，少量 3 裂，裂刻深度 13.51 厘米，树姿开张，树势旺。果实瓮形，为大果型，平均单果质量 80~110 克，果皮呈浅黄色，果肉黄色，致密，细腻甘甜，始果节位 2~3 节，果实个大，卵圆形，果颈明显，果柄 0.2~1.8 厘米，果形指数 0.77，果目开张，果目大小 0.9 厘米。果皮呈金黄色，有光泽，似涂蜡质。果肉呈淡黄色，致密，可溶性固形物含量 17%，最高 20.5%。鲜食风味佳。当年扦插当年挂果，第二年株产 2.48 千克，第三年 4.69 千克，第四年 10.34 千克。具有多次结果的习性，极丰产。性状稳定，适应性、抗病性强，基本无病虫害发生，较耐寒[27]。

（五）布朗瑞克

原产于法国，夏、秋果兼用品种，夏果少，以秋果为主。叶片深绿色，叶基心形，叶尖钝尖，叶缘圆钝锯齿，叶片长度 20.44 厘米，叶片宽度 19.75 厘米，叶柄长度 6.89 厘米，掌状 7 裂，裂刻深度 10.4 厘米，树姿半直立，树势中庸。果实呈梨形，成熟时果皮为黄褐色或茶褐色，始果结位在 2~3 节，果颈不明显，果形指数 1.20，果柄长 0.4~1.1 厘米，平均单果质量 50~100 克，夏果大的可达 130 克以上，果实中空，果肉呈淡粉红色。果目开张，可溶性固形物含量 16%以上，味甜而芳香。该品种分枝性较弱，如不摘心则分枝较少，枝条中上部坐果多，连续结果能力强。当年扦插当年见果，栽植第二年株产 2.8 千克，第三年株产 6.3 千克，第五年株产 13.8 千克。丰产性好，耐寒，耐盐性强。

（六）蓬莱柿

蓬莱柿为日本栽培品种，树势很强，树姿直立，顶端优势强，梢端 2~3 芽生长旺盛，但发枝少，因此幼树产量较低，成龄树亩产 1 400~2 000 千克。蓬莱柿夏果单果重 100~200 克，秋果单果重 70~80 克，果皮厚，呈紫红色，果肉鲜红，肉质粗，味特甜，含可溶性固形物 16%。收获期从 8 月下旬至降霜。该品种的特点是果顶部开裂，过熟开裂大，商品价值低。蓬莱柿抗疫病力强，但叶上易发生黑点状病斑，增加了污染果实的病害。叶上的病症类似于葡萄的黑痘病，病斑呈穿孔状。

（七）卡独大

源于意大利，夏、秋果兼用。该品种在美国加利福尼亚州占栽培面积的 15%，主要用于加工制干、糖渍和罐藏。树势中强，较耐寒，冬季顶芽绿色。叶片较大，掌状 3~5 裂，下部裂刻浅，叶背绒毛中等，叶色深绿。果实中等大，卵圆形。单果重 40~100 克，果皮呈黄绿色，有光泽。果柄短，果肉致密，呈浅草莓色或琥珀色，味浓甜，品质优良。果目小或部分关闭，减少了昆虫侵染和酸败。果皮较厚且有韧性，易于贮运。树体较耐修剪，重剪可促进生长和结果。

（八）棕色土耳其

原产于小亚细亚的棕色土耳其国，新疆阿图什亦早引入，已有数百年历史，为当地主栽品种。树势中庸，树冠开张，接触地面的枝条极易生根，枝条粗而短，节间短。多年生枝灰绿色。叶片较大，掌状 3~5 深裂，叶形指数 1. 26，叶柄长 10 厘米，基部弯曲。果实中型到大型，倒卵圆或倒圆锥状，纵肋明显，果颈细长，成熟果皮光滑，呈绿棕色或绿紫色，果目易三角形开裂，果实易遭受昆虫侵染而酸败，果柄长 1. 2 厘米，果肉草莓色或琥珀色，质黏而甜，品质上乘。单果重 40~80 克，外形美观，果皮厚耐韧，较耐运输，栽培容易，为鲜食类专用优良品种。该品种一年两次结果，夏果 7 月上旬至中旬采收，但产量不高，一般只占年产量的 30%；秋果自 9 月下旬开始采收，果大，质佳，产量占年产量的 70%。品种适应性强，栽培管理方便，进入结果期早，丰产性能好，寿命长，适宜于大面积栽培，为无花果栽培类型中的优良品种。

（九）果 王

1998 年山东省林业科学研究所由美国加利福尼亚州引入我国，在日本等国家也有栽培。树势强壮，分枝直立，枝条褐绿色，新梢生长量长可达 2. 7 米，枝径 2. 4 厘米，节间长 5. 6 厘米。叶片大，掌状 4~5 深裂，叶径 18~22 厘米，叶柄长 6~10 厘米。果实以夏果为主，在日本福岛地区 7 月果实成熟，单果重 50~150 克，最大单果重 200 克。

果实呈卵圆形，果皮薄，呈绿色。果肉致密、甘甜，呈鲜桃红色。较耐寒，丰产，品质优良，可作为商品果供应鲜果市场。

（十）斯特拉

夏、秋果兼用，夏果较多，但仍以秋果为主。结果能力强，始果部位低，丰产。果呈长卵圆形，外形美观。果较大，单果重 60~120 克；成熟果果皮厚，呈淡黄色至黄绿色，硬度较高，果目小，耐贮运。果肉呈深红色，可溶性固形物含量 17%~23%，果蜜多，果肉细腻，味香甜，不腻人，无青涩味，味道极佳。耐寒，耐阴雨，不裂果，耐贮运，抗寒性强，早期丰产，适宜在我国广大地区种植，更是多雨地区难得的抗裂果的优良品种，也是采摘园、保护地和盆栽的首选优良品种。

第三节　无花果的贮藏特性

无花果有极高的食用价值和药用价值，其果实含有丰富的碳水化合物、蛋白质、脂肪、矿物质和维生素等营养物质[31]。近年来，国内无花果种植面积和产量呈逐年上升趋势，出口量逐年增加，成为我国出口的主要果品之一。无花果采收期多集中在 7~8 月高湿多雨的夏季，因而无花果采后耐贮性极低，在常温条件下存放 2~3 天即会发生果实软化、果皮褐变、果实腐烂等现象。无花果多制成干果以延长货架期，这就使得销售价格大幅下降，造成严重的“增产不增收”问题，打击了农民种植无花果的积极性，从而不利于无花果产业的可持续发展。

一、呼吸作用

尽管无花果乙烯生成量和呼吸速率一直比较平稳，没有呼吸跃变型，但国内外多数研究者仍将其归为呼吸跃变型果实，这是因为无花果在 20℃ 条件下乙烯生成量和呼吸速率处于中等水平，乙烯生成量为 1~10 微升/（千克·时），呼吸速率为 10~20 毫克/（千克·时）。无花果采后其呼吸速率一直下降，且果实贮藏温度越低其呼吸速率越小。

二、乙　烯

乙烯是植物自然代谢产物，在果实采后成熟及衰老过程中起着重要的调控作用，是一种十分重要的成熟衰老激素，与果实采后生理活动过程的联系十分密切。果实根据呼吸类型和内源乙烯积累模式可分为呼吸跃变型果实（番茄、桃、苹果、梨、猕猴桃、无花果等）和非呼吸跃变型果实（柑橘、葡萄、草莓等），本质区别在于乙烯的生成特性和乙烯对果实产生的反应。

跃变型果实中乙烯的形成由 2 个系统调节，系统Ⅰ负责跃变前果实少量乙烯的合成；系统Ⅱ负责跃变时成熟果实乙烯的自我催化及大量积累，此系统可促进果实的成熟与衰老。而在非跃变型果实中，只有系统Ⅰ调控乙烯的合成，因而乙烯生成缓慢、变化平稳，没有乙烯释放高峰出现。但是通过外源乙烯处理仍导致多糖水解、组织老化等多种植物衰老生理反应。因此，外源乙烯处理也能够促进非跃变型果实成熟和衰老。但是，外源乙烯对跃变型果实和非跃变型果实的调控机制有本质的区别：对跃变型果实而言，外源乙烯调控的过程不可逆。在外源乙烯的触发下，跃变型果实启动系统Ⅱ，产生乙烯的自我催化作用，促使内源乙烯大量生成，加速了果实的成熟和衰老速度。由于非跃变型果实没有系统Ⅱ内源乙烯的自我催化功能，外源乙烯对非跃变型果实的调控是可逆反应。

乙烯对二者有关代谢活动的影响基本一致，如促进果实呼吸、淀粉水解、胡萝卜素和花青素合成等。乙烯是调控果实软化衰老的关键因子，在果实成熟和衰老过程中起重要作用。生物体内乙烯的合成需要 ACO（1-氨基环丙烷-1-羧酸氧化酶）和 ACS（1-氨基环丙烷-1-羧酸合成酶）两种关键酶的参与。SAM（S-腺苷甲硫氨酸）在 ACS 的作用下形成乙烯的直接前体物质 ACC（1-氨基环丙烷-1-羧酸），在 ACO 的作用下 ACC 进一步形成乙烯。与常温贮藏相比，低温贮藏可显著抑制无花果 ACO 和 ACS 活性的增加，减少了乙烯合成的前体物质 ACC 的含量，延缓了无花果组织内源乙烯生物合成代谢，抑制了乙烯对果实的自动催化作用，从而延迟了无花果果实成熟衰老的进程。

无花果采后对乙烯作用不敏感，主要表现在乙烯难以诱导果实的软化和腐烂。但当乙烯或乙烯诱导剂应用于无花果发育的特定阶段时会引发果实成熟和呼吸跃变期以及催化乙烯生成，随之会导致果实色泽、硬度和糖含量的变化。比如在无花果预计成熟前 15 天，使用植物油（橄榄油、菜籽油、豆油、芝麻油等）处理果顶部的果孔，可明显促进果实膨大，提早成熟 7~10 天，而使用 100~400 微升/升的乙烯利处理，亦可获得同样的催熟效果。

常温下无花果采后 2 天内乙烯生成速率下降，随后保持稳定，而经冷藏（-0.5~0℃）、气调（5%~10%氧气，15%~20%二氧化碳）或远洋集装箱运输处理的果实其乙烯生成速率降低的幅度会更大。大多数的跃变型果实经乙烯抑制剂 1-MCP（1-methylcyclopropene，1-甲基环丙烯）处理后乙烯生成速率会降低，但是 1-MCP 处理的无花果无论是在常温下还是低温下其乙烯生成速率均会增加，同时经橄榄油和 1-MCP 处理的果实其上升趋势会更加明显，这说明无花果缺乏乙烯生物合成的负反馈调节系统。研究者认为，乙烯合成系统Ⅰ即在此负反馈调节系统控制下，而乙烯可以负调控乙烯生物合成酶 ACC 合成酶（ACS）和 ACC 氧化酶（ACO）的活性及其基因表达[17-19]。这种现象表明无花果的乙烯生物合成受自动抑制调控，同时缺乏跃变型果实自动催化乙烯生成的

能力。

三、固形物和糖含量

影响无花果 TSS（固形物含量）的因素很多，即使相同品种的无花果产地不同其含量也有差异，如 Ezzat 等发现 Sultani 果实的 TSS 为 11.4%～15.3%，但 Amen 检测的 Sultani 果实的 TSS 为 17.8%～19.1%。无花果采后 TSS 逐渐增加，即使对果实进行各种采前或采后处理，也无法阻止 TSS 升高的趋势，但可以减缓 TSS 升高的程度。不做任何处理的无花果，放置 4 天后其 TSS 由 18.02%增至 21.71%，而在采前喷施氯化钙和激动素、采后浸泡多菌灵的果实在相同条件下 TSS 含量由 17.82%上升至 20.12%。总糖含量和其组成成分是判断果实品质的重要因素。生长期时无花果成熟度越高其总糖含量越高，但采收后果实的总糖含量不再增加。因此，若无花果在未成熟时采收将不会达到其最佳风味。Ersoy 等认为果糖和半乳糖是其主要成分，其次是葡萄糖和蔗糖，而 Aljane 等对突尼斯的部分无花果检测发现葡萄糖和果糖是主要的糖物质，其中葡萄糖含量为 5.05%～9.62%，果糖含量为 4.7%～8.29%。果实采收后蔗糖含量降低，且贮藏温度越高，蔗糖含量以及蔗糖占总糖含量的百分比下降速度越快。

四、果实色泽

色泽和硬度是辨识无花果果实品质的最主要依据。无花果果实色泽的变化是由乙烯诱导产生的，这是因为乙烯产生的同时伴随着花青素的合成以及叶绿素和类胡萝卜素的降解。研究发现，花青素含量的增加呈线性变化，合成色素量取决于光强度和持续时间。果实成熟时，不仅叶绿素 a 和叶绿素 b 快速降解，β-胡萝卜素、叶黄素、紫黄素和新黄素等的含量也快速下降，只是其降解速率各不相同。值得注意的是，诱导乙烯生成虽然能提高花青素的生成率，但却不会增加果实色素的总生成量。研究发现，无花果果实质量、硬度、色泽、可溶性固形物含量、糖含量、可滴定酸等均受果实栽培品种、成熟度及其两者相互作用的影响，但无花果的呼吸强度不受上述因素的影响。同时，乙烯生成量仅受果实栽培品种和成熟度的单线影响，两者的相互作用并不影响无花果的乙烯生成。

五、软　化

果实硬度是衡量果肉抗压力强弱的一个指标。果实在采摘后仍然是活的有机体，依旧进行着一系列以呼吸作用为主的生命活动，使其在贮藏期间发生不断的软化现象。果实软化是果实开始成熟的重要标志，经历了复杂的生理发育调控过程，包括色、香、味等感官品质的变化、细胞壁的降解、果实内含物的变化以及呼吸速率等其他生理生化变化。

与大多数呼吸跃变型果实不同，无花果生长的最后阶段果实成熟的同时体积也在膨大。因此，在无花果成熟过程中会伴随着果实软化和细胞壁的分解。无花果细胞壁的果胶由PFW（水溶性果胶）、PFO（酸溶性果胶）和PFA（碱溶性果胶）组成，虽然PFO是主要成分，但它的含量并不随成熟度的变化而变化，PFW和PFA的含量则随着成熟度的增加而逐渐降低，PFW和PFA的凝胶强度也逐渐降低，因此无花果采后的果实硬度逐渐下降。另外，在无花果果实硬度降低的同时，果实花托和果囊部位的果胶和半纤维素多糖也在发生质和量的变化。研究发现，无花果采后放置在较高的贮藏温度下会加速蔗糖和细胞壁水不溶性果胶物质的降解，加速果实的软化，而低温处理能减缓果实硬度的下降速率：在果实常温下放置6天后其硬度由8.9牛顿下降至0.5牛顿左右，而在0℃条件下冷藏19天后其硬度由5.5牛顿降至1.5牛顿[10]。另外，无花果采收的成熟度也大大影响着果实硬度的变化，未成熟果采收时的硬度较高，但采后硬度快速降低，冷藏6周后果实的硬度与成熟果的硬度相差不大。

果实组织主要由软组织构成，呈各向异性分布，其次是支撑组织和外表皮。细胞壁和液泡内液体的压强决定了软组织的力学特性，纤维素和果胶物质决定了支撑组织和外表皮的力学性质。果实细胞中胶层和初生壁中积累了大量的果胶物质，以黏结细胞个体。在未成熟的果实中，纤维素和果胶物质结合成非水溶性的原果胶物质，使果实质地坚实、脆硬[32]。果实软化时，细胞壁中的果胶物质开始溶液化，同时伴随着细胞壁胞间层的溶解和初生壁的破坏，且细胞壁多糖结构（包括分子数目、侧链的取代和修饰等）也会发生变化。影响果实软化过程的因素有酶（包括胞壁酶、胞膜酶、胞内酶）、植物激素（乙烯、生长素、脱落酸）等物质以及温度等环境因素[33,34]。

（一）胞壁酶

与大多数呼吸跃变型果实不同，无花果生长的最后阶段果实成熟的同时其体积也在不断增大，因此在无花果成熟过程中会伴随着果实成熟和细胞壁的软化分解[35]。细胞壁结构的变化与果实的成熟软化有着密切的联系。在果实成熟过程中，原果胶物质逐渐降解，细胞壁变薄，细胞结构受损，细胞变圆且趋于分散，细胞相互分离，果肉硬度随之下降。胞壁结构改变和胞壁各成分物质降解目前被认为是果肉质地下降的主要原因，这一过程主要由PG（多聚半乳糖醛酸酶）、PE（果胶酯酶）、XET（木葡聚糖内糖基转移酶）、Cx（纤维素酶）及糖苷酶等水解酶参与。

1. PG（多聚半乳糖醛酸酶）

PG活性的大小与果实成熟软化密切相关，在细胞壁结构的改变中起着重要作用，其适宜底物是多聚半乳糖醛酸，能够催化果胶分子中1,4-2-D-半乳糖苷键裂解，生成低聚半乳糖醛酸或半乳糖醛酸，导致细胞壁裂解，使果实软化[36]。根据对底物的作用

方式，可将 PG 分为如下 3 种：内切多聚半乳糖醛酸酶、外切多聚半乳糖醛酸酶和寡聚半乳糖醛酸酶。前者以内切方式随机从分子中切断多聚半乳糖醛酸链，而后两者以一种外切方式有顺序地从半乳糖醛酸多聚链或寡聚链的非还原端释放出一个单体或一个二聚体[34]。

2. PE（果胶酯酶）

PE（果胶酯酶）以多种形式存在于果实组织内，与果蔬质地优劣密切相关。PE 作为一种果胶降解酶对细胞壁的降解发挥间接作用：一方面它将果胶甲基转变成羧基，释放质子，降低细胞外环境 pH 值，提高了某些细胞壁降解酶的活性；另一方面，PE 可脱去半乳糖醛酸羧基上的酯化基团（一般是羟甲基和羟乙基），促进多聚半乳糖醛酸酶分解多聚半乳糖醛酸链，增加果胶的溶解度。从一定意义上说，PE 的活动为 PG 的作用提供了必要前提[37]。无花果细胞壁的果胶由 PFW（水溶性果胶）、PFO（酸溶性果胶）和 PFA（碱溶性果胶）组成，虽然 PFO 是主要成分，但它的含量并不随果实成熟度的变化而变化，PFW 和 PFA 的含量则随着成熟度的增加而逐渐降低，PFW 和 PFA 的凝胶强度也逐渐降低，因此无花果采后的果实硬度逐渐下降。

3. XET（木葡聚糖内糖基转移酶）

木葡聚糖是细胞壁的一种结构多糖，是双子叶植物细胞壁初生壁中的主要半纤维素，能够与纤维素的微纤丝紧密结合，并通过束缚相邻的微纤丝，以限制细胞壁膨胀。XET 能引起细胞壁膨胀疏松，它作用于木葡聚糖时，由于其具有内切和连接的双重效应，可把切口新形成的还原末端与另一个木葡聚糖分子的非还原末端相链接，且该过程可逆。XET 解聚连接纤维纤丝的木葡聚糖链，进而使木葡聚糖链发生不可逆破裂，以加速果实的成熟衰老进程[34]。

4. Cx（纤维素酶）

纤维素是细胞壁的骨架物质。木葡聚糖与纤维素微纤丝网络结构的松弛和果胶解聚将会增加细胞壁的多孔性，进而增加降解酶接触底物的概率，这在细胞壁降解过程中起着重要作用。Cx 的降解表明细胞壁开始解体、果实开始软化。Cx 能够分解含 β-1，4 糖苷键的半纤维素，且对羧甲基纤维素、木葡聚糖和具有葡聚糖结构的物质表现出活性，在果实完全成熟时其活性显著提高。Cx 在不同果实软化时所起的作用不同，如它在桃、梨、番茄等果实成熟软化过程中起主要作用，在鳄梨果实软化过程中起关键作用。

5. 糖苷酶

β-Gal（β-半乳糖苷酶）可改变细胞壁某些组分的稳定性，通过降解聚支链的多聚醛酸溶解或降解果胶。果实发生软化时，β-Gal 水解果胶分子上的乳糖支链，进而加速果实软化进程[38]。有研究表明，通过抑制番茄果实中 β-Gal 相关的基因表达，在番茄果实成熟前可以降低半乳糖含量降低，从而延迟果实软化[39]。

α-Af（α-阿拉伯呋喃糖苷酶）作为重要的糖苷酶之一，与植物细胞壁果胶、半纤维素多聚体中阿拉伯糖支链的降解密切相关，它通过作用于阿拉伯半乳聚糖等支链多聚体参与果实细胞壁多糖的降解。许多果实成熟过程中阿拉伯糖残基的大量减少在果实成熟软化过程中非常普遍，末端阿拉伯残基广泛分布于果胶和半纤维素多糖中。在苹果、梨、番茄、柿子等果实成熟和贮藏过程中，α-Af 活性随果实的软化程度逐渐增加，影响着果实成熟软化进程。

（二）胞膜酶

果实细胞膜对维持细胞微环境和正常的生命代谢起着重要作用，在果实的成熟衰老过程中，细胞膜活性逐渐下降，膜通透性增大，细胞膜的完整性和功能会遭到不同程度的损失，这也就打破了果实内完整的活性氧清除系统，引起大量的自由基累积，造成膜脂过氧化程度加剧。若细胞内缺乏清除自由基的物质时，机体会受到自由基的各种伤害[40]，如细胞损伤甚至死亡、果实加速衰老等。

LOX（植物脂氧合酶）是催化细胞膜脂肪酸发生氧化反应的主要细胞膜酶，也是启动细胞膜脂过氧化作用的主要因子，其代谢途径的产物在果实成熟进程中起到了十分重要的作用，主要机制为：LOX 首先参与果实成熟衰老进程中乙烯的生物合成，以此来调控果实软化；其次参与膜脂过氧化作用，进而破坏细胞膜结构，加速果实的成熟衰老进程。研究表明，在呼吸跃变型果实中，通过调节 LOX 的活性可以有效控制果实的软化进程[41]。

（三）胞内酶

SOD（超氧化物歧化酶）、POD（过氧化物酶）、CAT（过氧化氢酶）和 APX（抗坏血酸过氧化物酶）等是果蔬细胞组织内主要的酶促过氧化物防御系统。SOD 普遍存在于动植物与微生物体内，它能够清除超氧自由基，与 CAT、POD 等酶协同作用来防御活性氧或其他过氧化物自由基对细胞膜系统的伤害，从而减少自由基对有机体的毒害[42]。

1. 淀粉酶

淀粉作为内容物对细胞起着支撑作用，并维持着细胞膨压。淀粉在发生水解后，可直接转化为可溶性糖，参与果实的生命代谢活动，引起细胞张力的下降，进而导致果实的软化。植物中淀粉降解是以淀粉粒表面发生的可逆葡聚糖磷酸化为起始点，由多种葡聚糖磷酸化酶共同参与完成，淀粉粒的磷酸化水平可能影响淀粉粒的亲水性从而影响淀粉分解。由于淀粉酶活化必然引起淀粉的降解，因此凡是引起淀粉酶活化的物质或处理，都将影响淀粉含量和果实的软化。

2. *蔗糖酶*

蔗糖酶活性与果实软化也有一定关系。研究表明，南美番荔枝胞壁降解酶 PG、Cx 和蔗糖酶活性高峰与呼吸高峰近似一致，且果糖和葡萄糖在后熟期间含量呈逐渐上升趋势，这可能是蔗糖酶发挥了重要作用[45]。其他研究者以番茄酸性转化酶（蔗糖酶）的 cDNA 为探针，测定番茄果实成熟过程中酸性转化酶的变化，发现果实软化过程中蔗糖酶的 mRNA 水平增加，从分子水平上也证实了蔗糖酶影响着果实成熟衰老的过程。

六、褐　变

褐变是园艺产品普遍存在的问题，影响产品外观、风味、营养价值，大大降低了贮藏加工性能。果实褐变是果实成熟老化、生理衰退的特征之一，褐变造成了果实品质变化，缩短了果实贮藏期，成为果实贮藏保鲜的主要障碍。

果实褐变从本质上分为非酶褐变和酶促褐变：非酶褐变是各种非酶原因引起化学反应而造成的果肉或果皮褐变；酶促褐变是组织内的酚类物质在酶的作用下氧化成醌类，醌进一步氧化聚合形成褐色色素，发生褐变。研究表明，酶促褐变是造成果实褐变的主要原因。

果实组织中存在着大量酚类物质等植物次生代谢产物，这与果实的色香味、品质、成熟衰老过程、组织褐变、机体抗逆性等生理作用密切相关，极大影响着果实贮藏、加工性能、营养价值和药用价值。通常认为，与酶促褐变密切相关的酶类主要是 PPO（多酚氧化酶）。PPO 是一种以铜为辅基的酶，在有氧条件下能催化酚类物质氧化形成醌类化合物，醌很快聚合成为褐色素而引起组织褐变。

在无花果褐变过程中，酚类物质作为多酚氧化酶底物被催化氧化成醌而导致果肉褐变。研究发现，酚类物质的解除和氧化酶的区域化使酚类物质从液泡中泄出，导致无花果中的 PPO 和空气中氧接触，进而导致无花果果肉失水与褐变。在贮藏过程中，无花果的酚类物质含量呈不断下降趋势，特别是当果肉开始发生褐变时，PPO 活性与酚类物质呈负相关。

七、腐　烂

无花果自身含糖量较高，水分含量较高，果皮保护功能不完善。这一性质使无花果果实极易受损，易被微生物感染，在室温下极易变质，因而耐贮性极低。这大大增加了无花果保存和运输的难度，极大限制了其果实的贮藏期和货架期。

影响无花果果实腐烂的病害主要是黑穗病（Smut，由黑曲霉引起）、黑腐病（Alternaria rot，由链格孢菌、多主枝孢、黑细基格孢等共同作用引起）、灰霉病（Gray mold 或 Botrytis rot，由灰葡萄孢菌引起）、无花果内腐病（Fig endosepsis，由串珠镰刀菌和其他镰刀菌属引起）和酸腐病（Sour rot，由酵母属、芽孢杆菌属等各种细菌和酵母菌引起），其中黑腐病和灰霉病是无花果采后的两大主要病害[43-44]。雨后采摘的无花果多发生黑腐病，因此无花果应当在完全成熟前采收，以降低果实发病率。灰葡萄孢菌可通过侵染无花果果皮感染果实，引起无创伤的无花果腐烂。另外，灰霉菌还可引起无花果树枝条枯萎病的扩散，该病症正是引起枯枝的重要原因[45]。

另外，真菌也会引起无花果发生病害。真菌导致的无花果腐烂可使种植者损失极大。引起无花果真菌腐烂的敏感部位是果实底端形成的天然开孔，它既可作为真菌病原体到达果实内腔的通道，也可作为无花果榕小蜂、露尾虫、牧草虫等昆虫携带真菌孢子至果实内部的通道。另外，繁殖的各种真菌可以达到果实表皮并对果皮造成潜伏感染或成为孢子聚集地。采后以水为媒介的处理可能会造成处理后水分滞留在小孔处，由此可刺激病原孢子萌发，导致无花果果实腐烂发霉，引起果实品质的显著下降。因此，无花果消毒最为有效的方式是通过化学药品的熏蒸或雾化来减少真菌侵染水平[35]。

参考文献

[1] 张明．不同品种无花果采后生理及贮藏品质变化的研究［D］．保定：河北农业大学，2013.

[2] 赵伟君．不同气调条件及臭氧处理对无花果贮藏生理及品质的影响［D］．保定：河北农业大学，2015.

[3] 王晓丽，杨永红，李兴，等．无花果栽培技术［J］．现代农业科技，2012，22：90-91.

[4] 张兴和，张维维，李苒苒，等．无花果栽培管理技术［J］．天津农林科技，2016，2：34-38.

[5] 姬长新，马骏，关文强，等．无花果贮藏保鲜技术［J］．保鲜与加工，2007，7（6）：53.

[6] 韩璐．不同保鲜处理对无花果不同流通过程中品质变化的影响［D］．保定：河北农业大学，2013.

[7] 隋静，杨鹤，胡静．金傲芬无花果的栽培管理技术［J］．落叶果树，2015（1）：50-52.

[8] 张恒．果蔬贮藏保鲜技术［M］．成都：四川科学技术出版社，2009.

[9] 马骏，孙宝亚，关文强，等．阿图什无花果贮藏保鲜试验初报［J］．保鲜与加工，2009，2：50.

[10] 彭丹，邓洁红，谭兴和，等．冰温技术在果蔬贮藏中的应用研究进展 [J]．包装与食品机械，2009，27 (2)：38-43.

[11] 郇延军，陶谦，王海鸥，等．巨峰葡萄的冰温高湿保鲜及出库 [J]．无锡轻工大学学报，2000，19 (1)：26-30.

[12] Stephane Roy William S. Conway (et) Heat treatment affects epicuticular wax structure and postharvest calcium uptake in Golden Delicious aples [J]. Hort Sci，1994，29 (29)：1056-1058.

[13] 应铁进，傅红霞，程文虹．钙和热激处理对无花果的采后生理效应和保鲜效果 [J]．食品科学，2003，7 (24)：149-152.

[14] 欧高政，袁亚芳，张盛旺，等．不同处理对无花果保鲜效果的研究 [J]．安徽农业科学，2010，38 (34)：19575-19576.

[15] 王江波，赵振新．无花果采后保鲜探索与展望 [J]．农村经济与科技，2008，19 (5)：85-86.

[16] 翟青，蒋寅，陈松伟，等．壳聚糖膜的果蔬保鲜应用及其机理研究进展 [J]．农产食品科技，2007，1 (3)：41-45，50.

[17] 罗应琼．壳聚糖在食品工业的应用及其机理研究进展 [J]．食品研究与开发，2003，24 (5)：28-30.

[18] Sisler E C. The discovery and development of compounds counteracting ethylene at the receptor level [J]. Biotechonol A dv，2006，24：357-367.

[19] Serek M，Woltering E J，Sisler E C，et al. Controlling ethylene response in flowers at the receptor level [J]. Biotechonol A dv，2006，24：368-381.

[20] Nakatsuka A，Shiomi S，Kubo Y，et al. Expression and international feedback regulation of ACC synthase and ACC oxidase genes in ripening tomato fruit [J]. Plant Physiol. 1997，38：1103-1110.

[21] 苏小军，蒋跃明，张昭其．1-甲基环丙烯对低温贮藏的香蕉果实后熟的影响 [J]．植物生理学通讯，2003，39 (5)：437-440.

[22] 韩红艳，于继洲，智海英．钙处理对水果耐贮性的影响 [J]．河北果树，2003 (4)：1-3.

[23] 于萍，刘武林．钙与苹果软化关系的研究初报 [J]．西南师范大学学报，1997，22 (1)：62-67.

[24] 关军峰．钙对苹果果实膜透性及膜质过氧化作用的影响 [J]．山东农业大学学报，1990，2：46.

[25] 王文生，杨少桧，李江阔．无花果保鲜包装贮运技术 [J]．保鲜与加工，

2009，1：39.

[26] 刘丽，郭俊英．介绍几个抗寒的鲜食无花果品种［J］. 果农之友，2017（11）：3-4+20.

[27] 艾海提，张强．无花果不同品种对比试验［J］. 中国果菜，2012（9）：19-20.

[28] 张晋国，陈敬坤，高京花．浅析无花果的价值及常见品种［J］. 中国果菜 2018，38（2）：8-10.

[29] 庄严，夏培兴．阜阳市无花果的引种栽培［J］. 山西果树，2018（1）：23-25.

[30] 徐翔宇，曾令宜，张文，等．无花果新品种“紫宝”［J］. 园艺学报，2016，43（8）：1623-1624.

[31] 生吉萍，孙志健，申琳，等．无花果的营养和药用价值及其加工利用［J］. 农牧产品开发，1999（3）：10-11.

[32] Jin C H，Suo B，Kan J，et al. Changes in cell wall polysaccharide of harvested peach fruit during storage.［J］. Journal of Plant Physiology and Molecular Biology，2006，32（6）：657.

[33] 张鹏龙，陈复生，杨宏顺，等．果实成熟软化过程中细胞壁降解研究进展［J］. 食品科技，2010（11）：62-66.

[34] 朱明月，沈文涛，周鹏．果实成熟软化机理研究进展［J］. 分子植物育种，2005，3（3）：421-426.

[35] 张雪丹，安淼，张倩，等．无花果采后生理和贮藏保鲜研究进展［J］. 食品科学，2013，34（23）：363-369.

[36] Hobson G E. Determination of polyaglacturenase in fruits［J］. Nature，1962，227：804-805.

[37] Kotomina E N，Pisarnitskiĭ A F. The pectin splitting enzymes of several species of Saccharomyces［J］. Prikladnaia Biokhimiia I Mikrobiologiia，1974，10（4）：623.

[38] Dawson D M，Watkins C B. Cell Wall Changes in Nectarines（Prunus persica）：Solubilization and Depolymerization of Pectic and Neutral Polymers during Ripening and in Mealy Fruit.［J］. Plant Physiology，1992，100（3）：1203.

[39] Smith D L. Down-Regulation of Tomato β-Galactosidase 4 Results in Decreased Fruit Softening［J］. Plant Physiology，2002，129（4）：1755-1762.

[40] Ying X，Chen F S，Yang H S，et al. Morphology，profile and role of chelate-

soluble pectin on tomato properties during ripening. [J]. Food Chemistry, 2010, 121 (2): 372-380.

[41] Zhang Y, Chen K, Chen Q, et al. Effects of acetylsalicylic acid (ASA) and ethylene treatments on ripening and softening of postharvest kiwifruit [J]. Acta Botanica Sinica, 2003, 45 (12): 1447-1452.

[42] 王磊. 无花果采后生理变化及其影响因素研究 [D]. 保定：河北农业大学，2012.

[43] Sanchez J A, Zamorano J P, Alique R. Polygalacturonase, cellulase and invertase activities during cherimoya fruit ripening [J]. Journal of Pomology & Horticultural Science, 1998, 73 (1): 87-92.

[44] Mathooko F M, Sotokawa T, Kubo Y, et al. Retention of Freshness in Fig Fruit by CO_2 Enriched Atmosphere Treatment or Modified Atmosphere Packaging under Ambient Temperature [J]. Engei Gakkai Zasshi, 2008, 62 (3): 661-667.

[45] Cantín C M, Palou L, Bremer V, et al. Evaluation of the use of sulfur dioxide to reduce postharvest losses on dark and green figs [J]. Postharvest Biology & Technology, 2011, 59 (2): 150-158.

第三章　无花果贮藏过程中的生理生化的变化

第一节　无花果贮藏过程中品质的变化

一、果实外观品质

（一）外观色泽

色泽和硬度是辨识无花果果实品质的最主要的依据。无花果果实色泽的变化是由乙烯诱导产生的，这是因为乙烯的产生同时伴随着花青素的合成以及叶绿素和类胡萝素的降解。研究发现，花青素含量的增加呈线性变化，合成色素量取决于光强和持续时间。果实成熟时，不仅叶绿素 a 和叶绿素 b 快速降解，β-胡萝卜素、叶黄素、紫黄素和新黄素等的含量也快速下降，只是其降解速率各不相同。无花果贮藏过程中果实外观色泽出现不同程度劣变，颜色逐渐变暗[1]。

（二）硬度变化

与大多数呼吸跃变型果实不同，无花果生长的最后阶段在果实成熟的同时体积也在膨大。因此，在无花果成熟过程中会伴随着果实成熟和软化细胞壁的分解。无花果细胞壁的果胶由 PFW（水溶性果胶）、PFO（酸溶性果胶）和 PFA（碱溶性果胶）组成，虽然 PFO 是主要成分，但它的含量并不随成熟度的变化而变化，PFW 和 PFA 的含量则随着成熟度的增加而逐渐降低，PFW 和 PFA 的凝胶强度也逐渐降低，因此无花果采后的果实硬度逐渐下降。另外，在无花果果实硬度降低的同时，果实花托和果囊部位的果胶和半纤维素多糖也在发生质和量的变化。研究发现，无花果采后放置在较高的贮藏温度下能加速蔗糖和细胞壁水不溶性果胶物质的降解，加速果实的软化，即低温处理能减缓果实硬度的下降速度：在果实常温下放置 6 天后其硬度由 8.9 牛顿下降至 0.5 牛顿左右，而在 0℃条件下冷藏 19 天后其硬度由 5.5 牛顿降至 1.5 牛顿。另外，无花果采收的

成熟度也大大影响着果实硬度的变化，未成熟果采收时的硬度较高，但采后硬度快速降低，冷藏6周后果实的硬度与成熟果的硬度相差不大。

（三）果实内部感官评价

果实内部感官评价一般采用TPA（质构仪质地多面分析实验）进行测定。这种方法把对质地的表现用语及感官知觉与其力学特性、几何特性结合起来进行了定义，使得对质地的感官评价信息，可以用客观的方法相互沟通或传递。TPA试验是模拟人牙齿咀嚼食物，对试样进行两次压缩的机械过程，该过程能够测定探头对试样的压力以及其他相关质量参数。这些参数一般包括黏着性、凝聚性、回复性、咀嚼性、弹性、胶黏性等[2]。韩璐研究发现，随着贮藏期的延长，无花果咀嚼性、凝聚性和回复性均呈现出下降的趋势，黏着性随着无花果贮藏期的延长而增长，约12小时达到最大值，之后开始降低[3]。

二、果实内在品质

（一）营养成分

无花果为桑科栽培植物，可食用部分高达90%以上，因其营养丰富，肉质细腻，风味独特，深受消费者喜爱。首先，无花果营养价值很高，果实除含有糖、蛋白质、脂肪和矿物质等营养物质之外，还含有丰富的维生素。果实中含有18种氨基酸，其中有8种是人体必需氨基酸，表现出较高的利用价值，且尤以天门冬氨酸（1.9%干重）含量最高，对抗白血病和恢复体力，消除疲劳有很好的的作用[4,5]。无花果干物质含量很高，鲜果为14%~20%，干果达70%以上。其中，可被人体直接吸收利用的葡萄糖含量占34.3%（干重），果糖占31.2%（干重），而蔗糖仅占7.82%（干重）。所以，热卡较低，在日本称为低热量食品。国内医学研究证明，无花果是一种减肥保健食品。无花果含有多糖，占6.49%（干重），主要为阿拉伯糖和半乳糖，对抗衰老有一定作用。无花果含有多种维生素，特别是含有较多的胡萝卜素，鲜果为30毫克/100克，干果为70毫克/100克，居于桃、葡萄、梅、梨、柑橘、甜柿以上。无花果含有大量对人体有益的无机元素成分，而不含有易致癌的钴、镉、铅等无机元素，对增强机体健康和抗癌能力有良好作用。无花果的果、枝、叶中含有丰富的酶类，以蛋白质分解酶最多，其次是脂肪酶、淀粉酶、超氧化物歧化酶等。无花果富含食物纤维，其中的果胶和半纤维素吸水膨胀后能吸附多种化学物质，使肠道内各种有害物质被吸附排出，净化肠道，促进有益菌类在肠道的繁殖，具有抑制血糖上升，维持正常胆固醇含量，排除致癌物质的作用[6-9]。

（二）挥发物成分

采用GC-MS对无花果的挥发性成分进行分析检测，发现无花果中富含多类芳香物质，其中一些物质的生理活性引起相关研究者的重视，苯甲醛被广泛认为具有抗癌活性。王钊等用醇-水混合物提取苯甲醛，在无花果叶中提取结果为50毫克/克。

也有研究认为，无花果的挥发油中主要组成部分为香豆素类和檀香萜醇类物质。张弘弛在75~100℃提取主要含苯甲醛和芳环类芳香化合物馏分时，证明2^{-5}浓度可有效抑制表皮癌和肝癌，并推测香豆素类化合物苯甲醛、补骨脂素、佛手柑内酯、6-（2-甲氧基，顺-乙烯基）7-甲基吡喃香豆素等为抗癌活性成分。蔡君龙等通过无花果的挥发性成分研究发现，其中还含有能够升高白细胞的茴香脑[10]。

（三）细胞膜透性及丙二醛

果蔬细胞膜对维持细胞的微环境和正常的代谢起着重要的作用。果蔬组织后熟衰老过程中细胞膜功能活性下降，膜通透性增加，出现细胞内电解质向外渗透。果蔬组织在受到不良环境胁迫（如低温、机械伤和病原菌侵袭等）时，细胞膜的完整性和功能也会遭到不同程度的损失，果蔬内完整的活性氧清除系统被打破，引起自由基大量积累并造成膜脂过氧化加剧。自由基是具有未配对价电子的原子或原子团。化学性质非常活泼。氧分子通过呼吸作用进入果蔬组织细胞内，只接受一个电子，转变为O_2^-（超氧阴离子自由基），O_2^-能衍生成为过氧化氢、OH^-（羟自由基）、$^1O_2$（单线态氧）等。羟自由基可以引起细胞质膜上不饱和脂肪酸的脂质（RH）过氧化反应，产生一系列活性氧自由基，如R·（脂质自由基）、RO·（脂氧自由基）、ROO·（脂过氧化自由基）等活性氧自由基。如果细胞中缺乏清除自由基的酶或物质时，机体就会受到各种自由基的伤害。MDA（丙二醛）是膜脂过氧化物的主要产物之一，反映细胞膜过氧化的程度。MDA可以与核酸、蛋白质反应，改变这些大分子的构型，或使之产生交联反应，从而丧失生物功能[4]。唐霞等[11]以“波姬红”无花果为试验材料研究不同贮藏温度对无花果采后生理指标和保鲜效果的影响，结果表明：在贮藏期间，-1℃贮藏条件下，可显著降低（$P<0.05$）降低无花果的呼吸速率，抑制细胞膜透性升高及MDA含量的增大，同时又维持了过氧化氢酶、过氧化物酶等果蔬体内防御系统的保护酶活性，延缓了果实衰老。

三、果实不同部位的抗氧化活性

（一）无花果不同部位（果肉、根、叶片）自由基清除作用

苏卫国等[12]对无花果中蛋白酶活力测定结果表明，果实、鲜叶、枝中蛋白酶都有

较高活力，枝>鲜叶>干叶>果实。枝活力最高，为 202.965 微克/克；果实最低，为 39.7776 微克/克。SOD 测定结果表明，果中 SOD 活性为 10 890.2240微克/克，叶中未曾测出。黄酮类化合物测定结果为鲜叶>枝>干叶>果实，鲜叶中含量最高，为 19.8344 毫克/克；果实中含量最低，为 3.1254 毫克/克。

（二）自由基清除力的测定方法

DPPH 自由基清除力测定[13]方式如下。利用 Fenton 反应产生羟自由基：$H_2O_2+Fe^{2+}=\cdot OH+H_2O+Fe^{3+}$，在反应体系中加入水杨酸，Fenton 反应生成的羟自由基与水杨酸反应，生成于 510 纳米处有特殊吸收的 2，3-二羟基苯甲酸，如果向反应体系中加入具有清除羟自由基功能的被测物，就会减少生成的羟自由基，从而使有色化合物的生成量减少。采用固定反应时间法，在 510 纳米处测量含被测物反应液的吸光度，并与空白液比较，以测定被测物对羟自由基的清除作用。

其清除率计算公式为：羟自由基清除率（%）$=A_o-(A_x-A_{xo})/A_o-\dfrac{A_x-A_{xo}}{A_o}\times 100$

A_o：空白对照的吸光值；A_x：加样品的吸光值；A_{xo}：不加显色剂 H_2O_2。

ABTS 自由基清除力测定方法如下。把 ABTS 原液用 pH 值为 7 的 0.15 摩尔/升的氯化钠磷酸缓冲液稀释至吸光度约为 1.1，反应体系中加入 3 毫升 ABTS 反应液，加入 50 微升样品液，空白对照以蒸馏水替代，总体积用蒸馏水补充至 4 毫升，摇匀后反应 30 分钟，通过测定反应体系在 734 纳米处吸光值的降低，并与 Trolox C（一种水溶性维生素 E 类似物）进行比较，对 ABTS 自由基的清除力以微摩尔 Trolox C 来表示（TEAC）。

四、贮藏条件对品质指标的影响

（一）贮藏温度对无花果可滴定酸和可溶性固形物含量（SSC）的影响[14]

如图 3-1 所示，在贮藏期间，“波姬红”无花果在 3 个贮藏温度下的可滴定酸含量均呈先上升后下降的趋势，在贮藏第五天时，各贮藏温度下均出现最大值，分别为 0.2%、0.18%和 0.17%，且差异不显著。贮藏第五天后，各处理无花果可滴定酸含量均呈下降趋势。贮藏至第 30 天时，-1℃贮藏的果实可滴定酸质量分数为 0.14%，明显高于 0℃和 2℃贮藏（$P<0.05$），0℃贮藏和 2℃贮藏差异不显著。

如图 3-2 所示，“波姬红”无花果采后的可溶性固形物质量分数为 14.3%，在整个贮藏期内，无花果在-1℃、0℃、2℃3 个贮藏温度下的可溶性固形物含量均呈先上升后下降的趋势。贮藏在 2℃的果实在第五天出现峰值，峰值为 16.8%，之后迅速下降。-1℃贮藏和 0℃贮藏的果实在第 10 天时出现最大值，分别为 18.2%、17.3%，均比 2℃贮藏延迟了 5 天。经数据分析，-1℃贮藏的果实的可溶性固形物和 2℃贮藏差异极显著

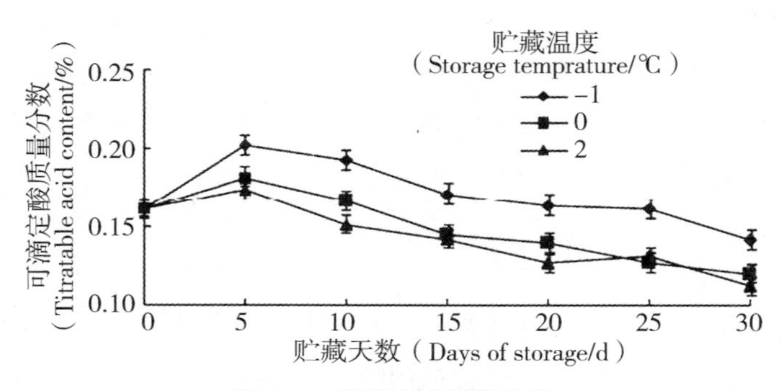

图 3-1 可滴定酸质量分数

Fig. 3-1 Titrate Acid Mass Fraction

(P<0.01),-1℃贮藏和0℃贮藏差异显著(P<0.05)。

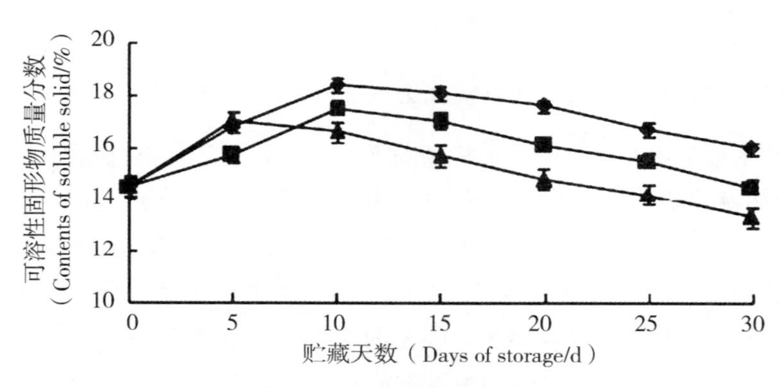

图 3-2 可溶性固形物质量分数

Fig. 3-2 Soluble Solids Mass Fraction

(二)贮藏温度对果肉颜色的影响

果实的色泽是果品品质的重要特征之一,果实采后果皮和果肉的颜色会发生一系列的变化。通过测定果皮或果肉颜色的变化,可以从侧面反映果实品质的变化。韩璐[15]采用色彩色差计 CR-400 对 5℃和常温贮藏条件下的无花果进行果肉色泽的测定。用△E*ab(色差)值表征贮藏期间果肉颜色的变化。将无花果果实沿赤道线横向剖开,测定并记录剖面的△E*ab 值。研究发现,在 5℃贮藏条件下,贮藏的第十五天无花果果肉的△E*ab 值达 5.93;在常温贮藏条件下,贮藏的第九十六小时无花果果肉的△E*ab值达 7.83。由此可知,较低的贮藏温度可以有效地保持无花果果肉色泽,抑制其颜色劣变。

(三)贮藏温度对果肉生理的影响

无花果贮藏过程中,影响果实品质和生理指标的因素有很多,包括贮藏温度、果实

成熟度、品种、贮藏环境条件等，其中贮藏环境温度与果实生理变化密切相关。每种果蔬都有其最适宜的贮藏温度，以达到维持采后品质、最大限度地延长其贮藏期的目的。不同的贮藏温度对无花果果实生理变化的影响存在差异。廖亮等[16]探究了贮藏温度对新疆早黄无花果采后生理的影响，结果发现在常温条件下果实呼吸强度显著高于冷藏条件，且低温贮藏可抑制乙烯的释放并推迟其释放高峰的出现时间。此外，果实中 MDA 含量在贮藏过程中呈累积上升趋势，并在 36~48 小时内发生跃变型含量变化，但冷藏条件下 MDA 累积含量低于常温条件。唐霞等[17]以“波姬红”无花果为试验材料，研究了-1℃、0℃、2℃ 3 个不同贮藏温度对无花果采后生理指标的影响，结果表明，在不同贮藏温度下无花果果实硬度均呈下降的趋势，其中在 2℃条件下果实硬度下降最快；-1℃条件下果实腐烂率最低；果实中可滴定酸、可溶性固形物以及维生素 C 含量均缓慢下降；在不同贮藏温度下果实呼吸速率均呈现出先上升后下降的趋势，且均在第五天出现呼吸高峰。可见，不同的贮藏温度会导致无花果果实在贮藏过程中发生一系列生理变化。

第二节　无花果贮藏过程中成熟衰老的变化

一、呼吸生理与果实成熟衰老的关系

（一）呼吸生理[18]

呼吸作用（Respiration）是园艺产品最基本的代谢过程，也是果蔬采后进行的最重要生理活动之一。果蔬的呼吸作用是在一系列酶的催化下，把复杂的有机物逐步分解为简单的物质（二氧化碳、水等），同时释放能量，以维持正常生命活动的过程。依据呼吸过程中是否有氧气参与，可将呼吸作用分为有氧呼吸和无氧呼吸两大类型。有氧呼吸（Aerobic respiration）是指细胞在氧的参与下，将本身复杂的有机物（糖、淀粉、有机酸及其他物质）逐步分解为简单物质（水和二氧化碳），并释放能量的过程。无氧呼吸（Anaerobic respiration）是指在无氧参与的条件下，把某些有机物分解成为不彻底的氧化产物，同时释放出部分能量的过程。这时，糖酵解产生的丙酮酸不再进入三羧酸循环，而是生成乙醛，然后还原成乙醇。无氧呼吸对果蔬来说是不利的，无氧呼吸提供的能量少，以葡萄糖为底物，无氧呼吸产生的能量约为有氧呼吸的 1/32，在需要一定能量的生理过程中，无氧呼吸消耗的的呼吸底物更多，加速了果蔬的衰老过程。同时，无氧呼吸产生的乙醛、乙醇等物质在果蔬中积累过多会对细胞产生毒害作用，导致果蔬风味的劣变和生理病害的产生。

（二）呼吸作用与果实成熟衰老的关系

影响呼吸作用的因素很多，内因有果实的种类和品种、发育年龄与成熟度，外因则包括温度、相对湿度、植物生长调节剂、氧气和二氧化碳浓度、机械伤害和病虫害等。根据果实采后呼吸强度变化规律的差异，通常将果实呼吸强度分为两种类型：呼吸跃变型和非跃变型。跃变型果实在成熟前呼吸强度会骤然上升，标志着果实从成熟转向衰老。呼吸跃变是果实成熟发育的一个临界期，伴随着一系列生化变化。目前基本证明呼吸跃变机制与果实内乙烯的形成有密切关系，但乙烯怎样影响呼吸的论断尚处于推测阶段，综观起来有 3 种学说。一是 Pearson 和 Robertson 等人提出的蛋白质（酶）合成作用学说，认为跃变期蛋白质合成作用加强提高了 ADP 转化率，增加 ATP 产率，促进呼吸，而新合成酶的增加也使呼吸代谢反应加强。二是 Blzekman 等提出的由乙烯引起的膜透性增大学说。三是植物激素调节学说，其认为果实整个生长发育受激素的调控，发育前期 IAA（生长素）、GA3（赤霉素）、CTK（细胞分裂素）等起主导作用，发育后期 ABA（脱落酸）与乙烯起主导作用，从而促进果实成熟，研究已经证明，极低浓度的乙烯能够启动呼吸跃变。

二、细胞壁代谢与果实成熟衰老的关系[19]

软化是果实成熟衰老的一个重要特征。果实采后仍然是活的有机体，代谢活动继续有序进行，在贮藏过程中会发生乙烯生物合成、细胞壁降解、内含物变化等一系列生理生化反应，果实呈现出色泽、风味、营养物质等变化，其中最显著的特征变化是果实质地的软化。目前普遍认为，细胞壁是细胞的支撑物，细胞壁结构改变、细胞壁组分发生降解是导致果实质地软化的主要原因。然而，软化的发生，使果实极易腐烂变质，这直接影响果实的食用品质和商品价值，给贮运和销售带来诸多不便。因此，阐明果实软化的生理生化机制，找出关键的影响因子，不仅具有重要的理论意义，而且对于在实践中改进贮藏保鲜措施，进而获得贮藏性好、品质优良的果品具有重大的现实意义。

（一）细胞壁的化学组成

细胞壁是植物细胞区别于动物细胞的最显著的特征，由于它的存在使植物细胞乃至植物体的生命活动与动物有许多不同。植物细胞壁是围绕在细胞质周围的一个外骨骼，是由大量复合多聚糖和少量结构蛋白组成的一层柔性薄层，其主要成分是多糖，包括纤维素、半纤维素和果胶质，还有木质素等酚类化合物、脂类化合物（角质、栓质、蜡）、矿物质（草酸钙、碳酸钙、硅的氧化物）以及蛋白质（结构蛋白、酶和凝集素等）。各组分之间通过氢键、共价键、离子键、疏水相互作用和无反应的随机填充而相互联系在一起。

（二）细胞壁的结构

细胞壁是原生质体生命活动中所形成的多种壁物质加在质膜的外方所构成的。在细胞发育过程中，由于原生质体尤其是它的表面生理活动易发生变化，所形成的壁物质在种类、数量、比例以及物理组成上具有差异，使细胞壁产生成层现象，可逐级地分为中层、初生壁和次生壁。中层又称中胶层、胞间层，位于两个相邻细胞之间，为两相邻细胞所共有的一层膜，主要由果胶质和蛋白质组成，具有胶黏和柔软的特性，有助于将相邻细胞黏连在一起，又可缓冲细胞间的挤压；初生壁位于中层和次生壁之间，主要成分是纤维素、半纤维素、果胶以及糖蛋白等，具有较大的可塑性，可使细胞保持一定形状和延展性；次生壁位于质膜和初生壁之间，主要由纤维素、半纤维素和木质素组成，比初生壁厚而坚韧，但延展性较差。

关于细胞壁结构的假说有多种，其中有较大影响的是“经纬模型”假说。依据这一模型，果实细胞壁纤维素的微纤丝平行于细胞壁平面一层一层排列，微纤丝在同一层次上方向平行，不同层次上方向则不同，互成一定角度，形成独立的网络，构成细胞壁的“经”；而模型中的“纬”则是结构蛋白（富含羟脯氨酸的蛋白）通过异二酪氨酸交联而成的结构蛋白网络，这个网络垂直于细胞壁平面排列，与“经”向的微纤丝网又相互交联，纤维素微纤丝和结构蛋白之间并无共价连接，而是通过结构蛋白环绕微纤丝形成封闭环交织在一起，构成细胞壁的网络骨架，并悬浮于亲水的果胶-半纤维素胶体之中。半纤维素以氢键与纤维素结合形成“门闩”，可能控制着微纤丝在结构蛋白网络中的滑动。

（三）果实成熟软化过程中细胞壁结构的变化

许多研究认为，果实软化是由细胞中层结构变化，细胞壁物质在酶的作用下分解，细胞总体结构被破坏，引起细胞发生分离所致。柿果采收当天，细胞壁结构完整，初生壁与中层结合紧密，明暗区域明显，随着原果胶和纤维素含量的持续下降，常温贮藏 3 天后，中层基本被降解，只剩下极少量排列松散的微纤丝，初生壁因中层的降解而发生漂移，甚至有部分发生降解，壁层变薄。菠萝在贮藏过程中，随着硬度的降低，细胞壁微纤丝排列由紧密有序变得疏松紊乱，中层解体，电子密度由致密变得稀疏，细胞壁被降解。在对猕猴桃的研究中也发现类似的情况，猕猴桃果实在采收当天，细胞壁纤维、细胞壁与细胞膜结构完好；采后初期细胞壁中层仍较明显，但致密度下降，开始松散；随之中层降解消失，出现间隙，纤维结构变得松散无序，细胞壁膨大，发生质壁分离，此时果肉开始软化；最后纤维素分解，胶质液化，细胞壁溶解，引起整个细胞液化解体，果实彻底软化。以上这些研究成果表明，在果实成熟软化过程中，细胞壁中层被溶解，细胞间因失去黏结作用而分离，同时纤维素和半纤维素被降解，使得微纤丝结构变得松弛，细胞壁结构消失，细胞壁机械强度不断下降，最终导致细胞壁总体结构被破坏，引起果实软化。

（四）果实成熟软化过程中细胞壁组分的变化[19]

1. 果　胶

果胶主要存在于细胞壁的中层，少量存在于初生壁中。它不仅决定细胞壁的孔隙度，而且为细胞之间的结合、识别和病原菌识别提供带电的细胞壁表面。果胶多糖最主要的特点是甲基-酯化 α-1，4 糖苷键连接的半乳糖醛酸链。果胶主要由 HG（同聚半乳糖醛酸聚糖）、RG-Ⅰ（鼠李半乳糖醛酸聚糖Ⅰ）和 RG-Ⅱ（鼠李半乳糖醛酸聚糖Ⅱ）3 种果胶质多糖组成。HG 由 200 个以上的 α-1，4 糖苷键连接的 GalA（半乳糖醛酸）残基组成，偶尔含有 Rha（鼠李糖）残基，70%～80%的 GalA 被甲酯化，但其可被 PME（果胶甲酯酶）去酯化，连续 GalA 去酯化片段有利于聚合物之间通过钙离子交联。RG-Ⅰ高度分支，大约由 100 个重复的 α-1，2-L-Rha-（1，4）-α-D-GalA 二糖单位组成，大量 Rha 的 C-4 残基被取代，侧链由 β-1，4 连接的 Gal（半乳糖）和 α-1，5 糖苷键连接的 Ara（阿拉伯糖）组成。RG-Ⅱ是一个较为复杂的多聚糖，由 1，4-α-D-GalA 连接的主链上结合双糖残基和寡糖残基侧链形成。果胶质多糖的分子结构分为光滑区和毛状区：光滑区由 HG 区和 RG-Ⅱ区组成；毛状区由 RG-Ⅰ区组成。根据提取方式的不同，可将果胶分为水溶性果胶、碳酸钠溶性果胶、离子结合性果胶、碱溶性果胶和酸溶性果胶等。

果实成熟软化过程中时常伴随着不溶于水的原果胶被降解和可溶性果胶含量的上升，使细胞壁中胶层和初生壁分解，导致细胞间黏合力下降和细胞结构受损，从而引起果实软化。嘎拉苹果采后共价结合果胶含量不断下降，水溶性果胶含量逐渐升高，而离子型果胶含量较低且变化不大，进一步证实嘎拉苹果果实软化与细胞壁成分和含量变化密切相关。魏建梅等研究发现，京白梨果实后熟软化过程中，共价结合果胶含量减少，离子结合果胶和水溶性果胶含量增加，相关分析表明，水溶性果胶、共价结合果胶与离子结合果胶的含量变化对果肉硬度的影响较大，并用低温和 1-MCP 进一步验证上述结论。随着香蕉果实的成熟软化，水溶性果胶含量不断增加，酸溶性果胶和碱溶性果胶含量不断减少，由此认为细胞壁物质的变化是导致香蕉果实软化的主要原因。薛炳烨等研究认为，草莓果实细胞壁可溶性果胶含量的增加和离子结合果胶、共价结合果胶含量的减少是导致果实成熟软化的主要原因。值得注意的是，有研究认为，果胶的最初释放不是由于酶的作用，而是钙离子等金属离子在多糖连接处脱落或被替换所致。也有研究认为，果实软化过程中细胞间聚合力的丧失，可能是由于果胶质中游离羧基的 S-腺苷甲硫氨酸甲基化，从而导致钙横向联结的相邻多糖醛酸苷被破坏。还有一种观点是，果胶质的降解过程不仅是由果胶酶作用而引起的果胶质分解，而且还包括果胶质与纤维素微

纤丝之间交叉联结的解离，因为果胶质与微纤丝之间交叉联结的破坏，会导致果胶物质的外露和紊乱状态，使得果胶质更易遭受各种水解酶的攻击，从而造成果胶物质的增溶和解聚。

2. 纤 维 素

纤维素是细胞壁中的结构多糖，大量存在于初生壁和次生壁中，是构成细胞壁的骨架物质。纤维素由几千到上万个 Glc（葡萄糖）分子通过 β-1，4 糖苷键连接而成的线状不分支葡聚糖链，聚合度在初生壁中一般为 2 000~6 000，次生壁为 10 000以上。纤维素一般以微纤丝的形式存在于壁内，葡聚糖链彼此平行排列，通过大量的链间和链内氢键相互作用，构成了规则的晶体状微纤丝。微纤丝一方面使纤维素具备了高度的稳定性和抗化学降解能力，另一方面也赋予了细胞壁相当的拉伸强度。

很多研究表明，纤维素结构的变化与果实成熟软化有关。研究发现，桃果实成熟后硬度与纤维素含量呈极显著正相关。黄花梨采后随着硬度的下降，纤维素含量呈不断下降趋势。这一观点在柿、京白梨和草莓等果实中也得到了进一步验证。与此同时，也有很多研究持相反观点。朴一龙等在研究耐贮性不同的梨在贮藏过程中细胞壁成分的变化时发现，纤维素含量在采后变化不大。梅果在采后软化过程中，纤维素含量呈下降趋势，但变化缓慢，认为纤维素与梅果的硬度变化关系不大。在对苹果和硬溶质型桃研究后也发现，纤维素含量与果实成熟软化关系不密切。据此有学者认为，纤维素水解导致超微结构的改变，并不完全是由于细胞壁纤维素分子的溶解，可能是非纤维素衬质成分降解，引起微纤丝组成损失所致。

3. 半纤维素

半纤维素广泛存在于单子叶和双子叶植物细胞壁的初生壁和次生壁中，参与细胞壁结构的构建并调节细胞的生长过程。半纤维素是带有支链的杂多糖，不同植物种类、不同细胞类型，支链中的糖类型与主链中的糖类型不同。双子叶植物细胞初生壁中，主要的半纤维素是木葡聚糖，它以 β-1，4 糖苷键连接的葡聚糖为主链，侧链除 α-1，6 糖苷键连接 Xyl（木糖）之外，还包括 Gal、Fuc（岩藻糖）和半乳二糖。木聚糖则是单子叶植物细胞初生壁和次生壁中主要的半纤维素，它以 β-1，4 糖苷键连接的 Xyl 为主链，其中一些 Xyl 被甲基葡萄糖醛酸和 Ara 所取代。在细胞壁内，半纤维素与纤维素微纤丝间以氢键相连构成网状结构。

半纤维素在细胞壁的“经纬模型”中发挥着“门闩”的作用，它的降解会引起细胞壁结构的松散。许多研究证明，半纤维素与果实软化关系密切。Cheng 等研究发现，香蕉采后软化与半纤维素的修饰和降解有关。据报道，半纤维素含量的变化对梅果硬度的影响最大。肥城桃在采后软化过程中，半纤维素含量逐渐降低。赵博等以柿果为试材研究认为，半纤维素的降解是导致果实软化的主要因子。Chen 等研究樱桃的半纤维素分子纳米结构特征认为，半纤维素分子的链宽和链高与樱桃的质地密切相关。但也有研究不认同上述观点，认为半纤维素含量在果实成熟软化过程中变化不大，或有较大变化，但均与果实软化关系不显著。

4. 细胞壁蛋白

植物细胞壁中蛋白质含量为5%~10%，主要是糖蛋白，这些蛋白质富含羟脯氨酸、脯氨酸和甘氨酸。此外，细胞壁中还存在大量酶蛋白，多数属于水解酶类和氧化还原酶类。根据与细胞壁组分的作用方式不同，可将细胞壁蛋白质分成 3 类：松散结合蛋白、弱结合蛋白和强结合蛋白。根据作用不同，细胞壁蛋白质可以被分为 2 类：结构蛋白和酶蛋白。但某些蛋白既有结构上的功能，又具有酶的功能。其中，结构蛋白又包括 4 类蛋白：HRGP（富含羟脯氨酸的糖蛋白）、PRP（富含脯氨酸的蛋白）、GRP（富含甘氨酸的蛋白）和 AGP（阿拉伯半乳糖蛋白）。目前在植物中已鉴定出 1 000~2 000种细胞壁蛋白质，为研究细胞壁蛋白质的功能奠定了坚实的基础。

有学者研究发现，在果实成熟过程中，细胞壁降解的同时，束缚在细胞壁中的蛋白质被释放了出来。大量研究证实，细胞壁酶蛋白（如多聚半乳糖醛酸酶、果胶甲酯酶、纤维素酶、甘露聚糖酶和木葡聚糖内糖基转移酶等）在果实成熟软化中起关键作用。Roberts 等研究认为，细胞壁伸展蛋白的表达量与细胞伸展程度呈负相关，提高伸展蛋白的表达量可能促进表达组织或器官局部区域细胞密度增加，从而提高了细胞壁的强度，使细胞能承受更大的机械力。研究发现，膨胀素与果实成熟软化有着密切关系，LeEXP1（膨胀素）基因过表达会使番茄果实在绿果时就变软，而降低其表达，成熟后的果实硬度仍然比较大。在草莓、桃等果实中也发现了与软化相关的膨胀素基因。

三、内源激素变化与果实成熟衰老的关系

（一）乙烯代谢

果实的成熟是一个复杂的遗传调控过程，伴随着颜色、结构、风味和香气成分等的巨大变化。研究发现，幼嫩果实的乙烯含量极微，随着果实的成熟，乙烯合成加速。与此同时，由于乙烯增加细胞膜的透性，使呼吸作用加速，引起果实的果肉内有机物的强烈转化，达到可食程度。

当空气中乙烯浓度相当低时，植物叶片和果实即可脱落。研究表明，乙烯具有加速植物组织器官衰老和脱落的作用。将乙烯利水溶液喷在葡萄上，能促进落叶而对果实没有影响，以此提高收获时的工作效率。在果树栽培的盛花期和末花期，用一定浓度的乙烯利喷施，可达到蔬果的效果。在果蔬中，成熟与衰老密不可分，果实成熟后，不可避免地发生衰老。内源乙烯的大量合成加速桃果实的软化衰老速度，低温处理可以通过抑制内源乙烯合成来延迟其高峰期的出现，从而延缓果实衰老进度。

（二）ABA（脱落酸）与果实成熟的关系

乙烯在跃变型果实成熟中的作用已被普遍认可，ABA 在非跃变型果实的成熟过程中起着重要作用。许多非跃变果实（如草莓、葡萄、枣等）在后熟中 ABA 含量剧增，且外源 ABA 促进其成熟，而乙烯则无效。在苹果、杏等跃变型果实中，ABA 积累发生在乙烯生物合成之前，ABA 首先刺激乙烯的生成，然后在间接对后熟起调节作用。在苹果、杏、白兰瓜等跃变型果实的成熟过程中，内源 ABA 含量峰值出现在乙烯跃变之前，抑制 ABA 则可以降低乙烯生成量。研究发现，果蔬的储藏性与果肉中的 ABA 含量有关。猕猴桃 ABA 积累后出现乙烯峰，外源 ABA 促进乙烯生成，加速软化，用氯化钙浸果显著抑制了 ABA 合成的增加，延缓果实软化。人们认为 ABA 可能作为一种果实成熟的“原始启动信使”，通过刺激乙烯的合成参与调控跃变型果实的成熟。储藏中减少 ABA 的生成能够进一步延长储藏期。

（三）IAA（生长素）和 GA（赤霉素）与果实成熟的关系

IAA 在果实形成和发育中发挥着重要作用，外源施加 IAA 能够改善果实形成和发育过程，这已经在柑橘和葡萄等植物中得到证实。IAA 可以抑制果实成熟，可能影响着组织对乙烯的敏感性。幼果中 IAA 含量高，对外源乙烯无反应。在自然条件下，随幼果发育、生长，IAA 含量下降，乙烯增加，最后达到敏感点，才能启动后熟。同时，乙烯抑制生长素合成及其极性运输，促进吲哚乙酸氧化酶活性，使用外源乙烯（10~36 毫克/千克）会引起内源 IAA 减少。因此，成熟时外源乙烯也使果实对乙烯的敏感性更大。外源 IAA 既有促进乙烯生成和后熟的作用，又有调节组织对乙烯的响应及抑制后熟的效应。IAA 对跃变型果实获得成熟能力，启动正常成熟具有重要作用。

GA 在开花、结果和种子发育中发挥着重要的作用。幼小的果实中 GA 含量高，种子是其合成的主要场所，果实成熟期间水平下降。研究证明，豌豆授粉子房中内源 GA 含量和豆荚生长发育速度呈正相关。在很多生理过程中，GA 和 IAA 一样，与乙烯和 ABA 有拮抗作用，在果实衰老中也是如此。采后浸入外源 IAA 明显抑制一些果实的呼吸强度和乙烯释放，GA 处理减少乙烯生成是由于其促进 MACC（丙二酰基—ACC）积累，抑制 ACC 的合成。外源赤霉素对有些果实的保绿、保硬有明显效果。GA 处理树上的橙和柿能延迟叶绿素消失和类胡萝卜素增加，还能使已经变黄的的脐橙重新转绿，使有色体重新转变为叶绿体。GA 能抑制甜柿果顶软化和着色，极大延迟橙、杏和李等果实变软，显著抑制后熟。但 GA 推迟完熟的效果可被施用外源乙烯所抵消。

（四）CTK（细胞分裂素）与果实成熟衰老的关系

CTK 是影响果实发育过程中细胞分裂、同化物运输和蛋白质合成的一种激素。它也是一种衰老延缓剂，能明显推迟离体叶片衰老，但外源 CTK 对果实延缓衰老的作用不如对叶片那么明显，且与产品有关。它可抑制跃变前或跃变中苹果和鳄梨乙烯的生成，使杏呼吸下降，但均不影响呼吸跃变的时间；抑制柿在采后乙烯释放和呼吸强度，减慢软化（但作用小于 GA），但却加速香蕉果实软化，使其呼吸强度和乙烯含量都增加，对绿色橄榄的呼吸、乙烯生成和软化均无影响。用6-BA（6-苄基腺嘌呤）处理香蕉果皮、番茄、绿色的橙，均能延缓叶绿素降解和类胡萝素的变化。甚至在高浓度乙烯中，CTK 也延缓果实变色，如用激动素渗入香蕉切片，然后放在足以启动成熟的乙烯浓度下，虽然明显出现呼吸跃变、淀粉水解、果肉软化等成熟现象，但果皮叶绿素消失显然被延迟，形成了绿色成熟果。

四、活性氧代谢与果实成熟衰老的关系

采后果实的完熟是一个缓慢生长并逐渐趋于衰老的过程，伴随着自由基代谢。植物组织器官在呼吸和光合作用过程中，线粒体、叶绿体和过氧化物酶体均可导致 ROS（活性氧）含量的提高。ROS 的不断积累打破了原有的代谢平衡，当积累到一定水平时，将加速果实的成熟与衰老。在植物组织中，活性氧类型主要有 H_2O_2、·OH、单线态氧（O）等。H_2O_2 的伤害机制，一方面与其本身的毒害有关，如它可以抑制 Calvin 循环中的酶，降低叶绿体中的 AsA 含量。H_2O_2 的累积可以促进叶绿素的降解，其原因可能是高水平的 H_2O_2 诱导 PPOD（酚特异性过氧化物酶）的从头合成，而 PPOD 使酚氧化形成酚自由基从而攻击叶绿素所致。另一方面，H_2O_2 与超氧阴离子自由基相互反应形成致命的·OH。

采后果实为了防御氧化胁迫，自身存在着一套相应的酶促和非酶促解毒体系。其中，酶促清除系统主要包括 SOD、CAT（过氧化氢酶）、POD、APX（抗坏血酸过氧化物酶）、GPX（谷胱甘肽过氧化物酶）、GSH（还原型谷胱甘肽）等。SOD 是一类含金属离子的酶，是最重要的抗氧化酶，其功能是将超氧阴离子歧化为 H_2O_2，然后由 APX 和 CAT 再分解多余的 H_2O_2。POD 的作用比较复杂，一般来说，POD 是一种自由基清除酶，具有延缓衰老的作用，但也有不少研究指出 POD 与李、荔枝、猕猴桃间的衰老关系与乙烯有关，被视为衰老的重要指标。POD 依照其生理功能的不同可分为两类：组成型和诱导型。一类催化 H_2O_2 与多种有机、无机氢供体发生氧化还原反应，在受到生理胁迫和病虫害伤害时，诱导 POD 活性升高，有效防止进一步伤害。组成型 POD 在液泡、细胞壁和胞质中，参与新陈代谢反应，如木质素的生化作用，IAA 的分解，抵御病原体等。非酶抗氧化保护物质有抗坏血酸、谷胱甘肽等。GSH 和 AsA 同为植物细胞抗氧化物质，配合抗氧化物酶起清除自由基的作用。MDA 是反映生物体细胞膜受伤害程度的一个指标，MDA 含量越高细胞膜受伤害程度越大。

酶促系统和非酶促系统共同清除自由基，维持体内自由基平衡，当平衡关系被打破，活性氧水平超出抗氧化酶清除能力范围，具有催化活性的酶也会受到损伤，酶可以被氧自由基氧化修饰改变结构，失去功能，还可将氧自由基的损伤效应放大，尤其是损伤清除氧自由基的抗氧化酶类，即 SOD、CAT 及 GPX，将会导致氧加剧自由基的累积，损伤作用更为广泛且严重。此种恶性循环，势必会引发或加重某些疾病的病理过程。由此可知，活性氧代谢对果实采后衰老进程有着重要的刺激作用。

参考文献

［1］ 张雪丹，安森，张倩，等．无花果采后生理和储藏保鲜研究进展［J］．食品科学，2013，34（23）：363-364.

［2］ 屠康，姜松，朱文学．食品物性学［M］．北京：中国农业出版社，2001.

［3］ 韩璐．不同保鲜处理对无花果不同流通过程中品质变化的影响［D］．保定：河北农业大学，2013.

［4］ 王磊．无花果采后生理变化和及其影响因素研究［D］．保定：河北农业大学，2012.

［5］ YR Ku，LY Chang，JH Lin，et al. Determination of matrine and oxymatrine in Sophora subprostata by CE［J］. J Pharm Biomed Anal，2002，5（5）：1005-1010.

［6］ 郭雪峰，岳永德．黄酮类化合物提取、分离纯化和含量测定方法的研究进展［J］．安徽农业科学，2007，35（26）：8083-8086.

［7］ 胡敏，张艳红，胡艳．银杏黄酮甙的水浸提方法研究［J］．1998，24（4）：31-34.

［8］ 杨润亚，明永飞，王慧．无花果叶中总黄酮的提取及其抗氧化活性测定［J］．食品科学，2010（16）：78-82.

［9］ 吴子江．无花果叶类黄酮提取、纯化、鉴定及抗氧化研究［D］．福州：福建农林大学，2013.

［10］ 王伟，陈逢佳，潘勋剑，等．无花果营养组分与健康相关性的研究［J］．杭州：浙江农业科学，2018，59（1）：113-114.

［11］ 唐霞，张明，马俊莲，等．适宜贮藏温度保持鲜食无花果品质［J］．农业工程学报，2015，12（32）：282-287.

［12］ 苏卫国，董艳，童应凯．无花果枝、叶、果实生理活性物质的测定［J］．天

津农学院学报，2001（1）：24-26.

[13] 范三红，周立波．油松花粉多糖提取及其清除羟自由基活性研究［J］．食品科学，2008，29（12）：274-275.

[14] 唐霞，张明，马俊莲，等．适宜储藏温度保持鲜食无花果品质［J］．农业工程学报，2015，31（12）：284-285.

[15] 韩璐．不同保鲜处理对无花果不同流通过程中品质变化的影响［D］．保定：河北农业大学，2013.

[16] 廖亮，李瑾瑜，马红艳，等．贮藏温度和成熟度对新疆早黄无花果采后生理的影响［J］．核农学报，2016，30（2）：282-287.

[17] 唐霞，张明，马俊莲，等．适宜贮藏温度保持鲜食无花果品质［J］．农业工程学报，2015，31（12）：282-287.

[18] 王鸿飞．果蔬储运加工学［M］．北京：科学出版社，2014.

[19] 赵云峰，林瑜，林河通．细胞壁组分变化与果实成熟软化的关系研究进展［J］．食品科技，2012，37（12）：29-33.

第四章　无花果常见病虫害及其防治方法

无花果（*Ficus carica* L.）属桑科（*Moraceae*）榕属（*Ficus*）果树类作物。无花果为落叶灌木，原产于地中海沿岸，是世界上最早被驯化的果树之一。在古代，栽培型无花果就是人类食物最重要的来源之一。早在青铜器早期，人类就已经开始驯化野生的无花果。人们在日常生活中食用或熟悉的通常是普通无花果，为栽培型无花果（又名可食型无花果）的一种。无花果的花被包裹在果实的内部，果实是由向内凹陷的肉质花托包裹着数以百计的带有花梗的小核果（Drupelets）组成的聚合果，小核果由排列在花托内壁的许多小的雌花发育而成。在花托的底部，有一个向内收缩的小孔。无花果的花不仅非常小，而且包裹在花托内部，因此使得人们认为无花果只结果不开花，基于这些特点，无花果的聚合果也被称为隐头花序。成熟的可食用无花果外面是一层比较结实的表皮，里面是一层白色的肉质果肉包着一些甜美的看似胶状的成熟的小核果，小核果内通常没有种子[1]。无花果不仅果实有鲜明的特点，花的性状及功能也比较复杂。无花果是落叶的亚热带果树，相对于夏天的高温，冬天的低温是其生长最大的限制。无花果最典型的生长区域是夏天高温干燥、湿度较低、冬天不太寒冷。无花果具有较低的低温需求量。冬天的温度是其生长的一个重要的限制因素，对于刚种植的植株更是如此，温度在-5~10℃时，无花果具有较强的适应环境的能力，已经广泛分布于世界上其他具有类似地中海气候的国家和地区[2]。如美国的加利福尼亚州、中国的新疆以及北非的一些国家。早在唐代，无花果就由波斯传入我国，最早传入我国的新疆，并在各地栽培。此后，主要通过丝绸之路传入甘肃和陕西等地。到宋代，岭南等地也已开始栽培。目前，我国种植的无花果主要分布于新疆阿图什、库车、疏附、喀什及和田等地。此外，陕西的关中地区，山东的烟台、威海和青岛等沿海地区，江苏的盐城、南京、南通、丹阳等地以及河南、上海、福建、广东等地均有栽培。中国栽植无花果至今已有2 000多年的历史，因其营养价值丰富，近几年来无花果栽培及产业规模发展很快，是国内新兴浆果的特色代表[3,4]。在栽培的长期过程中，无花果主要发生的病虫害有无花果褐腐病、锈病、黑斑病、炭疽病、灰霉病、疫腐病、花叶病、枝枯病、桑天牛、云斑天牛、黄刺蛾、黑绒鳃金龟、二斑叶螨和入侵性害虫蜡蚧等。常见的病虫害发生情况和防治方法，为田间无花果常见的病虫害综合防治提供了依据[5,6]。

第一节　无花果常见的主要病害

一、无花果褐腐病

（一）分布与为害

褐腐病又名果腐病、菌核病、灰腐病、实腐病、灰星病等。本病在威海分布极广，属一种常见的重要病害。本病过去主要为害核果类（李、杏、樱桃等）的果实，也为害花和枝梢。近10年以来，褐腐病开始感染为害无花果。2010年春季，威海出现历史罕见的低温天气，物候期推迟约20天，是年夏季威海雨季推迟近1个月，正生长发育的无花果树上出现大量感染褐腐病的果实。严重的地方，能够引发单株果实全部感病，导致无花果绝收，为害严重。无论是房前屋后、楼宇社区，还是大田，均广泛分布发生，但尚未发现本病为害枝干。进入2011年秋季，部分区域的无花果大量发病。从调查情况看，2010年为害严重的区域（100%果实感病）2011年一般也较重；2010年为害一般的区域（50%~70%果实感病）2011年多数发病程度略轻（低于30%）。从整体上看，由于褐腐病的存在，导致9月的秋果减产20%或以上，雨季接近结束或结束后的秋果则发病严重，亦即8月中下旬前后为重发期。

（二）症　状

本病菌主要为害果实，幼果和近成熟果均可发病。果实受害，最初在果面产生褐色圆形病斑，似烫伤状，如环境适宜，病斑在1~2天内即可扩至全果，果肉随之变褐软腐，此后病斑表面生出灰褐色、灰白色绒状霉丛，为分生孢子丝。病果干缩成僵果，悬挂在树上，少数脱落。僵果是一个大的假菌核。叶子处受害一般自嫩叶叶尖或边缘开始，逐渐扩至全叶，病部变褐萎垂，似霜害，天气潮湿时能长出灰色霉层。果树新梢可发病，一般由病花或病叶上的病菌菌丝，通过花梗、叶柄延伸到枝梢引起发病。病斑长圆形略凹陷，灰褐色，边缘紫褐色，当病斑扩展环割一周时，上部枝梢枯死。病斑上也能长出灰色霉层[7]。

（三）病　原

无花果褐腐病的病原属于子囊菌门链核盘菌属（*Monilinia*），分生孢子为柠檬形或卵圆形，无色、单胞，呈长链状，分生孢子直接相连，形成分生孢子链，分生孢子之间

 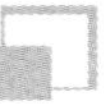

没有孢丝连丝。

（四）病害循环

无花果褐腐病主要以假菌核或菌丝体越冬并成为翌年初侵染源，褐腐病通常以无性世代存在，以分生孢子反复侵染。褐腐病的有性世代不常见。在田间，发生褐腐病后产生大量分生孢子，造成多次再侵染。病菌由伤口或自然孔口侵入组织。

（五）流行规律

病菌生长适宜温度为22~24℃。花期及幼果期如遇低温多雨，有利于病害发生。果实近成熟期如温暖、阴雨、多雾发病就重。害虫为害不仅直接传播病菌而且造成大量伤口，增加感染机会。多数情况，温暖潮湿区发病重，干燥冷凉区发病轻。凡树衰弱、管理不善、地势低洼、排水不良、树体郁闭等均有利于病害发生。

（六）防治技术

农业防治：清除冬季树上和地面上的僵果，结合修剪剪除病枝，在生产中及时清理发病的果实，集中烧毁或深埋。加强田间栽培管理，提高树体抗病能力。改善通风透光条件，雨后及时排出积水，降低田间湿度。配合施肥，尤其增施磷肥、钾肥，提高植株抗病性。

化学防治：芽萌动前，喷洒5波美度石硫合剂，或45%晶体石硫合剂30倍液。或在萌芽前全树、地面均匀喷布80%戊唑醇8 000倍液，铲除病菌。本病主要为害秋果，为害期出现在8月中旬或以后。因此，进入雨季后，特别是进入7月末至8月初，应注意观察树体，一旦发现个别果实感染病害，立即进行喷药防治。发病初期，可喷施70%甲基硫菌灵可湿性粉剂800倍液等农药进行防治，一次即可控制为害，如果此后出现持续阴雨天气，可增喷1次。注意，采前20天内应停止用药。其他有效的药剂主要有苯醚甲环唑、戊唑醇、拿敌稳、阿米西达、多菌灵等。

二、无花果果锈病

（一）分布与为害

无花果锈病是无花果重要病害之一，在我国山东威海、青岛、上海、福建、广东等沿海地区及陕西、新疆均有分布，在病害流行年份，为害严重，可造成早期落叶、落果，不仅当年减产减值，也影响下一年产量。

（二）症　状

无花果果锈病主要为害叶片。叶片感病，叶背面初生黄白色小疙斑，随着病菌的发育，疙斑色泽加深而呈黄褐色，且明显隆起，继而疤斑破裂，散出锈色粉状物，此即为本病病征（病菌夏孢子堆）。发生严重时，疤斑密布，数个疤斑可连合成大小不等的斑块，叶面被锈色粉状物所覆盖。由于疤斑的破裂，病叶水分蒸腾剧增，终致叶片部分或大部焦枯或卷缩，提早脱落。

（三）病　原

引起无花果果锈病的病原菌属担子菌亚门真菌，包括层锈菌属（*Phakopsora ficierectae* Ito. et Chant.）和不完全锈菌属（*Uredosawada* Ito.）。病菌均以菌丝体和夏孢子堆在病株上和病残体上存活越冬，以夏孢子借气流辗转传播，完成其病害周年循环。

（四）病害循环

无花果果锈病以菌丝体在树木枝干或叶子等病部组织内越冬，翌年春天越冬菌丝形成孢子角，若连续数日降雨，冬孢子角吸水膨胀胶化，在其表面产生担孢子，担孢子随风雨飞散传播，浸染枝叶、嫩梢等，引起发病。担孢子传播的距离为 2~5 千米。

（五）流行规律

无花果果锈病在水分充足的年份或季节易于发生，郁闭通透性差、湿度大的园圃环境有利于发病，春雨早发病早，春雨晚发病亦晚，偏施、过施氮肥的植株易感病。在栽培过程中应着重培育抗病品种，在果园附近如果有转主寄主桧柏类树木，锈病会发生严重。由于锈病菌较易侵染幼嫩组织，故侵染期越早，发病也越严重[8]。

（六）防治技术

物理防治：加强栽培管理，合理施肥，细致修剪，改善通风透光条件以减轻发病，增强树势，提高抗病能力。清除菌源，及时清理落叶、落果及病梢，集中销毁。加强肥水管理，避免偏施、过施氮肥，做好雨后清沟排渍降湿，可减轻受害。

化学防治：发病初期及时喷药控病。在以锈病为主的果园可喷施 25%粉锈宁可湿性粉剂或乳油 1 000~1 500 倍液，或 20%三硅酮硫黄悬浮剂 600~800 倍液或 30%百科乳油 1 000~1 500 倍液，或 75%百菌清+70%代森锰锌（1：1）1 000 倍液交替喷施 2~3 次或更多，隔 7~15 天使用 1 次，喷匀喷足，以后可视病情再喷药 1~2 次。

三、无花果黑斑病

（一）分布与为害

无花果黑斑病的发生与降水有密切关系，在沿海多雨地区发生严重。降水量越多的年份本病害发生越严重。地势低洼的果园，或通风透光不良，缺肥或偏施氮肥的梨树发

病较重。

（二）症　状

在无花果果树的整个生长期均可发病，主要为害花、果实、叶片和新梢。幼果染病，果面出现黑色圆形斑点，稍凹陷，上生黑霉。果实长大后，果面发生龟裂，裂缝可深达果心，病果往往早落。果梗染病则产生黑色不规则的斑点，致使果实早落。叶片染病，幼嫩叶最易受害，叶片病斑初为圆形或不规则形，后扩大成同心环纹状，呈暗褐色。有时数个病斑融合成不规则形大块病斑，并出现淡紫色环纹。湿度高时，病斑上产生黑色霉层，病斑外围有黄绿色晕圈，病叶易早落。新梢染病时，产生黑色小斑点，以后发展成长椭圆形，呈暗褐色，凹陷，病健交界处产生裂缝，病斑表面有霉状物，即病原菌的分生孢子。

（三）病原和病害循环

病原菌以菌丝及分生孢子在病枝、病叶和枯芽中越冬。翌年春天产生分生孢子，借风雨传播进行初次侵染，由表皮、气孔或者伤口入侵寄主组织内，新老病斑陆续产生分生孢子进行再侵染。

（四）防治技术

注意排水、降低湿度，用50%多菌灵可湿性粉剂500～1 000倍液，或70%甲基托布津1 000倍液，或75%百菌清1 000倍液，或80%代森锌500倍液，每7～10天喷1次，根据情况确定喷药次数，一般2～3次。

四、无花果炭疽病[9]

（一）分布与为害

无花果炭疽病是无花果生长期和采后贮藏期的重要病害。本病主要为害果实，亦可侵染枝条、叶片。果实受害后，在果面呈现圆形、稍凹陷的褐色斑块，随后病斑不断扩大，果实软化腐烂。据我们调查，本病在威海无花果种植基地发病率达到50%～70%，不仅影响了无花果的质量，而且严重影响了无花果采后的贮藏和销售。

（二）症　状

炭疽病主要为害果实和叶片。果实受害后，在果面呈现圆形、稍凹陷、褐色斑块，随后在病斑上出现同心轮纹状黑色小点，天气潮湿时在其表现长出粉红色黏质物，即病菌的分生孢子团。最后病斑不断扩大，果实软化腐烂，有时干缩成僵果悬挂在树上。叶片发病时产生近圆形至不规则形褐色病斑，边缘色稍深，叶柄染病初变为暗褐色。本病在整个生长期间均可侵染危害，有时也会侵染枝条，枝条患病后呈淡褐色斑块，后逐渐干枯死亡。天气潮湿、阴雨连绵能促使病害大面积发生。

（三）病　原

侵染无花果的炭疽病菌为胶孢炭疽菌。

病原菌形态：在无菌条件下挑取病原菌孢子堆稀释于载玻片上，在显微镜下观察。分生孢子单胞，无色，长圆形或椭圆形，一端稍尖，表现光滑，大小为（12.1~16.5）微米×（4~5）微米，有时含油球，菌丝或芽管顶端接触固体界面时产生附着孢，附着孢丰富、黑褐色，呈棍棒形或椭圆形，大小为（5~11）微米×（4~8）微米，无花果炭疽病菌菌丝体生长、产孢的最适温度都为25~30℃。弱酸性条件有利于炭疽菌菌丝体的生长和产孢，菌丝最适生长的pH值为5~6，酸性条件适宜产孢，pH值为3~4时产孢量最大，通过对无花果炭疽病菌的生物学特性研究，可明确该病菌对生态环境条件的要求，有助于通过改善环境和栽培条件有效控制病害的发生[10,11]。

温度对无花果炭疽病菌菌落生长和产孢的影响：不同温度试验结果表明，无花果炭疽菌菌丝生长的温度范围是10~35℃，最适生长温度为25~30℃，低于5℃或高于35℃，菌丝均不能正常生长。在10℃温度条件下病菌培养5天菌落直径平均为1厘米，在35℃温度条件下仅在接种菌块周围长出稀疏的丛生状菌丝，培养5天后菌落直径仅为0.2厘米。该菌产生分生孢子的温度范围是10~35℃，最适产孢温度为25~30℃。

（四）病害循环

病菌在僵果上越冬，翌年春产生分生孢子，由风雨传播，侵害枝梢和果实。以后在新的病斑上再产生孢子，进行重复侵染。天气潮湿、阴雨连绵能促使病害大面积发生。果实最初感病，由于症状不明显，较难察觉到，直至9月果实接近成熟，病斑迅速扩展，田间发病明显加重。

（五）流行规律

无花果属于易受气象影响的果树，旱害、风害、寒害、降雨、霜等大大小小的不良气象因素，对它都有一定的影响。炭疽病的发生和流行与降水有密切关系，2011年威海地区高温潮湿、阴雨连绵的天气给无花果炭疽病的发生与发展提供了良好的气候条件，无花果大面积感染炭疽病菌。此时，正值无花果果实形成并进入成熟的阶段，叶片及枝条上的病原菌在适宜的环境条件下萌发并侵染果实，对果实的为害作用极为显著，最终形成“黑斑果”症状，影响果实的产量与品质。

（六）防治技术

疏松土壤，保持果园通风透光良好。及时清除病落叶、僵果、落果，剪除病枝并集

中烧毁或深埋。施足腐熟有机肥，增施磷肥、钾肥，增强树势。果树休眠期可选择的药剂有3~5波美度石硫合剂或30%戊唑·多菌灵悬浮剂600倍液。果树生长期可选择的药剂有10%苯醚甲环唑水分散粒剂1 000倍液、70%百菌清可湿性粉剂800倍液、80%福·福锌可湿性粉剂500~600倍液等。

五、无花果灰霉病

（一）分布与危害

灰霉病是一种世界性植物病害，灰霉病菌（*Botrytis cinerea*）的寄主非常广泛，可侵染约235种植物，不仅在生长期通过无花果表面或植物伤口侵染植物的茎、叶、花和果实，影响其质量和产量，还会在无花果的运输、贮藏期进行危害。持续低温、阴天、高湿、光照不足、通风不及时等均会引起灰霉病的发生，严重时可减产50%甚至地块绝收，造成重大的经济损失。目前，灰霉病已成为影响我国无花果生产经济的严重障碍。

（二）症　状

当果实发病时，病原菌主要通过残留的花瓣或柱头进行侵染，随后向果柄及果脐部位扩展，最后会扩展至果实其他部位，发病部位会形成大量的灰色霉层，导致果实失水僵化。当叶片发病时，病斑主要由叶缘呈“V”字形进行扩展，发病初期呈浅褐色水渍状，边缘不规则，且具深浅相间的轮纹，进而发病部位产生霉层，当病害发生严重时会导致叶片枯死。当茎部发病时，发病初期呈水渍状，随后扩展成长条形或长椭圆形斑，湿度大时，病斑表面会形成灰褐色霉层，严重时会导致病部以上枯死[12]。

（三）病　原

灰霉病菌属于半知菌亚门葡萄孢属真菌。无性时期分生孢子呈圆形或倒卵形，无色，表面光滑，分生孢子簇生于顶端；分生孢子梗丛生；菌丝体白色；菌核黑色，扁平，呈不规则状。有性时期子囊孢子单孢，无色，呈椭圆形至卵形，子囊盘束生于菌核上。因在自然条件下，难以产生有性繁殖器官，因此无性时期在灰霉病发展中起着主要作用。灰霉病菌具有多样性和复杂性。不同的灰霉病菌菌株间形态差异很大，即使相同菌株的菌落形态也存在差异。菌丝生长方式也各不相同，有的中等气生，向前平铺形成毡状菌落；有的茂盛气生，进而形成棉絮状菌落。菌核的形态和形成方式也大不相同，有的在菌落中散生，菌核大小不一，有的菌核在菌落边缘环生，有的菌核在菌落中央环生，有的菌核密生或散生。且菌落生长过程中颜色也会发生变化，开始无色或呈灰白色，到中期会变成黄色、灰色或褐色，最后变成灰白色或灰色。灰霉菌是弱寄生菌，可在有机物上腐生。灰霉病原菌的菌丝在5~35℃时均可生长，当温度在10℃以下或30℃

以上时长势明显减弱。分生孢子在 8~32℃均能萌发，最适萌发温度为 25℃。菌丝生长和孢子萌发喜好偏酸环境，当 pH 值为 5~6.2 时孢子萌发率相对较高。灰霉病原菌孢子萌发对湿度要求很高，淹水或相对湿度小于 80%时均不利于孢子萌发。菌核萌发对土壤湿度也有一定影响，当土壤含水量为 30%时，菌核 1 天即能萌发，当土壤含水量为 25%或 40%时，菌核需 2 天才能萌发，当土壤含水量高于 40%或少于 25%时，菌核不萌发。因此，春季大棚内气温相对较低、湿度较高，有助于灰霉病的大量发生。病菌的产孢量和菌丝生长均与光照有关，在黑暗条件下有利于灰霉病菌产生孢子，而不利于菌丝生长。自然光条件均有利于产孢和菌丝生长，连续的光照处理有利于菌丝生长，而分生孢子萌发受光照影响较小。

（四）病害循环和流行规律

灰霉病原菌主要为害植物的叶片、花、果实及茎。灰霉病原菌主要以分生孢子或菌丝体在植物病残体上或菌核在土壤中越夏或越冬，翌年病原菌分生孢子在植株上进行萌发并进行初侵染。在穗果膨大期进行浇水后，由于增加了环境湿度，从而导致病果率剧增，形成大量的烂果，并且在发病部位会产生大量分生孢子，借助气流的传播进行再侵染。

（五）防治技术

灰霉病原菌是通过空气传播的病害，它的传播速度很快，病原菌在寄主体内的潜伏期较长，寄主种类多，侵染模式也具有多样性，可以利用孢子、菌丝或者菌核在病残体中保存，为灰霉病的防治带来一定的困难，难以通过单一的方法有效控制病害。由于灰霉病原菌寄主范围很广、缺少抗性品种、不同寄主间的灰霉病原菌可相互感染导致发病等。目前，主要的防治方法是以化学防治为主，并辅以生态防治和生物防治。

选取抗病品种并用无菌土育壮苗可有效减少灰霉病害的发生途径。加强田间管理，加强无花果栽培管理，在播种前对种子和苗床进行消毒，培育健壮种苗。为预防灰霉病发生，要避免在阴雨天灌溉，合理施肥，适当增加磷肥、钾肥的施用量，可培育壮苗进而提高植株抗病的能力。及时清理田间的病叶、病果等病残体，通过减少越冬或越夏的病原菌残留量来减少侵染源[13]。

生物防治：①生物诱导抗病性。生物诱导植物抗病性是通过植物诱抗剂来诱导植物产生抗病性的方法。诱抗剂是一种特殊的化合物，能诱发植物自身的免疫系统来抵御外界有害物入侵，进而获得抗病能力。②筛选拮抗菌。可以用来防治灰霉病的拮抗微生物包括真菌、细菌和放线菌，其中主要的拮抗细菌包括乳芽孢杆菌、荧光假单孢菌、枯草芽孢杆菌、地衣芽孢杆菌、海洋芽孢杆菌等；主要的拮抗真菌包括酵母、木霉等，如胶黏红酵母、浅白隐球酵母、绿色木霉、木素木霉、哈慈木霉等；主要的放线菌包括链霉菌、武夷菌素、变构菌素、磷氮霉素、白肽霉素、变构霉素等。③植物源提取物防治。植物体内的提取液可对灰霉病有一定的防治作用。王宏年等通过室内试验发现了 7 种植物精油对灰霉病有一定的抑制作用，如肉桂油和樟油等。

生态防治：生态防治主要通过对湿度和温度的控制来防治灰霉病。加强田间管理，合理施用氮肥、磷肥、钾肥等提高植株抗病能力。科学合理地安排种植密度，保证良好通风，适当控制水量，采取地膜覆盖方式栽培的，保证供水的同时也可以采用膜下滴灌的方式防止积水。夏季通过土壤翻耕等方式净化土壤并清除棚内残留的病原菌，杜绝初侵染。灰霉病发病后期，要及时摘除病叶、病果，进行集中深埋或烧毁，以减少病原。另外，也要注意其他传染源，如蜗牛、植物病原体、粪便和昆虫等。

化学防治：在培育抗病品种、生物防治、农业防治和化学防治等诸多防治方法中，化学防治仍然是防治灰霉病最主流且最不可或缺的方法。由于化学防治操作简便、见效快、药效稳定、防效高等特点，可以有效减轻病害发生程度，减少有害微生物的危害，进而降低经济损失。常用的杀菌剂按照作用方式可分为保护性杀菌剂和内吸性杀菌剂，保护性杀菌剂又可称为接触性杀菌剂，在病害发生前用于植物表面并残留在植物表面，通过与病原菌接触进而杀死病原菌，起到预防病害的作用。其中，硫黄是最早应用于防治灰霉病的保护性杀菌剂。内吸性杀菌剂的使用使植物病害的防治进入一个新的阶段，它突破了保护性杀菌剂只可预防不可治疗的缺点，随着内吸性杀菌剂的不断研发，较低剂量甚至微量即可取得较好的防治效果。

六、无花果疫腐病

（一）分布与危害

疫腐病是无花果的重要病害之一，我国南方一些农户的果园发生较严重。无花果原产于东半球半沙漠干燥地带，在引入长江流域及其以南温度、湿度较高的环境下，极易发生疫腐病。

（二）症　状

疫腐病为害无花果的果实、叶片和根颈等器官。受害果病斑不规则，病组织空隙处有白色绵毛状菌丝体。下部近地面的果实先发病，逐步上移，病果易脱落。苗木及大树根颈部受害时，病部皮层呈褐色腐烂状，并不断扩展，最后整个根颈部环状腐烂，全株萎蔫干枯而死。叶片被害后，病斑呈不规则形暗褐色水渍状，多发生于叶片边缘或中部，并逐步扩展致全叶腐烂[14]。

（三）病　原

无花果疫腐病的致病菌为真菌，属鞭毛菌亚门疫霉属（*Phytophthora*），寄生性强，陆生习性较强，其休眠孢子囊和厚垣孢子都具有很强生活力，可生存很久。疫腐病菌发育最适温度为25℃，最低为10℃，最高为30℃，在35℃以上的高温不利于疫腐病菌的存活[12]。

（四）病害循环和流行规律

疫腐病菌以卵孢子、厚垣孢子或菌丝体随病组织在土壤里越冬，在适宜条件下，土壤带菌量逐年累积增多。高温、高湿是疫腐病发生的重要条件。疫腐病主要为害树冠下部果实，以距地面5厘米以下为多。矮化栽培、树冠下垂枝多、杂草丛生、通风不良、湿度高的条件下疫腐病发生严重。受侵染的果实极易腐烂。土壤积水，无花果根颈部或近地面主枝上有伤口，病菌可通过伤口侵染皮层造成为害[15]。

（五）防治技术

农业防治：合理整形修剪，整形时抬高主干上主枝的分枝部位，尤其是矮化栽培的果园，应使结果部位在5厘米以上，易受冻害的品种不要用强修剪留短主枝埋土越冬的防寒方法，重短截易造成结果枝徒长，使枝叶组织不充实，疫腐病发生较重。此外，应控制结果枝数目。加强果园管理，随时清除果园中落地的果实，摘除病果、病叶集中深埋或焚毁。及时排出田间积水、清除杂草，以降低果园湿度。也可在树冠下铺草或用地膜覆盖，以防土壤中致病菌因降雨飞溅侵染植株。

化学防治：喷药保护发病较多的果园，对树冠下部的果实和叶片应喷药保护，药剂可用1：2：200倍的波尔多液或65%代森锌可湿性粉剂600倍液，或乙磷铝、瑞毒霉等内吸杀菌剂。长势过强的结果枝可喷B9，或多效唑抑制生长。

物理防治：刮治病部，大树根颈或横卧主枝局部发病的植株，可于春季扒土晾晒，刮去腐烂变色的病组织，并用福美砷或石硫合剂消毒伤口，刮下的病组织应集中焚毁。换用无病新土覆于根颈处，并略高出地面[16]。

七、无花果花叶病

（一）分布与危害

无花果花叶病最早于美国的加利福尼亚州被发现，因感病植株的叶片常表现出花叶的症状而得名。2012—2015年，调查了新疆、江苏和北京3个省、市的无花果花叶病发生情况。在新疆主要调查了阿图什、喀什、和田、阿克苏以及乌鲁木齐5个地区的无花果商业种植园、小型盆栽品种以及部分无花果古树。其中，在阿图什和喀什的无花果商业种植园区，花叶病的发生率分别达到86.7%和86.4%；阿克苏、和田和乌鲁木齐的新植无花果种植园以及盆栽品种中发生率较低[17]。北京采集的无花果样品与扬州采集的无花果样品没有明显花叶症状。无花果花叶病主要在新疆栽植区发生普遍，发病率通常与无花果栽培方式、气候条件等因素相关。但是，无花果花叶病的症状并不仅仅表现为单一的花叶，而是极为复杂多变的。到目前为止，仍未明确这种复杂症状产生的原因，可能与品种的不同有关，或者是由不同的病原或病原的不同株系侵染所致[18]。当然，更要考虑不同病原或者病原的不同株系共同侵染引起病害的可能性。

（二）症　状

被感染的无花果果树的树叶均会呈现出特定的变色和畸形症状。有的叶片会发生严重的变形，呈现出不同的形状和大小，严重的会发生叶片卷曲和皱缩。感染植株的叶片变色是最常见的症状，主要表现为不规则的褪绿斑驳、明脉、镶脉、叶脉羽化、褪绿坏死环斑和条纹等[19]。有些叶片的表面则布满了褪绿斑，也就是典型的花叶症状。感病果树的生长状况也不尽相同，有的即使被侵染也能够正常生长，而有的则会受到明显的影响。感病果树的果实也会表现出明显的症状，尤其是病害较严重的植株。果实会变小甚至畸形，表面有黄色斑点或者斑块、纵向条纹或者环斑。更严重的是，未成熟的果实会提前脱落，造成减产。

（三）病　原

无花果花叶病相关的这种病毒被命名为无花果病毒，中国的无花果花叶病至少存在 5 种不同的病毒。应用高通量测序、PCR、RT-PCR、克隆和测序等不同的技术方法对采集的无花果样品进行病毒检测，共检测到 5 种病毒[20]。

（四）病害循环

无花果病毒非常稳定，广泛存在于自然界中，病毒主要是通过土壤传播给无花果果树，形成初侵染，病、健植株叶片接触和田间农事操作都是病毒传播和扩散的主要途径。

（五）流行规律

高温干旱天气有利于无花果花叶病的发生，一方面较高的温度适合病毒在寄主体内繁殖，另一方面高温天气不利于植株的生长和对病毒的抵抗。

（六）防治技术

农业防治：选用抗（耐）性品种，搞好田园卫生。作为中间寄主的杂草，在病毒病的流行中起着重要的作用。要彻底清除田间病株残体，并集中晒干烧毁，避免将田间病株残体直接翻耕到土壤中。农事操作是田间传播无花果花叶病的一条很主要的途径。在处理病株的过程中，避免病株与其他植株接触摩擦而传毒。修剪枝条前最好用 3%磷酸三钠溶液洗手和浸泡工具再经清水洗净，可减少带毒量。

化学防治：目前，用于防治无花果花叶病的药剂及使用浓度如下。20%盐酸吗啉胍铜可湿性粉剂500倍液、1.5%三十烷醇+硫酸铜+十二烷基硫酸钠水剂1 000倍液、10%混合脂肪酸水乳剂100倍液、8%宁南霉素水剂800倍液等。在发病初期喷药1次，视病情再施药2~3次，间隔约10天，有一定延缓病情的作用。

八、无花果枝枯病

（一）分布与危害

本病主要发生在主干和大枝上。发病初期症状不易被发现，发病严重时，可导致结果枝生长不良，落叶枯死。冻害往往是诱发本病的重要因素。

（二）症　状

无花果枝枯病发病初期先侵染枝条顶梢嫩枝，而后向下蔓延至枝条和主干，染病部呈现紫红色的椭圆形凹陷，后变成浅褐色或深灰色，并在病部形成很多胶点，初显黄白色，渐变褐转黑。胶点处的病皮组织腐烂、湿润，有酒糟味，可深达木质部[21]。

（三）病　原

无花果枝枯病由多种真菌引起发病。

（四）病害循环和流行规律

病菌主要以菌丝体、分生孢子器在树干病部组织中越冬。翌年4月，病部溢出孢子角，借风雨和昆虫传播，主要经伤口侵入，也可通过皮孔、叶痕侵入。4~5月为病害发生盛期，6月以后因树势生长旺盛病菌受到限制，8~9月病害又发展。发病后期病部干缩凹陷，表面密生黑色小粒点，空气潮湿时涌出橘红色丝状孢子角。济宁地区5月中旬开始发生，6月发病较弱，7~8月病害再次发展[22]。

（五）防治技术

选用抗病性强的优良品种，新植和再植时杜绝使用患病苗木，及时清除并烧毁病枝，减少侵染源。疏松土壤，及时排水，保持果园通风透光良好，必要时要对土壤进行消毒。发芽前为保护树干，可选药剂有3~5波美度石硫合剂、70%甲基托布津可湿性粉剂800~1 200倍液、80%代森锰锌可湿性粉剂400~600倍液等[23]。

第二节　无花果常见的主要虫害

一、桑天牛

（一）分布与危害

桑天牛［*Apriona germari*（Hope.）］属鞘翅目天牛科沟胫天牛亚科，又名粒肩天牛、桑褐天牛，分布于我国内地除黑龙江、内蒙古、吉林、新疆、宁夏、西藏之外的25个省（自治区、直辖市）。桑天牛除为害无花果外，还可为害苹果、柳、榆、杨、构、油桐、桑、梨、柑橘、枇杷、桃等。桑天牛成虫产卵于枝干上，产卵处被咬成U形伤口，幼虫在枝干内蛀食木质部，被害枝干上几个或十几个排粪孔排成一排，往外排泄虫粪，严重者致使枝干中空、易折或整枝枯死[24,25]。

（二）形态特征

成虫：体长36~46毫米，黑褐色，密覆黄褐色绒毛。触角11节，基部2节黑色，其余各节前半部黑褐色，后半部灰白色。胸部两侧各有一尖刺，鞘翅基部密布黑色光亮的颗粒状凸起。

卵：长椭圆形，长6~7毫米，淡黄色，稍弯曲。

幼虫：体乳白色，长40~60毫米，前胸特大，近方形，背面密生黄褐色刚毛和赤褐色小颗粒，并有凹纹。

蛹：体长约50毫米，黄褐色[26]。

（三）生活习性及发生规律

桑天牛在长江流域及其以北地区2~3年发生1代，在广东1年完成1代，在苏北黄河故道地区2年发生1代，以幼虫越冬。老熟幼虫5月下旬开始化蛹，盛期、末期在6月中旬和7月上旬。成虫羽化始期、盛期、末期分别在6月中旬、7月上旬和7月下旬。卵出现在6月下旬至8月初。卵孵始期在7月中旬，盛期、末期在7月下旬和8月中旬。成虫羽化后，必须在桑树、构树上啃食新枝补充营养，10~15天后飞到不同的寄主上产卵，产卵量为数10粒至100余粒。成虫活动多在夜间进行，清晨和傍晚较为活跃。成虫寿命38~45天。卵多产于2~4年生、幼树直径1~2.5厘米的枝（干）和成龄树的侧枝上，枝（干）的向阳面。产卵时，成虫先将韧皮部咬一具有3条缝隙、长2厘米、宽1.5厘米的伤痕[27-29]。在伤痕下的边材上啃一长圆形的产卵穴，而后将卵产入其中，每穴 1 粒。卵期 9~14 天。初孵幼虫先沿卵穴一侧由向阳面蛀向背阴面。在韧皮部下的边材上蛀虫道 7~10 厘米，形成 3~4 个粪孔后，渐入心材。粪孔间距随虫龄的增长由 2.5 厘米左右逐渐增加到 15~25 厘米。幼虫一生蛀粪孔 15 个左右，虫道长达 1.5 米以上。粪孔多在树干或侧枝背阴面排成“一”字形。排粪时幼虫肛门对准粪孔向外排粪。小幼虫粪便呈细绳状，大龄幼虫呈锯屑状。虫道宽为幼虫体宽的 2 倍，道内粪便极少。不同个体的虫道一般不交叉，幼虫在道内行动迅速，进退自如。8~12 月，幼虫由高位向低位蛀食，虫体在新粪孔以下。12 月上旬至翌年 3 月中旬越冬休眠。春季复苏，3 月底至 7 月幼虫多由低位向高位蛀食，虫体常在新粪孔以上。老熟幼虫化蛹前，以屑末堵塞虫道，在虫道中下部一侧做室化蛹，蛹期 14~18 天。

（四）防治技术

新建果园时，应注意与桑科植物隔离，相距不应小于 1 000 米，尤其不能以桑科植物作园篱；对成龄果园，应检查其 1 000 米周围有无零星桑科植物，如有最好铲除，若不宜铲除，可于成虫期（6 月下旬至 8 月）在桑科植物上人工捕捉成虫，同时检查无花果树枝上有无产卵的刻槽，若发现产卵刻槽即用小刀挖除。对于已经蛀入的幼虫，用注射器将 80%敌敌畏乳油 50 倍液注入新虫粪孔内 10 毫升，并用黏泥封闭。用药后应及时检查，发现新虫粪排出，应再补治。另外，昆虫病原线虫是专性嗜虫线虫，对人、畜安全。经连续多年的筛选，从山东省土壤中诱集到嗜菌异小杆线虫（*Heterorhabditis bacteriophora*），对桑天牛的防治效果达 90%以上[30-32]。

二、黄 刺 蛾

（一）分布与危害

黄刺蛾［*Cnidocampa flavescens*（Walker.）］属鳞翅目刺蛾科，幼虫俗称洋辣子，在我国各果产区几乎都有分布，国外分布于日本和朝鲜等。寄主范围很广，果树中有苹果、梨、桃、李、杏、樱桃、梅、杨梅、枣、山楂、柿、核桃、板栗、石榴、醋栗、柑橘、杧果、榅桲、枇杷等，受害较重的林木有杨、柳、榆、法国梧桐等。黄刺蛾是为害果树的常见害虫，在管理正常的果园一般不会造成危害，但在管理粗放或弃管果园，幼虫能将叶片吃光，造成果树二次开花，严重影响树势。幼虫身体上的枝刺含有毒物质，触及人体皮肤时，会发生红肿，疼痛难忍[33]。

（二）形态特征

成虫：雌成虫体长 15~17 毫米，翅展 35~39 毫米。雄成虫体长 13~15 毫米，翅展 30~32 毫米。体粗壮，鳞毛较厚。头、胸部黄色，复眼黑色。触角丝状，灰褐色。下唇

须暗褐色，向上弯曲。前翅自顶角分别向后缘基部 1/3 处和臀角附近分出两条棕褐色细线，内横线以内至翅基部黄色，并有 2 个深褐色斑点；中室以外及外横线黄褐色。后翅淡黄褐色，边缘色较深。

卵：扁椭圆形，长约 1.5 毫米，表面具线纹。初产时黄白色，后变为黑褐色。常数十粒排列成不规则块状[34]。

幼虫：初孵幼虫黄白色，背线青色，背上可见枝刺 2 行；2~3 龄幼虫背线青色逐渐明显；4~5 龄幼虫背线呈蓝白色至蓝绿色。老熟幼虫体长约 25 毫米。头小，黄褐色，隐于前胸下。胸部肥大，黄绿色。身体略呈长方形，体背面自前至后有一个前后宽、中间窄的大型紫褐色斑块。各体节有 4 根枝刺，以腹部第一节的最大，依次为第七节、胸部第三节、腹部第八节，腹部第 2~6 节的刺最小。胸足极小，腹足退化，呈吸盘状。

蛹：椭圆形，粗而短，两复眼间有 1 个凸起，表面有小刺。体长 13~15 毫米，黄褐色，其上疏有黑色苗毛刺，包被在坚硬的茧内。

茧：灰白色，石灰质，坚硬，表面光滑，有几条长短不等，或宽或窄的褐色纵纹，外形极似鸟蛋。

（三）生活习性

黄刺蛾以老熟幼虫在树干或枝条上结茧越冬，翌年春末夏初化蛹并羽化为成虫。成虫羽化后不久即可交尾，飞翔力不强，白天多静伏在枝条或叶背面，夜间活动，有趋光性。交尾后的成虫很快产卵，卵多产于叶背，排列成块，偶有单产。每只雌虫产卵几十粒至上百粒，卵期平均 7 天。交尾后的雌虫寿命 3~4 天，未经交尾的雌虫寿命 5~8 天。初孵幼虫有群集性，多聚集在叶背嘴食下表皮和叶肉，留下上表皮，叶片呈圆状，幼虫稍大后逐渐分散取食，将叶片吃成孔洞或缺刻状。幼虫共 7 龄[35]。1~2 龄幼虫发育较慢、3 龄后发育生长速度加快，5 龄后的幼虫食量大增，常将叶片吃光，仅剩叶柄和主脉。老熟幼虫喜欢在枝杈或小枝上，先用其上颚啃咬树皮，深深达木质部，然后吐丝并排泄草酸钙等物质，形成坚硬的蛋壳状硬质茧。在一般情况下一处 1 个茧，虫口密度大时，一处结茧 2 个以上。1 年发生 1 代时，老熟幼虫结茧进入滞育期，有时时间长达 280~300 天。1 年发生 2 代时，老熟幼虫结茧化蛹，继而发生第一代成虫，第二代幼虫继续为害至秋季，老熟后结茧，以预蛹越冬。

（四）发生规律

黄刺蛾在东北和华北地区 1 年发生 1 代，在山东、河南 1 年发生 1~2 代，在安徽、江苏、上海、四川等地 1 年发生 2 代。在 1 年发生 2 代的地区，越冬幼虫于 4 月中、下旬化蛹，5 月下旬出现成虫，成虫发生盛期在 6 月上、中旬。成虫从 6 月上旬开始产卵，第一代幼虫发生期在 6 月中旬至 8 月上旬。从 7 月上旬开始，老熟幼虫陆续化蛹，7 月中下旬始见第一代成虫。成虫于8月上旬产卵，卵期平均4.5天。第二代幼虫在8月中下旬为害最重，9月下旬陆续老熟，寻找适宜场所结茧越冬。在1年发生1代的地区，越冬幼虫于6月上中旬开始化蛹，6月中旬至7月中旬为成虫发生期，幼虫发生期在7月中旬至8月下旬、8月下旬以后幼虫开始结茧，进入滞育状态，直至越冬。在湖南衡阳地区，越冬幼虫于翌年4月中旬开始化蛹，4月下旬至5月上旬为化蛹盛期，5月中旬开始羽化成虫，5月下旬至6月下旬为幼虫发生期。从7月上旬开始，幼虫陆续老熟做茧，至翌年4月中旬为幼虫滞育期。幼虫取食为害期仅1个月左右，在茧中滞育时间长达280天以上[36]。

（五）防治技术

人工防治：结合果树冬剪，彻底清除越冬虫茧。在发生量大的果园，还应在周围果树管理，人工扑杀幼虫的防护林上清除虫茧。

生物防治：主要是保护和利用自然天敌。在冬季或初春，人工采集越冬虫茧，放在用纱网做成的纱笼内，网眼大小以黄刺蛾成虫不能钻出为宜。将纱笼保存在树荫处，待上海青蜂羽化时，将纱笼挂在果树上，使羽化的上海青蜂顺利飞出，寻找寄主。连续释放几年，可基本控制黄刺蛾的为害[33]。

药剂防治：防治的关键时期是幼虫发生初期。可选择下列药剂喷雾：90%敌百虫可溶粉剂1 500倍液、50%辛硫磷乳油1 500倍液、80%敌敌畏乳油1 000倍液、25%灭幼脲悬浮剂1 000倍液、1%阿维菌素乳油200倍液、2.5%高效氯氟氰菊酯乳油2 000倍液、20%氯戊菊酯乳油2 000倍液等。幼虫对药液比较敏感，只要及时防治，就能避免危害[34]。

三、黑绒鳃龟子

（一）分布与危害

黑绒鳃金龟（*Serica orientalis* Motschulsky. 异名：*Maladera orientalis* Motschulsky.）属鞘翅目绢金色科，又称东方绢金龟、黑绒金龟子、天鹅绒金龟子、东方金龟子。黑绒金龟子幼虫取食无花果树根，成虫主要取食无花果嫩枝、新叶，喜群集暴食。黑绒鳃金龟在我国分布于黑龙江、吉林、辽宁、内蒙古、北京、河北、山西、河南、陕西、宁夏、青海、山东、江苏、浙江、安徽、江西、福建、台湾、贵州等省（自治区、直辖市），国外在朝鲜、日本、俄罗斯、蒙古国有分布。黑绒鳃金龟食性杂，可食149种植物。成虫最喜食杨、柳、榆、刺槐、苹果、梨、桑、杏、枣、梅、向日葵、甜菜等的叶片。黑绒鳃金龟幼虫一般危害性不强，仅在土内取食一些植物根。成虫主要食害寄主的嫩芽、新叶及花朵，尤其嗜食幼嫩的芽叶，且常群集暴食，所以幼树受害更为严重，严重时常将叶、芽食光，尤其对刚定植的树苗、幼树威胁很大。对宁夏新垦区黑绒鳃金龟的调查发现，黑绒鳃金龟通常和其他金龟种类混合发生，一般种群数量达15~30只/米^2，对幼苗为害率达20%~30%；严重田块种群数量达70~110只/米^2，对幼苗为害率达70%以上。2010—2012年，国家苹果产业技术体系保定综合试验站在河北省顺平县南神南村推广种植的66.7公顷矮砧密植苹果，遭受黑绒鳃金龟的猖獗为害。调查中发现，1棵树上种群数量少则15只左右，多则上百只，幼树的嫩芽、叶片可被啃成光秆，严重影响苹果幼树的正常生长发育[37]。

（二）形态特征

成虫：为小型甲虫，体长7~10毫米，宽4~5毫米，卵圆形，前狭后宽。体色黑褐色，体表具丝绒般光泽。触角10节，赤褐色。鞘翅上各有9条浅纵沟纹，刻点细小而密，侧缘列生刺毛。

卵：椭圆形，长1.1~1.2毫米，乳白色，光滑。

幼虫：老熟幼虫乳白色，体长14~16毫米，头宽2.5毫米。头部前顶毛每侧1根，额中毛每侧1根。触角基膜上方每侧有1个棕褐色伪单眼，由色斑构成。腹毛区中间的裸露区呈楔形，腹毛区的后缘由20~26根锥状刺组成弧形横带，横带的中央有明显中断。

蛹：体长8毫米，黄褐色，头部黑褐色，复眼朱红色。

（三）发生规律

黑绒鳃金龟1年发生1代，以成虫在土中越冬，翌年4月中旬出蛰，4月末至6月上旬为发生盛期。5月中旬产卵，6月中旬出现初孵幼虫，8月初3龄幼虫入土化蛹，9月上旬成虫羽化后在原处越冬。成虫有假死性和趋光性，多在傍晚或晚间出土活动，白天在土缝中潜伏。根据在幼龄果林中的观察，黑绒鳃金龟在16时30分左右开始起飞，17时左右开始爬树，17时30分开始取食幼芽和嫩叶，24时左右开始下树，钻进地面树叶里，然后进入土壤约10厘米的深度。18~20时数量最多，可达48只/株，平均30~40只/株。雌、雄交尾呈直角形，交尾盛期在5月中旬。雌虫产卵于15~20厘米深的土壤中，卵散产或5~10粒集于一处，每只雌虫产卵30~100粒。5月中旬至6月上旬为卵期，产卵期为20~22天。6月中旬出现孵化幼虫，幼虫完成3龄共需80天左右。幼虫在土中取食腐殖质及植物嫩根。老熟幼虫在30~45厘米深的土层中化蛹。8月中旬开始化蛹，8月下旬为化蛹盛期，蛹存在于较深的土层中，蛹期为10~12天。蛹羽化的成虫，原地越冬。

黑绒鳃金龟卵、幼虫和成虫的存活率与土壤含水量呈二次曲线关系，当土壤含水量为18%左右时存活率最高，土壤含水量过高或过低对黑绒鳃金龟不利，会使存活率下降。因此，不同地势、地形的田块该虫的发生量不同。

黑绒鳃金龟的发生与土壤理化性状呈显著性相关，土壤松散、沙粒较多、黏粒较少、有机质含量较少的沙壤土环境适宜该虫的大发生。春季，当土层解冻到20~30厘米以下时，越冬成虫即逐渐上升。在气温高于10℃时，开始出土活动。出土高峰前多有降雨，故有雨后集中出土的习性。黑绒鳃金龟天敌较多，有多种益鸟、青蛙、刺猬、步行虫等捕食性天敌，有大斑土蜂、臀钩土蜂、金龟长喙寄蝇、线虫和白僵菌、绿僵菌等多种寄生生物。

（四）防治技术

振树扑杀法：根据黑绒鳃金龟的假死性和群居为害特性，在成虫为害期间，选择温暖无风的傍晚18~20时，在成虫为害明显的树下铺上塑料薄膜，采取人工振落扑杀的方法，扑杀成虫。

糖醋液诱杀：即根据成虫飞翔能力强的特性，采用糖醋液诱杀。在成虫发生期间，将配好的糖醋液装入罐头瓶内，悬挂在树上（每亩挂10~15只糖醋液瓶），引诱成虫飞入瓶中，集中杀灭。糖醋液配方为红糖5份、醋20份、白酒2份、水80份。

土壤药剂防治：利用成虫的入土习性，地面喷洒农药，浅锄土中，效果很好。可用50%辛硫磷乳油500倍液喷洒树盘；或每亩撒施5%辛硫磷颗粒剂5千克，农药与干细土或河沙按1：1比例拌匀后撒施[32]。

树上喷药防治：成虫发生量大时，树上及时喷药防治。喷施50%马拉硫磷1 000~1 200倍液或48%毒死蜱乳油1 500~2 000倍液，均有良好的效果。

四、无花果二斑叶螨

（一）分布与危害

二斑叶螨（*Tetranychus urticae* Koch.）属蜱螨亚纲真螨目叶螨科，别名棉红蜘蛛。20世纪80年代前，在我国（除台湾外）未发现有二斑叶螨的发生。1983年，董慧芳在北京天坛公园的一串红上首次发现该种，后扩散至郊区果园。随后，1988年在河北献县发现其为害枣树，1989年在山东招远苹果树上发生为害，随之栖霞、临沂、烟台等14个市、县相继发生且部分果园已泛滥成灾。1990年，在甘肃天水、兰州和河北昌黎的苹果园零星发生，至1994年天水县已扩展到30多个乡村果园，而且还在继续蔓延。1994年在宁夏银川、河北黄骅等地苹果园也有二斑叶螨为害的报道。二斑叶螨从20世纪90年代开始成为为害果树的新害螨种类。在山东、辽宁、陕西等省份成为果树的第一大害螨，严重威胁果树业生产。二斑叶螨在我国主要分布于北京、河北、辽宁、陕西、甘肃、山东、安徽、江苏、台湾等地，是世界性的重要害螨，寄主包括果树、蔬菜、棉花、木薯、花卉及杂草等140余科1 100多种植物。二斑叶螨的寄主范围广、食性杂，果园内所有杂草几乎都可寄生，如宽口叶独行菜、田旋花、羊角草、灰菜、苋菜、稗草、狗尾草、苦荬菜、苣荬菜、车前等。园内套种的棉花、玉米、高粱、蚕豆、马铃薯、番茄、菜豆、茄子、辣椒、菊芋等都是二斑叶螨的寄主。另外，无花果、苹果、桃、杏、李、枣、山楂、葡萄、核桃、沙枣、野蔷薇等也是二斑叶螨的寄主。

（二）形态特征

成螨：雌成螨呈卵圆形，体长0.45~0.55毫米，宽0.3~0.35毫米，呈黄白色或浅绿色，足及颚体白色，越冬代滞育个体为橘红色，体躯两侧各有1个褐斑，其外侧3裂，呈横“山”字形，背毛13对。雄成螨身体略小，体长0.35~0.40毫米，宽0.2~0.25毫米，淡黄色或黄绿色，体末端尖削，背毛13对，阳茎端锤十分微小，两侧的凸起尖锐。

卵：圆球形，有光泽，直径0.1毫米，初产时无色，后变为淡黄色或红黄色，临孵化前出现2个红色眼点。

幼螨：半球形，淡黄色或黄绿色，足3对，眼红色，体背上无斑或斑不明显。

若螨：椭圆形，黄绿色或深绿色，足4对，眼红色，体背有2个斑点。

（三）生活习性与发生规律

二斑叶螨在北京昌平区每年发生10~13代。1997年，由于高温干旱有利于该螨的发育，发生13代。早春3月底至4月初开始出蛰，4月中旬为出蛰盛期，到5月中旬还有刚出蛰的雌成螨，整个出蛰期持续1.5个月。在越冬型雌成螨的体色还未转变颜色时即开始产卵，到产卵盛期，体色渐渐变浅，褐斑渐显。4月初为第一代产卵初期，4月中旬为盛期。由于越冬螨出蛰期长，因此第一代产卵期、幼螨期、若螨期都很长。从第二代开始，就出现严重的世代重叠现象。随气温的升高和害螨繁殖数量的加大，逐渐从地下杂草向树上、从树冠内向树冠外围扩散，第二代成螨至第三代若螨期是该螨上树为害的始盛期。据1997年9月底的田间调查，已有近1/3的雌成螨呈越冬滞育型体色，进入越冬场所，部分成螨则继续产卵，发生第十三代。到10月上旬雌成螨开始越冬。在山东临沂1年发生8~9代，在果树根颈部、翘皮裂缝处及杂草根部、落叶覆盖等处群集越冬。3月中下旬平均气温达到10℃左右时，越冬螨开始出蛰，至6月中旬以前二斑叶螨（白螨）主要在果树下的阔叶杂草或果树根萌蘖及一些豆科植物上取食活动，当平均气温达到13℃以上时开始产卵，卵般经2~18天孵化，4月底至5月初为第一代幼螨孵化盛期。6月以后二斑叶螨（白螨）陆续上树，一般先在树冠内膛和下部的树枝上为害，逐渐向整个树冠蔓延。7月中下旬开始虫量急剧上升，发生鼎盛期在8月中旬至9月中旬，单叶活动螨最多可超过300只，9月下旬（尤其是雨后）虫量逐渐降低，

10月中旬开始出现越冬型雌成螨并相继入蛰。在山东胶州1年发生12~15代，2月平均气温达5~6℃时，越冬雌螨开始活动；3月平均气温达6~7℃时开始产卵，卵期10天以上；成螨开始产卵至孵化盛期需20~30天。以后世代重叠，随气温升高繁殖加快，23℃时完成1代约需13天，26℃时需8~9天，30℃以上时需6~7天。越冬雌螨出蛰后多集中在宿根性杂草上为害、繁殖，果树发芽后转移到果树上为害、繁殖，7月至8月中旬为猖獗为害期，持续干旱高温使二斑叶螨的发生和为害急速加剧，进入雨季虫口密度迅速下降，为害基本结束。但若再遇高温干旱可再度猖獗为害，至9月气温下降陆续向杂草转移。二斑叶螨在甘肃天水平均每年发生7代，以雌成螨越冬，翌年3月16日出蛰，至4月13日结束，历时1个月。出蛰盛期为3月25日至4月5日，4月上旬出现淡绿色个体并开始产卵，至5月中旬孵化的幼螨约占总活动螨数量的20%；6月底至7月初为螨量剧增期；7月中旬至8月下旬为猖獗发生为害期，平均单叶螨量34~190只，严重受害树每片叶高达300只以上。

二斑叶螨的繁殖速度快、抗药性强，在30℃以上6~7天即完成1代，平均每雌产卵100粒。遇持续高温干旱天气，螨量急剧上升。可用20%甲氰菊酯乳油、25%三唑锡可湿性粉剂、73%克螨特乳油等防治。但阿拉尔市郊区香梨上的二斑叶螨，均不能达到理想的防治效果。有机磷类药剂和拟除虫菊酯类药剂防治也不理想，防治效果最高不超过50%，因此为害严重[37]。

二斑叶螨的隐蔽性强，成、幼螨多集中在寄主幼嫩部分刺吸汁液，尤其是尚未展开的芽、叶和花器。被害叶片增厚僵直，变小变窄，叶背呈黄褐色或灰褐色，带油渍状或油质状光泽，叶缘向背面卷曲。幼茎变为黄褐色或灰褐色、扭曲，花蕾畸形，受害重的则不能开花。二斑叶螨主要在叶片背面吸取汁液，造成叶背发黑，叶片正面出现大量褪绿小点，严重时整叶发黄，造成落叶。二斑叶螨还群集在果实萼洼处群集为害，被害处出现黑斑，影响果实色泽，使果实口感变差，品级降低。

（四）防治技术

根据二斑叶螨越冬后翌春都要爬到地面杂草和果树根蘖上为害然后再上树的规律，应先抓好地面防治，把害螨消灭在越冬场所和上树之前，这是防治的关键。抓好地面防治，把害螨消灭在上树前。秋、冬季落叶后刮除树干粗老翘皮，连同枯枝落叶清理出果园集中烧毁，秋、冬季土壤耕翻和冬灌。4月底前全面除草1遍，并剪除果树根蘖，铲除地面寄主；药肥涂干，把害螨消灭在上树过程中。5月中旬进行药肥涂干，即在氨基酸复合微肥（或易被树干吸收而又不易干燥的其他复合微肥）中加入哒螨灵或唑螨酯等乳油类药剂涂在树干上。受精雌成螨从9月初开始渐渐下树越冬，在8月下旬进行树干绑草，诱集下树害螨在此越冬。于冬季至春季出蛰前，解除绑草集中烧毁，消灭越冬成螨，减少春季越冬害螨基数。

加强土肥水管理，增强树势，合理修剪，改善通风透光条件，合理负载，加强其他病虫害综合治理，这些都是防治二斑叶螨的重要基础。

与生物防治结合进行综合防治，适时合理交替使用高效、低毒、低残留、低污染农药进行防治，阿维菌素能够有效地杀死害螨。

化学防治时可选药剂有43%联苯肼酯悬浮剂3 000倍液、24%螺螨酯悬浮剂3 000倍液、1%甲氨基阿维菌素乳油3 300~5 000倍液、14%阿维·丁硫乳油1 200~1 500倍液、16.8%阿维·三唑锡可湿性粉剂1 500倍液等。

五、无花果蜡蚧

（一）分布及危害

无花果蜡蚧［*Ceroplastes rusci*（Linnaeus.）］又名榕龟蜡蚧、拟叶红蜡蚧、锈红蜡蚧、蔷薇蜡蚧，隶属于半翅目（*Hemiptera*）蚧总科（*Coccoidea*）蚧科（*Coccidae*）蜡蚧亚科（*Ceroplastinae*）蜡蚧属（*Ceroplastes*），原产于非洲，最早发现于地中海沿岸地区，现已扩展和传播至东洋区、非洲区、新热带区和古北区等动物区系。其中，在热带、亚热带和暖温带分布较广泛。在我国，该虫被列入《中华人民共和国进境植物检疫有害生物名录》（中国人民共和国农业部公告，2007）。2012年4月的野外采集中，于广东省茂名市的榕树（*Ficus microcarpa*）上和四川省攀枝花市的大叶榕（*F. virens*）上发现和采集到该害虫。

（二）形态特征

1龄、2龄蜡蚧壳呈长椭圆形，白色，背中有一长椭圆形蜡帽，帽顶有一横沟，体缘有约15个放射状排列的干蜡芒。雌成虫蜡壳白色至淡粉色，稍硬化，周缘蜡层较厚。蜡壳分为9块，背顶一块，其中央有一红褐色小凹，1龄、2龄干蜡帽位于凹内，侧缘的蜡壳分为8块，近方形，每一侧有3块，前、后各有1块；初期每小块蜡壳之间由红色的凹痕分隔开来，每小块中央有内凹的蜡眼，内含白蜡堆积物。后期蜡壳颜色变暗，呈褐色，背顶的蜡壳明显凸起，侧缘小蜡壳变小，分隔小蜡壳的凹痕变得模糊。整壳长1.5~5毫米，宽1.5~4毫米，高1.5~3.5毫米。雌成虫前期虫体表皮膜质，略隆起，后期虫体表皮稍硬化，体背部隆起为半球形。体长2~3.5毫米，宽1.5~2.5毫米，淡褐色。触角6节，第三节有亚分节线。眼在头端两侧突成半球形。足3对，分节正常，胫跗关节硬化，爪下有一小齿，爪冠毛2根，同粗，端部膨大为匙形。跗冠毛2根，细长，同形。背面有8个无腺区，头区1个，背侧各3个，背中区1个。背刺锥状，端钝，均匀分布。背腺多为提篮型二孔腺，也有少量三孔腺，孔腺内有细管，管的末端多叉分支[37]。此外，还有微管腺散布，侧缘数量较多。尾裂浅，肛突短锥形，向体后倾斜。肛板圆滑，没有明显的角，上有背毛3根和长端毛1根。肛板前有5~13个圆形孔横向排成1行或2行，陷入在肛板周围的硬化区内。肛筒稍长于肛板。两眼点间长缘毛6~15根，眼点到前气门刺间每侧有2~4根，两群气门刺间每侧1~8根，后气门刺到体末有10~15根，其中3根尾毛较长。气门洼浅，气门刺钝圆锥形，大小不一，背面者最大，集成2列（很少有3列），靠背面一列4~5根，靠腹面一列20~23根。腹面为膜质，有椭圆形十字腺散布于腹面，多数集中在亚缘区。五格腺在气门与体缘间形成约与围气门片同宽的带状气门腺路，每个气门路有33~95个。多格腺在阴门附近及其前腹节成宽带状，第三至五腹节中区有少量。杯状管具有细长的端丝，在头区腹面有1~2个，阴门侧1~2个。亚缘毛数量为缘毛数量的2倍多，沿缘毛成1列。

（三）生物学特征

无花果蜡蚧的年发生代数因地区而异，每年1~4代。在法国东南部和意大利，该虫1年发生1代。在地中海盆地，1年发生1~2代。在希腊、埃及和土耳其西部，1年发生2代。在巴勒斯坦的耶路撒冷地区，该虫每年发生2代，以雌成虫在枝条上越冬（Bodkin，1927）。在希腊中、南部地区，该虫每年发生2代，南部比中部卵孵化时间提前2周，结果南部地区的越冬虫态为雌成虫，而中部地区的越冬虫态则为雌成虫和部分2龄、3龄的若虫。在年发生2代的地区越冬。雌成虫于4月中旬至5月初开始产卵，5~6月份为卵的孵化高峰期，1龄若虫沿着叶正面中脉固定吸食，6月下旬，部分若虫转移至叶梗或当年生枝条上直至发育成熟。新的雌成虫和雄虫主要出现在7月份，8月份第二代1龄若虫开始发育。在越南南部地区，该虫1年发生4代，无明显的越冬现象。该虫在实验室条件下（温度27~29.4℃，相对湿度72.3%~86.1%），平均76.5~90.2天完成1代，1龄若虫20天、2龄若虫17天、3龄若虫30天、雌虫产卵前期22天。雌虫平均产卵量为1 134粒/只。该虫的最适温度为25~30℃，最适湿度为75%~80%[37]。

（四）防治方法

作为全国性的检疫害虫，无花果蜡蚧在我国具有较高的潜在危害性，为防止其国内的传播和蔓延，我们必须及时采取有效的防控措施，将其限制在可控制的范围内。首先，加强该虫发生区植株和苗木产品流通的检疫力度，发现后立刻彻底根除，杜绝该虫的一切可能扩散途径；其次，对已发生该虫害的地区进行全面调查并对周边区域进行排查，以及对很有可能的潜在发生区开展普查，弄清楚该虫在我国的分布情况、传入途径和传播方式以及可能为害的寄主植物种类，摸清底细；最后，紧急开展包括生物学、生态学和防控技术等研究工作，为科学防控提供技术支撑。

六、云斑天牛

（一）分布与危害

云斑天牛（*Batocera lineolata* Chevrolat.）属鞘翅目天牛科。云斑天牛在我国的分布，以长城为其北界，西到陕西、四川（雅安）、云南，南至广东、广西，东达沿海各省份和台湾省。国外分布于日本、印度和越南。云斑天牛的寄主种类繁多，在我国已记载的有17科37种以上，包括核桃、板栗、苹果、山楂、梨、无花果等果树以及经济林、天然林和城市园林树木。20世纪30年代中期先后在我国河北、四川、广东、广西、江苏、浙江和福建有云斑天牛发生为害的报道。1960年河北涉县核桃被害株率达50%，1株25年生被害致死的树体中，有7条大幼虫、4个羽化孔和22条隧道，为害隧道总体积为7 703（厘米）^{3}。20世纪60—70年代，云斑天牛在太行山区核桃、板栗产区发生普遍，为害严重。1975年在河北灵寿调查，核桃被害株率达68.4%，死株率达5.48%。80年代伴随核桃叶、果害虫的连年暴发成灾，化学农药大量投入使用，云斑天牛发生为害程度有所减轻，核桃被害株率在20%~30%。而在湖南（汉寿）云斑天牛在林木上发生为害严重，旱杨被害株率达100%，枫杨达98%。云斑天牛成虫食树木的叶片和嫩枝皮，幼虫孵化后先蛀入皮层为害，被害部位树皮外胀，然后纵裂，为害1~5天，向木质部蛀食2.5~3厘米，再向上为害，蛀道长18~24厘米。随着虫体的增长逐渐蛀入木质部乃至髓心，蛀成纵的和斜的隧道。树干被害后易招致其他病虫侵染，并且枝叶稀疏，长势衰弱，果实和木材品质下降，减产甚至绝收，受害严重的，整株树枯死，或被风吹折。20世纪90年代随着农业结构的调整和退耕还林政策的贯彻执行，核桃、板栗发展迅速，林业面积不断扩大，杨树人工速生丰产基地迅猛发展，石班天牛发生为害林木的面积越来越大，为害日趋严重，受其为害，轻则树势衰弱，重则全株枯死。同时，造成林木材质损害，降低了材质的等级，造成了极大经济损失。5~10年生桉树被害株率达3.9%~7.5%。

（二）形态特征

成虫：体长51~97毫米，宽毛斑1对，横列。小盾片舌状，覆白色绒毛。鞘翅基部1/4处密布黑色颗粒，翅面上具不规则白色云状毛，黑褐色，密布青灰色或黄色绒线毛。前胸背板中央具肾状白色斑，略呈2~3纵行。若是3行，以近中缝的最短，由2~4个小斑排成，中行到达翅中部以下，最外一行到翅端部；若是2行，则近中缝的一行一般由2~3个小斑组成。白斑变异较大，有时翅中部有许多小圆斑；有时斑点扩大呈云状。体腹面两侧从腹眼后到腹末具白色纵带1条。前胸背平坦，侧刺突向后弯，肩刺上翘，翅鞘基部密生瘤状颗粒，两翅鞘的后缘有1对小刺。雌虫触角较身体略长，雄虫触角超出体长 3~4 节，触角从第三节起，每节下沿都有许多细齿，尤以雄虫最为显著。

卵：长椭圆形，略弯曲，长 8.5~9 毫米，宽约 2.7 毫米，淡土黄色，表面坚硬光滑。

幼虫：体长 74~100 毫米，体略扁，乳白色至黄白色。头稍扁平，深褐色，长方形，1/2 缩入前胸，外露部分近黑色，唇基黄褐色，上颚发达。前胸楔形，极大。前胸背板为橙黄色，两侧白色，上具橙黄色半月形斑块 1 个，中后部两侧各具纵凹 1 条，前部有细密刻点，中后部具暗褐色颗粒状凸起。前胸腹列 4 个不规则的橙黄色斑块。前胸及腹面第 1~8 节的两侧有 9 对明显的气孔。腹面第三至第九节两侧约有一扁平的棱边。后胸及腹部 1~7 节的背、腹面均具步泡突。幼虫共 8 龄，以 1 龄幼虫的发育时间最短，仅有 1~2 天。

蛹：长 40~90 毫米，裸蛹，初为乳白色，后变黄褐色。

（三）生活习性

云斑天牛在河北省中南部跨 3 个年度发生 1 代。成虫于 5 月下旬开始出孔，盛期在 6 月上中旬，末期在 8 月下旬，成虫发生期长，且不集中。6 月中旬开始产卵，盛期在 6 月下旬至 7 月中旬，末期在 8 月下旬，卵期 10~15 天。6 月下旬幼虫孵化后开始蛀入皮层，为害 1~2 天，即蜕皮进入 2 龄，随即蛀入木质部，7 月上旬至下旬为蛀入盛期，为害末期在 8 月下旬至 9 月上旬。幼虫为害到 9 月中旬至 10 月上中旬，在被害虫穴道内越冬。翌年 4 月上旬越冬幼虫开始活动取食，到 8 月下旬至 9 月上旬，老熟后先做好羽化孔，然后在隧道末端做蛹室，蜕皮静止进行第二次越冬。到第 3 年 4 月上中旬化蛹，蛹期 20 天左右。成虫从羽化到出洞平均 16.8 天，老熟后，沿虫道经羽化孔出洞。成虫羽化出孔后咬食核桃新枝嫩皮、叶片、叶柄和果皮补充营养，昼夜均能飞翔活动。交尾 1 次产 1 次卵，每次产卵 3~5 粒，一生产卵 5~6 次。成虫的扩散方向与植被丰富度，特别是其补充营养寄主（野蔷薇、枫杨、旱柳等）之多寡呈正相关。云斑天牛成虫有假死性和弱趋光性，不喜飞翔，行动慢，受惊后发出声音。

（四）防治技术

云斑天牛的防治历来是果树、林木及园林树木害虫的难题，与该虫生活的隐蔽性较强有关。对该虫的防治必须抓住 3 个基本因素：控制对象——天牛（关键是虫态），生存环境，保护对象——寄主植物。出孔后活动的成虫是云斑天牛唯一裸露活动的虫态，也是唯一有行为导向的虫态。因此，狠抓成虫期的防治，化幼虫蛀入后的被动防治为蛀入前的主动防治[32]。

农业防治：①严格检疫。云斑天牛主动传播能力不强，主要靠苗木或木材运输携带幼虫进行远距离传播。因此，不要把疫区的苗木和木材运到非疫区。②培育抗性新品种。根据各地不同的气候和环境条件，因地制宜选择适合本地生长的抗天牛乡土新品种。③人工诱杀、捕捉。云斑天牛成虫发生期长，个体大，极易发现，利用其趋光性、不喜飞、受惊后发出声音等特点，可于6~7月的傍晚提灯诱杀，或早晨人工捕捉。④虫卵、幼虫的处理。在成虫产卵时期。检查树干部分，寻找产卵疤痕或流出黑水的地方，用锤子彻底清理以减少成虫出孔数量。用力击打刻槽上部，或用小刀将树皮切开挖除虫卵和幼虫，效果达95%以上。在成虫出孔前，用三合土或水泥封闭羽化孔，阻止成虫出孔。在幼虫为害期，将铁丝一头弯成小钩，顺着虫孔直接刺入，刺死或钩出幼虫，堵塞虫洞。⑤切断成虫食物源。在营造杨树林时，切勿与木科、蔷薇科有关植物混交种植，在1 000米范围内不宜栽杨树。

生物防治：①利用天敌昆虫防治天牛。利用肿腿蜂防治1龄幼虫时，效果可达61.11%，子代蜂的出蜂率为20.3%，有一定的持续防治作用。②利用花绒坚甲防治天牛。可寄生于云斑天牛的幼虫、蛹和刚羽化的成虫，自然寄生率达2.6%~60%。③利用微生物防治天牛。在云斑天牛幼虫初龄期，用小卷戴斯线虫5 000只/毫升注入虫孔，云斑天牛幼虫死亡率达95%以上。④利用益鸟大斑啄木鸟防治天牛。1对大斑啄木鸟可控制33.3公顷果园。⑤利用仿生农药防治天牛。在云斑天牛补充营养期间，用高浓度的印楝素喷雾处理其补充营养的植物，使其产生拒食而导致营养缺乏，从而影响其繁殖力，降低下一代虫口密度，达到生物防治云斑天牛的目的。

物理防治：在成虫产卵为害之前，利用云斑天牛的嗜食植物（野蔷薇科），将分散、远处的成虫引诱集中到中、低矮的诱饵树上进行防治。还可在引诱植物上喷施植物引诱剂，增加雌、雄成虫相遇机会和缩短距离，再用高效杀虫剂集中歼灭。经2年试验，有虫株率由原来的94.4%下降为17.8%。引诱剂诱捕成虫A-1型天牛引诱剂，由萜烯类等特异性植物成分和溶剂配制而成，兼有取食引诱剂和产卵引诱剂的特性。用其作成诱捕器对天牛雌、雄成虫均具有较强的引诱能力。

化学防治：①喷施药液。在成虫出孔取食期间用50%乙酰甲胺乳油1 500倍液，或75%辛硫磷乳油200倍液，喷洒树冠，每7~10天使用1次，连喷2次。②树干涂白。防成虫产卵和杀死低龄幼虫可用生石灰5千克、食盐0.25千克、硫黄0.5千克、水20千克，混匀后使用。熏杀或注射防虫用天牛净或磷化锌毒签，或用1/12~1/6磷化铝片剂，放入虫孔内、外，用泥封严，熏杀虫道内的幼虫、蛹和未出孔的成虫。也可用40%氧化乐果乳油2倍液打孔注射，2~5毫升/孔，可防治木质部幼虫。

参考文献

[1] 艾合买提·吾修尔，木太力甫，帕塔尔，等. 新疆无花果的开发利用[J].

新疆农业科技，2007（05）：26.

[2] 艾沙江·阿不都沙拉木，杨培，买买提江·吐尔逊，等．无花果在阿图什维吾尔族民间的传统应用的调查研究［J］．植物分类与资源学报，2015，37（2）：214-220.

[3] 曹尚银．无花果无公害高效栽培［M］．北京：金盾出版社，2003.

[4] 曹尚银．无花果栽培技术［M］．北京：金盾出版社，2009.

[5] 车久玲，姜雪．无花果的栽培历史生态特性及药用价值［J］．山东林业科技，1995（5）：19-21.

[6] 陈仕俏，赵文红，白卫东．我国柑橘的发展现状与展望［J］．农产品加工（学刊），2008，3（130）：21-24.

[7] 陈秀，阮小蕾，赵芹，等．富贵竹中杆状 DNA 病毒湖北分离物的分子鉴定［J］．中国农业科学，2009，42（06）：2002-2009.

[8] Argyriou IC，Santorini AP，1980. On the phenology of Ceroplastes rusi L.（Hom. Coccidae）on fig-trees in Greece. *Med. Van de Facul. Landb. Riksun. Gent*，45：593-601.

[9] 范昆，张雪丹，余贤美，等．无花果炭疽病菌的生物学特性及 8 种杀菌剂对其抑制作用［J］．植物病理学报，2013，43（1）：75-81.

[10] Armstrong WP，Sex Determination By Genes & Chromosomes In Ficus carica. http：//waynesword. palomar. edu/pljun99b. htm. 2006.

[11] Benassy C，Biliota E，1963. *Ceroplases musci* L.（Homoptera Coccoidea，Lecaninae）exemple interessant pour l'etude de la dynamique des populations［J］. Entomophaga，8（3）：213-217.

[12] 樊兵，吴云锋，袁耀锋．植物源抗病毒活性物质的初步筛选［A］．中国植物病理学会，2005：4.

[13] Bodkin GE，1927. The fig wax-scale（*Ceroplastes rusi* L.）in Palestine［J］. Bull. Entomol. Res，17：259-263.

[14] Cantin CM，Palou L，Bremer V，et al. Evaluation of the use of stfur dioxide to reduce postharvest losses on dark and green figs［J］. Postharvest Biology and Technology，2011，59：150-158.

[15] Chen N C. Bioasssay technology of pesticide（in China）［M］．北京：北京农业大学出版社，1991.

[16] 郭润妮，倪孟祥．无花果多糖体外抗氧化及抗肿瘤活性研究［J］．化学与生物工程，2015，32（3）：49-52.

[17] Condit IJ. Fig varieties：a monograph [M]. Berkeley：University of California，1955.

[18] 古丽尼沙，卡斯木，高健，等. 无花果优良品种在阿图什的引种初报 [J]. 防护林科技，2013（7）：83-84.

[19] 古丽尼沙. 卡斯木，刘永萍，阿洪江・欧斯曼，等. 新疆无花果的营养价值与作用 [J]. 防护林科技，2012（6）：97+100.

[20] Condit IJ，Stewart，W. S. Ficus：the exotic species [M]. University of California，Division of Agricultural Sciences Davis，CA，1969.

[21] Fang Z D. Plant pathology research methods（in Chinese）[M]. 北京：中国农业出版社，1998.

[22] 郭英. 六个无花果品种的系统学研究 [D]. 重庆：西南农业大学，2003.

[23] 洪健，李德葆，周雪平，植物病毒分类图谱 [M]. 北京：科学出版社，2001.

[24] 洪雪玉，陈剑平. 长线形病毒科成员编码蛋白的功能 [J]. 浙江农业学报，2004，16（1）：47-52.

[25] 李疆，杨序德，热依曼，等. 新疆的果树资源、果业业现状及发展前景 [J]. 北方果树，2002（02）：31-32.

[26] 李康，陈聚恒，宋锋惠，等. 无花果组织培养及快速繁殖技术研究 [J]. 园艺学报，1997（01）：90-91.

[27] Fetyk6 K，Koz r F，2012. Records of Ceroplastes Gray，1828 in Europe，with an identification key to species in the Palaearctic Region [J]. Bull. lnsectol，65（2）：291-295.

[28] Flaishman MA，Rodov V，Stover E. The fig：botany horticulture and breeding [J]. Horticultural Reviews-Westport Then New York-2008，34：113.

[29] Hodges CS，Hodgson CJ. Phalaerococeus howerton，a new genus and species of soft scale（Hemiptera：Coccidae from Florida. FL）[J]. Entomol. 2010，93（1）：8-23.

[30] Hodgson CJ，Peronti ABG，2012. A revision of the wax scale insects（Hemiptera：Sternorrhyncha：Coccoidea Ceroplastinae）of the Afrotropical Region [J]. Zootaxa，3372：1-265.

[31] 李明，安熙强，马媛. 无花果研究进展 [J]. 新疆中医药，2010：79-80.

[32] 刘小平，王建勋，高疆生. 塔里木河流域特色水果——无花果 [J]. 中国林副特产，2006（04）：89-90.

[33] 陆家云. 植物病原真菌学 [M]. 北京：中国农业出版社，2001.

[34] 马凯，杜建厂，王兴娜. 新疆林果业的发展对策 [J]. 中国农学通报，2001 (05)：79-80.

[35] 王加学，尼合迈提·霍嘉，桂河. 新疆南疆特色林果业发展策略分析 [J]. 新疆农垦经济，2011 (10)：49-52+82.

[36] 郑瑛，几种植物病毒侵染寄主的组织病理学和诊断研究 [D]. 杭州：浙江理工大学，2010.

[37] Khasawinah AM A，Talhouk AS. The fig wax scale Ceroplastes rusi (Linn.) Zeit. Angeu [J]. Entomol. 1964，53：113-151.

[38] Lai C Y，Lai C B，Zeng F K，et al. The biological properties of the Fusarium solani (Mart) Sacc. on tea cutting seedlings (in Chinese) [J]. Acta Phytotologica Sinica，2002：79-83.

[39] 赵爱云，吴神怡. 无花果叶提取物的抑菌作用研究 [J]. 食品工业科技，2005 (11)：82-83+87.

[40] 中华人民共和国农业部公告，第862号，中华人民共和国进境植物检疫性有害生物物名录. 2007年5月29日.

[41] 《中国植物志》编委会. 中国植物志 [M]. 科学出版社，1998：124-125.

第五章　无花果贮运保鲜技术

第一节　无花果采收方法和入贮前管理

一、无花果成熟的标志

无花果的成熟期较长，从夏至秋果实陆续成熟，果期长达5个月之久，即自6月中旬至10月份均可成花结果[1]。同一树冠和枝条上的果实，由于开花早晚不一，成熟期也有差异，形成所谓的春、夏、秋无花果。7月份为夏果盛季，10月份为秋果旺季。充分成熟的果实风味最佳，无花果成熟的标志是果实散发出特有的浓郁芬香，风味香甜；果皮颜色转为各个品种固有的紫色、红色、黄色、浅黄色或浅绿色等色，无花果果顶上的小孔会渐渐裂开，果皮上的网纹明显易见，果孔颜色变为深红色；果实变软，果皮变薄；有的品种果顶开裂，果肩处出现纵向裂纹[2,3]。

果实成熟度是影响果实鲜食、贮藏和加工利用的重要因素，因此应选择适宜的采收成熟度，这样可以影响果实的品质特性，以适应无论鲜食、贮藏还是加工的商业需求。研究结果表明，从外观看，无花果果实随着成熟度的上升，多数品种的果实均明显增重；果实比重总体上均呈上升趋势，布兰瑞克、金早、美利亚、金傲芬的果实比重在不同成熟期间存在显著差异。果实亮度的观测结果显示，布兰瑞克、波姬红、绿早的亮度均降低，而其他品种的亮度在不同成熟期间的变化均不大；但从果实颜色上看，金傲芬、美利亚、金早的色泽更黄亮，布兰瑞克成熟后由绿色变为红色，绿早的颜色呈黄绿色，波姬红的色泽鲜艳而红润，紫蕾在不同成熟期间均偏紫且其果皮亮度低。因此，从感官上看，金早、美利亚、金傲芬、波姬红的品质均优。

果实成熟期间，伴随着果肉细胞内部复杂的生理生化变化，其果肉质地变软，这是果实成熟的一个重要特征。无花果果实的比重随着成熟度的增加而呈现上升的变化趋势，说明果肉不断软化。但是，供试的紫蕾、波姬红、ALMA、绿早和青皮这5个品种在其八成熟和全熟期间均未见明显的差异，其果实硬度的变化均不大。因此，其在贮藏和运输方面可能要略强于其他几个代表品种。

果实的营养价值一直是人们重点关注的问题，同时良好的口感则是果实商业品质最佳的反映。无花果的果实随着成熟度的增加，果实比重的上升，无花果的总糖含量、糖酸比和维生素 C 含量也均随之升高，其糖酸比例呈跳跃式增长，这无疑增强了果实的口感，提高了其营养价值。因此，在挑选适于鲜食的全熟无花果时，可以选择颜色偏向于黄色或者紫红色、果实松软的品种，这些品质的无花果往往含有较高的总糖和维生素 C，如金早、金傲芬、波姬红和青皮等代表性品种。紫蕾果实总酸含量高，在一定程度上影响了其甘甜的口感。

综上所述，从外观看，无花果果实随其成熟度上升而明显增重；其在八成熟和全熟期间的亮度变化均不大，但果皮颜色有所分化；金早、美利亚、金傲芬、波姬红的外观均良好；紫蕾、波姬红、绿早和青皮在八成熟和全熟期间其果实比重均未见明显差异，在贮藏和运输方面可考虑选用这几个品种的果实。从营养价值和理化指标看，无花果的果实随着成熟度的增加，其总糖、糖酸比和维生素 C 均升高，其糖酸尤呈跳跃式增长，金早、金傲芬、波姬红和青皮这 4 个品种均可作为鲜食的代表性品种。从加工利用方面看，由于金早、美利亚、金傲芬、波姬红的外观、营养和口感都要好于其他品种，因此这 4 个品种均可作为无花果深加工产品的优选品种。

二、无花果的人工采收

华北地区一般春、夏季的果实在 6 月下旬至 7 月上旬成熟。秋季的果实在 8 月上旬至 10 月中旬成熟，由于同一枝冠上或枝条上开花早晚不一，果实的成熟期也有一定的差异，因此必须分期采收[4]。但是完全成熟的果实不耐贮藏和运输，如果外运则需要提早采收[5]。

无花果的采收时期和采收方法依产品用途而异。据孙悦[6]等学者研究表明，无花果果实的近果柄端比果实中部和近果目端都比较硬，不同成熟度的果实破裂深度相差不大，但随着成熟度的增加，果皮韧性和果肉硬度减小。在其所研究的布兰瑞克、金早、美利亚、金傲芬、紫蕾、波姬红、绿早、青皮、A1213 这几种无花果中，金傲芬的果皮韧性、果实硬度和黏性在全熟与八成熟果实对比中变化最大，即适宜鲜食；青皮、绿早在八成熟与成熟时的果皮破裂强度都很小，所以八成熟的果实适合长途运输；而布兰瑞克的成熟果实黏性最大，可能更适宜加工成无花果果泥和果酱。所以，无花果的采收时期应根据各品种的不同成熟期的质构特征及后期的不同加工方式不同来选择。一般来说，如当地出售用于鲜食，宜在九成熟时采收，即果实长至标准大小，表现出品种固有着色，且稍稍发软时采收为宜；如外运，除了良好的包装和贮运条件外，采收应以七八

成熟为宜，即果实达到固有大小且基本转色但尚未明显软化；如为果实的各种加工工艺所需，成熟度还可以再低些。对于像10月中下旬以后的果实通常不能自然成熟，但是可以采下通过切片、制干，用作加工原料。

无花果果实的采收普遍分为3次采收，第一次在6月下旬至7月上旬，第二次在8月上旬，第三次在9月下旬。

无花果的采收方法及注意事项如下。

（1）无花果采收多为人工手工采摘，宜在晴天清晨露水干后、气温上升之前进行，此时温度低，果实硬度好，容易采摘，又耐运输。

（2）要求采摘人员戴橡胶或乳胶手套，以防止果实渗出的果汁对皮肤产生腐蚀作用，无花果树的叶子长得很稠密，还很涩硬，皮肤接触容易被划伤。

（3）采摘时，应穿长袖装，以免皮肤擦伤引起红疙瘩。

（4）采收时，手掌托住果实，手指轻压果柄，并向上托起，用锋利的刀具切断果柄或用手工细心地折断果柄，尽量不擦伤和撕裂果皮。

（5）采下的果实盛放在竹筛或条匾中，注意果柄向下平排于筛中。

（6）传统的包装容器采用条筐或竹筐[7]，以每筐装10~15千克为宜，以防挤压腐烂；也有用硬纸包装箱内设泡沫衬垫包装贮运的，每箱装无花果15~25千克；或者用容量为0.5千克的透明塑料盒包装，内部放适量保鲜剂；或用聚苯乙烯保鲜箱，可装精选无花果5千克，放SM保鲜剂20片。

三、无花果入贮前的管理

无花果为非呼吸跃变型果实，含水量高、皮薄、极易受损伤而腐败变质。因此，采摘后极易腐烂而难于保存和运输，通常无花果采后在自然状态下1~2天即会软化褐变、风味下降及腐烂，极大地影响了无花果的食用价值与经济价值[8]。所以，在贮运前应对无花果进行简单的入贮前处理。

（一）选择耐贮品种

无花果共有600多个品种，我国目前有12个品种左右。根据花器类型和结果特性，可分为卡普里种、斯密尔乃种、圣比罗种和普通种。目前我国栽培的多为普通种，主要有布朗瑞克、玛斯义陶芬、蓬莱柿、卡独大、白热那亚、棕色土耳其、加州黑、绿抗黄果、紫果等。

Black Mission无花果是一种具有特殊风味的黑色无花果。Calimyrna无花果是一种大个的黄色无花果，它们都是鲜销的主要品种。还有日本紫果是日本目前售价最高、最受欢迎的红色优良品种，成熟果皮呈深紫红色，果皮薄，易产生糖液外溢现象。果颈不明显，果肉呈鲜艳红色、紧密、汁多、甜酸适度，果、叶所含微量元素硒，为各优良品种之最。较耐贮运，品质极佳，为目前国内外最受欢迎、市场销售前景十分广阔的鲜食、加工兼用优良品种。该品种丰产，较耐寒，耐高温，成熟期在 8 月下旬至 10 月下旬。还有中农寒优（A132）秋果型，较耐储运，品质极佳，而且果实和植株可耐受-13.7℃低温及早春 30℃左右的交叉考验，植株仍能正常生长和结果，为鲜食无花果商品生产中最耐寒的抗寒性优良品种。

（二）适当的采后处理

1. 预　冷

刚采收的果实带有大量田间热，果温较高，易促进呼吸高峰的提早出现，引起发热腐烂。所以，采后的果实应尽快进行预冷处理，排除田间热。预冷可采用自然预冷、冷库预冷、水和冰预冷、真空预冷等方法。

2. 杀　虫

采收后的果实可能带有一些害虫或被害虫伤害过，这些果实在贮藏中极易腐烂，并且在入库前的选果中不易辨认剔除。因此，入库前应进行杀虫处理。

（三）入贮前的准备

入贮前应对制冷设备、电气装置进行保养、维护和试运营，检查制冷机器的运转情况，以保证整个制冷系统的正常运转。应适时将库房彻底清扫干净，并对库房及用具进行彻底地灭菌消毒。

（四）贮藏期间的各种措施

待温度降低后及时入贮，入沟前，要先在沟底铺一层 5~6 厘米厚的洁净细沙，然后从沟的一端开始，一层层地摆果。摆果厚度一般为 60~70 厘米。摆果过程中，每隔 6~7 米竖立一个用高粱秸或玉米秸扎成的通风把。通风把的直径约为 10 厘米，长度要高出果堆顶部 10~15 厘米。入沟后，在果堆顶部覆盖一层苇席或 3~5 层防寒纸。沟的上方要搭好屋脊状支架，盖上一层玉米秸或蒲席，遮阴防雪，防寒保温。

在整个贮藏期间，要根据天气状况，搞好初、中、后三期的管理。贮藏初期，即为果实入沟 1 个月左右的时间，该期的管理重点是尽力降低贮藏环境的温度。夜间要揭开沟顶的覆盖物，白天则要遮阴覆盖。天气干旱、沟内湿度不足时，要注意向果堆上喷水，以防果实失水皱缩。

贮藏中期，是全年气温最低的时间，该期管理重点是保温防冻。要随着气温的降低，逐渐加厚地沟上的覆盖物。地沟中设置的通气把，当气温下降到 0℃左右时，要封堵严密。整个贮藏中期，一般不再揭开覆盖物通风。

贮藏后期是指翌年早春天气开始转暖，到贮藏结束前的一段时间。管理的重点，一

方面要适当通风，防止沟内温度回升过快；另一方面要注意天气变化，避免天气骤寒冻伤果实。夜间可揭开沟上的覆盖物通风换气，尽量利用夜间下沉的冷空气降低沟温。进入3月份，天气进一步转暖，应分次撤去覆盖物。至3月中旬前后，除仅留架顶一层苫布防雨防晒外，可将其他覆盖物全部撤除，并根据需要将果实及早出沟销售。

第二节　无花果采后商品化处理技术

一、清　洗

无花果经挑选后，于清水中浸泡，轻搅翻动，洗净后捞起沥干，沥干后用刀削除果柄[9]。

二、分　级

一般按照由多个指标构成的指标体系对水果进行分级，如果实大小、重量、硬度、成熟度、新鲜度、果梗长度、果皮颜色、病虫害情况等。按果实大小分级，选出的果实大小形状基本一致，有利于包装贮藏和加工处理，按果实大小分级在果实分级标准中应用最广泛；按果实成熟度筛选可剔除过熟、过软果实及采摘过早的果实，过熟的果实贮藏期间易腐烂并感染别的果实，过早采摘的果实其口感风味达不到标准；剔除机械伤、病虫害、脱蒂的果实可减轻果实贮藏过程中的腐烂问题，并保证果实销售过程中的外观品质，有利于实现果实的优质优价[10]。

无花果销售可分为优、良、中3个品质等级，采用大、中、小3种包装方式，其中大包装净质量为3千克，中包装1.2千克，小包装0.5千克。也可将无花果果实单层装于纸箱中，果实之间用纸板隔开，每格一果，防止相互间碰伤或病菌交叉感染。无花果的分级包装应在包装前去除开裂果、未熟果、过熟果、碰伤果和病虫果，并按无花果果实的品种、形状、大小、外观等大体一致的进行归类，称量后进行包装[11]。

三、预　冷

果蔬在采后会带有大量的田间热，不经预冷就包装，袋内将出现大量结露并使袋底积水。而且田间热会加速果蔬的呼吸与蒸腾作用，促进水分蒸发和微生物繁殖，加速果蔬衰老。预冷可以有效降低果蔬采后呼吸强度，抑制酶活性和乙烯释放，对果实的品质、价值及贮运过程具有重要意义。预冷的果蔬进入冷库或者冷藏车，制冷消耗降低，减少了贮运能耗。因此，预冷是果蔬商业化贮运保鲜技术中的一个重要环节[10]。

采后马上进入-1~0℃冷库进行预冷，如果条件允许建议采用差压预冷[11]。

四、涂 膜

近年来，可食性膜已成为果蔬保鲜与包装领域研究的热点，而多糖能够阻止食品吸水或失水，防止食品氧化和串味，调节生鲜食品的呼吸强度，提高食品表面机械强度，改善食品表观，这些优良的特性都可用于食品包装和果蔬的保鲜贮藏[12,13,14]。

（一）壳聚糖处理

壳聚糖（Chitin、Chitosan）又称几丁聚糖，化学名称为“聚 N-乙酰葡萄糖胺”，简称聚葡萄糖胺。是一种天然产物保鲜剂，具有无毒、环保、原料丰富且成本较低等诸多优点，日益受到果蔬保鲜行业的认可和重视[15]。

当壳聚糖应用于果蔬保鲜研究时，壳聚糖在果蔬表面形成聚合物薄膜，可以显著抑制果蔬呼吸作用、蒸腾作用、水分蒸发、物质代谢和果色转化等生理生化过程。壳聚糖膜层具有通透性、阻水性，加大了对多种气体分子的穿透阻力，形成了微气调环境，增加果蔬组织内的二氧化碳含量，降低氧气含量，从而有效地推迟果蔬组织的生理衰老，延长贮藏期及货架期，起到保鲜作用[16,17]。

壳聚糖与生物体具有良好的亲和相容性，对人体具有一定的生理保健功能，为可食性物质[17]。并且在草莓[18]、苹果[19~22]、梅[23]、杏[23]、香蕉[24]、杧果[25]、葡萄[26]等研究中已证实，壳聚糖涂膜可保持果蔬的感官品质、延缓营养物质下降，也能较好地提高过氧化物酶活性，抑制多酚氧化酶的活性。

壳聚糖也被探究应用于无花果的贮藏保鲜。孟宪昉[27]用壳聚糖涂膜处理可有效防止无花果失重率的增加；降低了 PPO（多酚氧化酶）和 POD（过氧化物酶）的活性；有效维持了无花果总酸度、维生素 C 含量以及蛋白质含量，降低了还原糖含量。其中，王国武[20]等学者研究了不同浓度壳聚糖溶液（0、0.5%、1%、1.5%、2%）对威海无花果贮藏保鲜的影响。其通过无花果的失重率、PPO 活性、POD 活性和可溶性糖含量等生理生化指标分析壳聚糖对无花果的保鲜效果。试验显示 1.5%的壳聚糖涂膜对无花果保鲜效果良好。同时，李元会也对波姬红无花果的壳聚糖处理进行了相关研究。李元会[17]筛选出适宜的壳聚糖处理浓度为 2.5%。在探究出此条件下处理的波姬红无花果与对照相比减少了果实褐变；保持了波姬红无花果果实鲜食品质；延缓了波姬红无花果的硬度、可溶性固形物含量、还原糖含量、总糖含量、维生素 C 含量的下降；减少了果实腐烂率；推迟了呼吸高峰、乙稀释放高峰、POD 和 SOD 活性高峰的出现；抑制了 H_2O_2、MDA 含量积累，延缓了细胞膜透性增加和 CAT 活性的下降以及 AAO 活性的快速上升，从而延长了波姬红无花果的贮藏期。马肖静[28]以布兰瑞克无花果为试材，分别用 0%、0.5%、1%、1.5%质量分数的壳聚糖涂膜无花果果实，然后置于 1~3℃下贮藏。以1.5%的壳聚糖涂膜无花果冷藏后果实品质较好，1~3℃下货架期可达6~8天。李月[29]研究壳聚糖在常温和低温条件下对无花果的保鲜效应，配制不同浓度的壳聚糖溶液对无花果进行涂膜。结果表明，在低温条件下，1.5%浓度的壳聚糖溶液保鲜效果最好，有效地延长了无花果保质期，证明壳聚糖处理无花果的最佳浓度在1%~2.5%，并且结合低温条件下进行保鲜效果更好。

（二）其他涂膜处理方法

叶文斌[30-35]等近年来对半乳甘露聚糖添加中草药成分成膜后特性进行了研究，发现其具有较强的吸水和保水能力，对果蔬的保鲜和耐藏性具有很好的功效。随后，叶文斌[30]又在此基础上做了进一步的研究。以葫芦巴胶为涂膜基质复配纹党水浸液，添加其他涂膜助剂，配制成复合涂膜保鲜剂（表5-1），在常温下对无花果进行涂膜贮藏研究，测定无花果果实在贮藏期间的有机酸、花青素、维生素C、可溶性固形物含量等品质指标以及呼吸强度、MDA含量、POD、PPO和PAL（苯丙氨酸解氨酶）活性等生理生化指标。

表5-1　复合膜配方组成

Table 5-1　Formulation of Complex Film

配方 Prescription	葫芦巴胶（克/升）Fenugreek gum	甘油（%）Glycerin	氯化钙（克/升）	柠檬酸（克/升）Citric acid	纹党提取物（克/升）Codonopisi extract
CK（0）	0	0	0	0	0
1	1.5	1	0.5	1.5	0
2	1.5	1	1	1.5	10

无花果经2种配方涂膜后都起到很好的贮藏效果。在贮藏过程中，通过好果率、霉烂率、质量损失率和果实外观品质以及其他研究指标的综合考察，配方2的贮藏效果优于配方1，可延长3~4天的货架期。葫芦巴胶分子间发生相互作用，形成致密的膜使其呈现出独特的保水性和抑制呼吸的功能，能更好地增强果实内部水分的扩散，阻碍气体分子的透过，从而使复合多糖同时起到减少果实内物质转化和呼吸基质的消耗，添加中草药纹党有效地抑菌成分以隔离致病微生物的侵染、延缓衰老和防止腐烂变质，达到保鲜和延长贮藏的功效等。

Amarante C[36]等利用仙人掌果的黏液涂膜处理无花果后，在贮藏的前10天，处理组果实的外观评测分（包括颜色、果实完整性和外观）依旧具有较高的分值，而对照组在5天后就失去商业价值。仙人掌果黏液含有的钙与果皮细胞中的果胶酸形成了果胶酸钙，保持了无花果果皮和胞间层的完整性，从而减缓了无花果的软化。处理组无花果表面的总嗜热菌数在贮藏后期（7天后）显著低于对照组。因此，仙人掌果黏液处理可保持无花果的外观品质和果实硬度，并延长货架期。

综上所述，利用可食用多糖和中草药研制保鲜膜进行果蔬保鲜与贮藏，实用、方便而且保鲜效果好，操作工艺简单，成本低，易降解，对环境无污染，绿色环保，是果蔬和其他食品保鲜贮藏中具有广泛应用前景的一条新途径。

（三）涂蜡处理

针对无花果贮藏期间失水皱缩、感染霉菌腐烂等问题，涂蜡成为无花果采后保鲜的处理方式。目前广泛应用于果蔬保鲜的商业化蜡液其主要成分是虫胶、木松香、氧化聚乙烯蜡、小烛树蜡或己西栋桐蜡等。其中以虫胶为主的蜡液中，虫胶是提高果实亮度的主要成分。而氧化聚乙烯蜡、小烛树蜡和己西栋桐蜡的透气性优于虫胶蜡和树脂蜡。聚乙烯蜡和巴西棕榈蜡在增加浓度后涂蜡果实失重率下降，但虫胶和树脂蜡无此效应。增加虫胶蜡和树脂蜡的浓度可导致果实内部二氧化碳含量增加，但是聚乙烯蜡和巴西棕榈蜡对果实中二氧化碳含量并无影响[37]。商业化蜡液不仅可以显著提高果蔬品质，而且质量稳定，适合通用涂蜡设备使用，已得到推广普及[38]。

果蜡也称水果被膜剂，被覆于水果表面，起到保质、保鲜、抑制水分蒸发、抵御微生物侵袭、增加水果表面光洁度和亮度、提高果品感官质量的作用。其保鲜原理为：涂蜡可以减轻果实表面机械损伤，还可增强果品表面光泽，改善果品外观，提高其商品价值；涂蜡处理还能堵塞果实表面气孔，减少水分蒸发，延缓果实皱缩；涂蜡能够限制果蔬与外界氧气和二氧化碳的气体交换，形成微型自发气调环境，抑制果蔬呼吸与乙烯释放速率，还能够抑制贮藏生理病害的发生[39]。早在12~13世纪就有人类利用蜂蜡保鲜橘子和柠檬，之后出现脂类涂膜用于水果保鲜[40,41]。20世纪20年代，经研究发现水果涂蜡后，通透性降低、呼吸受到抑制、软化减慢，同时延迟果皮颜色变化[42]。如今蜡液的商业化应用已非常普遍，广泛应用于苹果、梨、杧果、菠萝、桃、油桃、杨桃、番木瓜、黄瓜等。脐橙和葡萄柚在贮前涂蜡可有效降低凹陷病的发生率[43]。使用巴西棕榈蜡和石蜡涂被黄瓜可有效降低果实呼吸强度和0.5℃贮藏条件下的冷害，涂蜡还能降低菠萝在低温贮藏期间的冷害[44]。蜡液的使用还能减轻番木瓜虎皮病的发生[45]。蜡液可以隔离产品与病菌，减少病菌反复侵染，而且有些蜡液具有杀菌作用，能够抑制病原菌在产品上的生长，延长果蔬及鲜切产品的贮藏期[46]。蜡液还可作为载体加入防腐剂、抗氧化剂等延长果蔬保鲜期，柑橘和桃果实就加有防腐剂来延长果实货架期[47]。果蜡根据其形态可分为液态蜡和固态蜡，早期使用的蜂蜡和石蜡多为固态蜡，而现代涂蜡机械上使用的几乎都是液体蜡。按照溶剂性质，果蜡又分为水溶性、醇溶性和脂溶性蜡。水溶性果蜡又可分为酸溶性和碱溶性蜡，碱性果蜡在世界范围内使用最为广泛[48]。

目前，涂蜡方式有机械涂蜡和手工涂蜡两种方式，机械涂蜡采用高压喷雾，极少蜡液就可覆盖整个果实表面，手工涂蜡是将果品直接浸入水性蜡中，自然晾干，在果实表面形成薄膜[49]。

现代化的果实采后商品化涂蜡处理前要先对果实进行清洗，一般洗果过程中很可能清除果实表面的自然蜡质，会造成果皮失水率的提高[50]。涂蜡可以有效弥补洗果过程中被破坏损失的蜡质。一般手工涂蜡要比机械涂蜡所用果蜡多，蜡液生产厂家建议机械涂蜡。1 吨果实用蜡液量为 1~1.2 升，而且还会根据蜡液类型及浓度给出合理的使用参数。机械涂蜡存在涂蜡不均的问题，影响因素主要是涂蜡机械喷洒部位和毛刷床滚动不全。涂蜡之后的干燥过程主要受蜡液类型及蜡液厚度影响，涂蜡越厚则干燥时间越长，蒸发面就会迁移到果实内部，引起内部水分蒸发和果实表面温度的升高，影响果实质量，损害果实风味[51]。

杨蓉[10]试验研究表明，BVOD 型果蜡处理虽然在一定程度上降低了果实的失重率、维持了果实亮度，但影响了果实品质且不能很好地降低果实腐烂率，因而不适于无花果使用，SP-1、CFW、BVOF 型果蜡浓度为 60%时，在保证果皮亮度的前提下，均可显著降低果实腐烂率和失重率，其中 SP-1 型果蜡最佳。SP-1 型果蜡处理采后预冷和未预冷果实，25℃，RH55%恒温箱和（2±1）℃、RH 90%~95%冷库下贮藏。结果显示，涂蜡处理可以维持无花果果实贮藏期间品质，显著抑制无花果贮藏期间果实呼吸强度，降低果实腐烂率、真菌感染，降低 O_2^- 生成速率及 MDA 含量，并延缓果实抗氧化酶及 PPO 活性的降低。比较预冷涂蜡和未预冷涂蜡结果发现：结合预冷处理可以进一步增强果蜡对无花果贮藏的保鲜效果，更好地抑制果实呼吸强度，维持果实较好的贮藏品质。

评价果蜡质量优劣的主要指标有以下几点[52]。

（1）增加光泽度。果实的外观是影响果实销售价格的重要因素。

（2）降低果实贮藏过程中的失重率。Hatfield 等人的研究结果表明，涂蜡是降低苹果失重的有效方法[53]。

（3）易干燥。涂蜡处理后蜡液应当干燥迅速。

（4）蜡液的泛白现象。虫胶和树脂涂蜡后果实从冷库中移出发汗时果实表面易发白[54]，而巴西棕榈蜡处理果实不易发白[55]。

（5）蜡液成分。鲜果出口贸易中，有些蜡液成分被认为不安全。

（6）透气性。优质蜡液应当透气性良好，可减少果实异味的积累。

（7）易清洗。蜡液应当易于洗去，但蜡液在整个贮存过程中应当与果实表面紧密结合。

五、催　熟

无花果具有树上成熟习性，而且成熟期长，上市期分散。如果进行人工催熟，不仅可以促进果实提早成熟，也可分批均衡上市，提高商品价值，显著增加经济效益[56]。

（一）油处理法

油处理是一种古老的无花果催熟方法，其原理是油脂分解后产生的不饱和脂肪酸被氧化而产生乙烯，进而引发果实内源乙烯的产生，促进相关的成熟代谢过程。通过油处理催熟的果实，风味、品质和大小与自然成熟的果实毫无差异，因此在无花果产区，特别是作为鲜果供应的无花果果园，应用非常普遍。处理时间在果实自然成熟前15天左右最为合适，此时果实基本达到固有大小，果皮开始转色，果孔稍稍凸起。处理方法是将新鲜的植物油，用毛笔涂于果孔内或用尖头小口径塑料瓶（内装油）和注射器将植物油注入果孔，每次每个结果枝处理最下部的1~2个果。处理后5~7天果实即可成熟采收。

（二）乙烯利处理法

乙烯利处理是一种较现代的无花果催熟技术，操作简便，工作效率高，实用性好，且成熟果实亦比油处理的略大。用乙烯利处理催熟无花果的时期与油处理相似，也在果实生长的第二期期末。主要方法有喷雾、浸果和蘸涂等。一般喷雾处理的乙烯利浓度为200~400毫克/升，浸果所用浓度为100~200毫克/升，毛笔蘸涂的处理浓度为100毫克/升。还可用注射器将乙烯利液直接注入果孔，处理浓度可降为25毫克/升。需要注意的是处理浓度不宜过高，特别是在树体生长旺盛以及雨水多的情况下，否则易造成果顶开裂。另外，乙烯利和油处理不能用于同一个果实。

第三节　无花果贮藏保鲜技术

一、常温贮藏

在日本，尽管从生产到消费的预冷运输系统已十分发达，但农产品在采收后的装卸过程中不可避免要短时间处于环境温度下。例如，小农场主生产的小批量无花果在常温下的运输。

二、冷　藏

低温是目前果蔬普遍采用的贮藏保鲜技术。低温能够降低果蔬的呼吸强度，以及体内的酶活性，降低果蔬体内各种生理生化反应速度，延缓营养物质的损耗。同时，低温能够抑制微生物的生理代谢，抑制微生物的生长繁殖，减少腐烂现象的发生。低温还能够降低果实对乙烯的敏感性。但当环境温度降到一定程度时会使果实发生冷害甚至冻害。

研究表明，无花果对低湿并不敏感，不易产生冷害。无花果低温贮藏过程中温度一般控制在0~5℃。

Sozzi[56]对Brown Turkey无花果研究发现，其最低冷藏温度可达-2.4℃，杨清蕊[57]通过实验测定无花果的冰点为-2.6℃。王磊[58]研究发现低温（0±0.5）℃处理能够降低无花果果实硬度、果胶酸含量和纤维素含量的下降速度；阻碍多聚半乳糖醛酸酶活性和纤维素酶活性的升高，延缓可溶性果胶含量的增加；同时，低温处理还减慢了无花果果肉中超氧阴离子（O_2^-）的产生速率，抑制果实中MDA的生成，延缓无花果抗氧化酶活性（SOD、POD、CAT）的下降。Claypool[59]等认为无花果放置在5℃以下的环境中是其保鲜的有效方式，此时可降低果实的新陈代谢活性。另外，无花果果实的乙醇和乙醛含量随贮藏温度的变化而不同，在5℃条件下贮藏的果实乙醇和乙醛含量高于0℃条件下贮藏的果实[71]，并且当果实放置在5℃以上的环境时果实对乙烯的敏感性增加，因此无花果冷藏的温度应控制在-4~-2℃。许多研究者发现无花果贮藏在0℃时可有7~10天的保鲜期。通过对在-1℃、0℃和2℃ 3个贮藏温度下，波姬红无花果采后生理指标变化的研究，唐霞[60]发现在基本保持无花果食用品质的基础上，-1℃的贮藏温度能将无花果的贮藏期延长至30天。

（一）冰温贮藏

冰温贮藏是将食品贮藏在0℃以下至各自冻结点的范围内，属于非冻结保存，是继冷藏、CA贮藏后的第三代保鲜技术[61]。冰温贮藏技术的出发点是认为贮藏产品是一个具有生命的活体，在一定条件下经过冷却处理后，生物体会分泌出含有糖、蛋白质、醇类等不冻液物质以保持生存状态，生物学上称此过程为“生物体防御反应”。当冷却温度临近冻结点（冰点）时，贮藏产品达到一种近似“冬眠”的状态，从而使产品在“冬眠”的状态下保存[61]。人们通过研究发现对于有生命的果蔬产品其冻结点并非是0℃，而是0℃以下的某一温度，为此人们提出了冰温贮藏，即在0℃以下果蔬冻结点以上这个温度范围内进行贮藏保鲜[62]。冰温贮藏技术与传统贮藏保鲜技术相比，有着以下几大优点：①不破坏生物细胞；②抑制有害微生物的活动；③抑制呼吸作用，延长保质期；④在一定程度上保持果蔬品质。冰温贮藏技术能够满足消费者对鲜食果蔬、肉类等食品的质量要求，有着非常广阔的应用前景。但是冰温贮藏也有缺点。其一，冰温特别是超冰温保鲜要求较高的技术。其二，投资较大，该技术的研究与开发需要适宜的配套器材，这无疑会加大成本[63,64]。

研究认为，采收后的果蔬产品仍然是活着的有机体，还在进行着一系列的生命活动，其中呼吸作用就是果蔬采后最主要的生命活动之一。一般地，随着温度的降低，果蔬呼吸作用减慢，营养成分损失减少。因此，冰温贮藏技术可大大降低果蔬采后的呼吸强度，有效抑制有害微生物的活动，从而延长其保鲜期[65]。

（二）冻　藏

食品冻藏的历史悠久，我国高寒地区就有利用自然条件冻肉以及蔬菜水果等食品的习惯。但冻藏作为工业生产、商业上的大量销售历史却不长，而如今冻藏已经随处可见。

三、气调贮藏

气调贮藏保鲜是当今果实贮藏主要方式之一，在冷藏的基础上，通过改变贮藏环境中的气体成分或改变气体成分的比例，抑制果蔬的呼吸作用，从而达到保持贮藏产品品质的目的。在正常的空气中，一般氧气含量21%，二氧化碳含量0.03%，其余为氮气和一些微量气体，果蔬在采摘之后仍作为一个有生命活动的个体，在氧气较充裕的条件下，机体进行以有氧呼吸为主的生命活动，快速消耗有机物，从而在短时间内成熟衰老。气调保鲜技术的原理在于低温、低氧、适宜的二氧化碳浓度。首先，低温条件能够抑制酶的活性，进而减缓机体的生理代谢，抑制病原微生物滋生，减少某些生理病害，降低果实的腐烂率；其次，在低氧条件下可以降低呼吸强度和底物的氧化消耗，缓解叶绿素、果胶的降解，减少乙烯的产生等，从而推迟成熟，延长贮藏期[66]；最后，二氧化碳及由果实释放出的乙烯对果实的呼吸作用具有重大影响，降低果实贮藏环境中氧气浓度同时提高二氧化碳浓度，可以抑制果实的呼吸作用，从而延缓果实成熟、衰老，达到延长果实贮藏期的目的。果实采后保鲜的根本在于最大限度地抑制其呼吸消耗，使贮藏后的品质与新鲜果蔬的品质达到最大程度的相近。气调保鲜的原理就是在保持果实正常生理活动的前提下，最大限度地降低其呼吸作用，使果实在贮藏期间进行正常而缓慢的生命活动，根据果实对低氧、高二氧化碳的耐受能力，调节贮藏环境中氧气和二氧化碳浓度，从而达到减缓其呼吸消耗、抑制乙烯合成的目的[67]。在气调储藏期间，原则上要保持无花果处于有氧呼吸的最低点，合理调整贮藏环境的湿度，最大限度地延缓其衰老。目前无花果气调包装贮藏保鲜主要有高二氧化碳低氧气和高氮气低氧气两种方法，研究重点主要集中在气调包装中气体成分的比例以及气调包装对无花藏品质的影响。

Harvey[68]和Villalobos[69]研究表明，在低温高湿环境中，高二氧化碳和低氧气均能降低果实呼吸强度、抑制乙烯生成，降低果实纤维素酶、多酚氧化酶和过氧化物酶的活力，保持果实硬度，从而延缓果实的衰败，延长货架期。同时也有研究发现，在室温条件下，当气调袋内二氧化碳气体增加至60%以上时可短期抑制无花果乙烯的产生和真菌的生长。然而，并非二氧化碳体积分数越高、氧气体积分数越低，无花果的气调保鲜效果就越好，多数研究者认为在低于2%的氧气和（或）高于25%的二氧化碳的气体环境里不仅会使无花果失去香气，而且会使无花果产生异味，还会加速果实的软化。目前，对于无花果气调包装中气体成分比例的研究中，普遍认为二氧化碳浓度应控制在15%~20%，氧气浓度应控制在5%~10%。早在1991年，Colelli[70]就发现Mission无花果包装在15%或20%二氧化碳气调袋内，在0℃条件下能够贮藏4周。Villalobos[69]研究了EMAP（Equilibrium Modified Atmosphere Packing）包装分别对San Antonio和Banane无花果的保鲜效果，研究结果发现1/50毫米的EMAP包装袋内二氧化碳浓度最高，果实的失重率、腐烂率最低，1/50毫米EMAP包装袋能够维持袋内高二氧化碳环境，抑制果实呼吸作用，延缓果实品质的下降，延长果实冷藏及运输时间。陈益鎏[71]通过用无花果聚乙烯薄膜（PE）自封袋打孔包装与不打孔包装冷藏对比的方法，在温度（3±1)℃、湿度60%~80%的冰柜中进行冷藏保鲜试验，结果表明，采用自封袋包装不打孔冷藏能减少水分蒸腾，控制失重率。蔡子康[72]通过调节布兰瑞克无花果的包装袋内二氧化碳和氧气的含量，并测定其失重率、腐烂率、硬度和色差，发现不同气体含量处理的无花果均有一定的保鲜效果，进一步分析得出最佳的气调贮藏气体成分为（19±0.5)%二氧化碳+（2±0.5)%~（5±0.5)%氧气；选用（19±0.5)%二氧化碳+（3±0.5)%氧气对无花果气调包装进行贮藏实验，定期测定呼吸速率、营养品质、CAT、POD、MDA等生理指标，结果发现，与对照组相比，气调包装能够抑制果实的呼吸强度，有效抑制无花果可溶性固形物、可滴定酸、可溶性蛋白、还原糖、维生素C等营养物质的损耗，降低腐烂率和失重率，维持无花果较高的营养价值，同时还可以提高CAT酶活性，抑制POD酶活性的降低，减少MDA的积累，延长贮藏期。Villzlobos[73]随后采用3种不同孔密度的BOPP（双向拉伸聚丙烯膜）气调包装对3个品种无花果贮藏品质的影响进行了研究。结果表明，M50的包装对早熟的San Antonio和晚熟的Cuello Dama Blanco保鲜效果最优，在低温冷藏条件下可将贮藏期延长至21天，而对Cuello Dama Negro来说，M50和M30具有同样的保鲜效果。Villzlobos[74]课题组进一步研究发现，在冷藏条件下，3种BOPP气调包装对Cuello Dama Negro无花果芳香物质含量变化的影响均不显著，相反，San Antonio无花果中的乙酸乙酯、3-甲基正丁醛和安息香醛含量变化显著。因此，对不同品种的无花果，气调包装膜的选择是至关重要的。

气调冷藏法的出现，大大改善了冷藏方法的缺陷。但是，气调冷藏法也有以下局限性：①并非适合于所有的果品和蔬菜；②建造气调冷藏库成本高，限制了它的广泛应用；③此法要求果蔬在尚未完全成熟时就采摘贮藏，因为成熟度高的果蔬的生命力通常比较弱，即使短期贮藏也会因衰老变质而失去贮藏价值，但是提早采收必将降低果蔬的固有风味和品质[75]。

四、自发气调贮藏

减少氧气或增加二氧化碳可延迟部分果实的成熟，降低呼吸强度及乙烯生成速率，阻止软化，抑制衰变。绝大多数水果和蔬菜，在密封塑料袋内的MAP（自发气调保鲜）环境下均可维护其品质，无论这种MAP环境是由呼吸作用形成的，还是人为地充入理想的混合气体。MAP保鲜方法作为完整冷藏运输系统的补充可以有效延长新鲜无花果的货架寿命[67]。

五、减压贮藏

减压贮藏是把贮藏场所的气压降至1/10大气压（10.1325千帕）甚至更低，可达到低氧和超低氧的效果，起到与气调贮藏（CA）相同的作用。减压可加速果蔬组织内乙烯与挥发性气体向外扩散，可防止果品、蔬菜组织的完熟、衰老，防止组织软化，保持绿色，减轻冷害和贮藏生理病害的发生；从根本上清除气调贮藏中二氧化碳中毒的可能性；抑制贮藏期微生物的生长发育和孢子形成，控制侵染性病害的发生[76]。

运用减压保鲜技术可以延长贮藏期；快速减压降温、快速降氧、快速脱除有害气体成分；可以不同品种混放，贮量大；操作灵活，使用方便，可以随时出入库；延长货架期；省略气调设备，减少建库投资；降温速度快，果蔬可不预冷直接入库贮藏，节约能源。

六、1-MCP处理

1-MCP（1-methylcyclopropene，1-甲基环丙烯）是一种新型乙烯作用抑制剂，为含双键的环状碳氢化合物，以气体状态存在，具有无味、无毒、生理效应明显等特点。1-MCP可与果实组织中的乙烯受体发生不可逆性的结合而阻断乙烯与受体的结合，抑制乙烯诱导的果实成熟与衰老，从而延缓果实的成熟软化和植物叶片、花芽器官的成熟与衰老[77]。大量研究表明，“鲜博士”1-MCP果蔬保鲜剂可有效延长果蔬及花卉采后贮藏期和货架期，尤其对乙烯敏感型的果蔬和花卉，效果更为显著。研究表明，1-MCP对猕猴桃、苹果、梨、柿子、杏、葡萄、香蕉、杧果、木瓜、凤梨、番茄、西蓝花、香菜等果蔬都有非常显著的作用效果[78~80]。在国外，1-MCP作为花卉、果蔬保鲜剂已得到广泛应用，在美国1-MCP已获准用于花卉、果蔬保鲜。与STS、2，5-降冰片二烯和AVG等传统的乙烯抑制剂相比，1-MCP具有无毒性、使用量低、高效等优点[81]，在果蔬贮藏保鲜上有着广阔的发展前景[82~85]。

（一）1-MCP的作用机制

1-MCP显著影响呼吸跃变型果实的采后生理，对非跃变型果实采后生理则无显著

影响。可能是因为1-MCP主要通过抑制果实系统Ⅱ的乙烯的合成来发挥生理作用，非跃变型的果实不存在乙烯合成系统Ⅱ，所以对非跃变型果实采后生理无显著影响。研究表明，1-MCP处理时期应该是在果实发生跃变、乙烯大量发生之前[86]。

在此基础上，Sisler[87]等进一步推测1-MCP与乙烯受体中未知金属结合以后，使乙烯受体的配体和乙烯受体中电子云的密度进行了重排，这种方式与乙烯结合后重排的方式不同，它不具有乙烯活性，从而在很长一段时间内抑制了乙烯受体与乙烯的结合，延迟了果蔬组织对乙烯的敏感反应。乙烯在与受体位点结合以后，从结合位点扩散引起乙烯反应的时间为4~11分钟，而其他一些受体水平的抑制剂却往往需要几个小时或几天时间。这就解释了为什么在加入抑制剂后几个小时或者几天后植物材料或组织又重新对乙烯获得敏感反应的原因[88]。Sisler等曾将这解释为果实或者植物组织中又产生了新的乙烯受体。然而由于在同一材料中使用不同的抑制剂，其对乙烯重新获得敏感性的时间不同，因此也可能是同一个受体重新获得了乙烯的敏感性，或者二者在共同起作用。

（二）对基因表达的调节

研究表明，1-MCP处理显著抑制了番茄中ACC氧化酶的反转录水平[89]。在日本梨上的试验也表明，果实中PPFRU16、PPFRU21、PPFRU36基因的表达受到了1-MCP的抑制，ACC氧化酶的一个cDNA克隆PPAOX1的表达水平也同样受到了抑制[90]。Nakatsuka等用10~20纳升/升的1-MCP处理番茄，发现成熟番茄的乙烯合成和传导中LE-ACS2、LE-ACS4和LE-ACO1、LE-ACO4和NR基因的表达也完全受到抑制[91]。而李正国和Bonghi分别在西洋梨和桃上的研究也证明，1-MCP并不能够抑制ETR1基因的表达[92]。这表明1-MCP不仅从受体水平上影响乙烯的作用，还可能通过其他途径（如反馈调节）控制乙烯的生成。此外，还对果实的软化从基因水平上予以调节。通过对从梨果肉细胞中分离的几个细胞壁调节酶基因的cDNA克隆及RNA凝胶电泳分析表明，1-MCP能够抑制梨果实细胞壁软化的基因PC-PG1、PC-PG2和PC-XET1mRNA的积累，但对PC-EG2和PC-XET2的积累影响不大[93]。

（三）对酶活性的调节

丁建国等[94]通过1-MCP处理对猕猴桃后熟软化影响的研究表明，1-MCP处理提高了果实初始阶段ACS活性和ACC含量的积累，延缓果蔬软化期ACS活性和ACC的增长；1-MCP处理的果实中ACO活性变化趋势与对照组基本相似，但1-MCP处理可以显著推迟ACO活性高峰出现的时间，抑制其活性的升高。另外，经1-MCP处理的猕猴桃，与对照组相比，在软化开始阶段果实中LOX活性表现为稍微增加，但当贮藏72小时后LOX活性被抑制；而在软化前期1-MCP处理对AOS活性影响不大，但在乙烯越变后期有提高AOS活性的趋势。

LOX、PPO、POD和SOD与植物的成熟衰老有密切关系，其中SOD和POD对衰老有延缓作用，而LOX和PPO活性往往在植物组织开始衰老时增加，它们常被用作反映植物开始衰老的指标。樊秀彩等[95]发现1-MCP能提高猕猴桃采后POD、SOD的活性，并推迟这两种酶活性高峰的出现。庞学群等[96]的研究表明，1-MCP处理对荔枝中POD、PPO的活性没有显著影响，对采后荔枝褐变也没有影响。但高敏等[97]认为1-MCP处理能够延缓富士果实的褐变，并降低了果实中的PPO活性，只是处理果中LOX的活性一直高于对照。这表明了1-MCP具有处理材料的差异性。此外，1-MCP还不同程度地抑制了雪梨中的PG、PME、α-半乳糖苷酶、β-半乳糖苷酶及纤维素酶的活性，而这些酶均与果实质地软化及乙烯诱导的衰老密切相关，这从酶学角度说明1-MCP能够抑制果实的成熟、衰老、软化。

（四）1-MCP对果实后熟软化的影响

呼吸跃变型果实采后要经历一个后熟的过程，并伴随着果实硬度的下降[98]。据报道，用1-MCP处理后的果实，使用外源乙烯不能加速果实的成熟软化，究其原因可能是果实组织内没有足够新的乙烯受体所致，如果能提供足够的时间和数量的乙烯结合位点的合成，则外源乙烯便可以诱导果实后熟[99~102]。1-MCP可抑制香蕉、鳄梨、苹果和番茄等果实的后熟与软化。另有报道，经1-MCP处理的香蕉，贮藏4天后用乙烯处理，果实开始加快成熟软化[103]。这说明，1-MCP对乙烯抑制效果只是暂时性的，如果组织内生成新的乙烯受体，外源乙烯就能和受体结合，促进软化。

研究发现，1-MCP对果实的作用效果与使用剂量、处理时间、处理温度、果实的种类品种和处理后存放的温度、成熟度都有联系。据报道，如果1-MCP的使用浓度较低，对果实的成熟的进程没有任何影响，但增加1-MCP的浓度，1-MCP对后熟的抑制效果明显增加，当增加到一定浓度后，继续增加浓度，抑制效果则不显著[104]。这可能因为1-MCP浓度增加到一定量时使乙烯受体结合位点达到饱和[105]。如果1-MCP的处理浓度较低，还想获得同样的作用效果，就应该适当增加处理时间，但过长的处理时间并不能显著提高1-MCP的效果[106]。在低温条件下，1-MCP处理作用效果会有所下降，因此应该适当增加1-MCP处理使用浓度[107]。这可能是因为低温下改变了位于膜上的乙烯受体蛋白构象，所以引起1-MCP处理与乙烯受体位点结合能力减弱，导致与受体结合不完全。此外，1-MCP抑制不同种类果实完熟的效果有很大差异。低温还可能导致1-MCP气体渗入组织能力减弱[108]。

（五）1-MCP对果实品质的影响

1. 对色泽、褐变、风味的影响

1-MCP对维持鳄梨的绿色[109]、香蕉果实的色泽[110]、延缓草莓果皮颜色变化和软

化有较好的效果[111]。Mir 等[112~114]的实验结果表明，与气调贮藏相比，苹果经 1-MCP 处理后，硬度下降缓慢，果肉颜色变化不明显。火龙果果实贮藏 0~12 天，1-MCP 处理与对照果实硬度的变化趋势基本一致；贮藏 12~30 天，1-MCP 处理果实的硬度下降速率比对照果实慢，但颜色比对照果实显著加深，表明 1-MCP 处理可有效延缓火龙果果实硬度的下降，但也加重了其果肉颜色的褐变。凤梨经 1-MCP 处理后，维生素 C 含量下降缓慢，果肉内部的颜色变化不明显。

2. 对可滴定酸、氨基酸、可溶性固形物的影响

在常温贮藏条件下，用 1-MCP 处理香菜叶片，贮存 8 天，蛋白质和叶绿素的降解显著被抑制，并降低了氨基酸含量的累积[115]。Golden Delicious 苹果经 1-MCP 处理后，能较好地维持该苹果的风味物质含量，保持较高的可滴定酸含量[116]。1-MCP 处理能显著抑制 Canino 杏和 Royal Zee 梨可滴定酸含量的下降[117]。贮藏于 0℃ 或 5℃ 条件下，Fan 等[113]用 1-MCP 处理 Elberta 桃，1 周后果实中的可滴定酸含量比对照果高，但 3 周或 6 周以后可滴定酸含量则比对照果实低。Botondi 等[118]发现 1-MCP 处理杏时还原糖含量没有显著变化。Mir 等[112]报道，1-MCP 处理对 Redch Delicious 苹果可滴定酸含量没有明显影响。以上报道表明，对果蔬产品的氨基酸、可滴定酸、可溶性固形物等的含量影响是较为复杂的，园艺产品的品种、种类和处理效果与处理条件彼此之间均有密切关系。

3. 对硬度、货架期和腐烂率的影响

Hiwasa 等[119]报道，梨果肉软化能被 1-MCP 处理显著抑制。Jeong[101]等发现在常温条件下用 1-MCP 处理鳄梨 24 小时，能推迟果实硬度的下降，延缓果实成熟，降低失重率，有效地延长果实的货架期。王森等[120]发现在低温贮藏条件下，1-MCP 处理的秋酥脆枣在 15 天内，果实硬度虽然也表现出不断下降的趋势，但一直维持在 15 牛顿以上。Botondi 等[118]指出即使在乙烯开始产生之后使用 1-MCP，也有抑制杏果实软化的作用。Ku 等[121]的实验结果表明，1-MCP 处理延长花椰菜的货架期且显著地推迟了花椰菜的黄化，贮藏品质有明显的提高。0.05%或 0.1%（V/V）的 1-MCP 结合聚乙烯塑料薄膜处理香蕉，贮藏期比对照组延长了 60 天[99]。在常温贮藏条件下，经 1.2%（V/V）的 1-MCP 处理的花椰菜，与对照组相比，货架期延长 20%[121]。在常温条件下由乙烯引起的香蕉果实后熟效应可以被 5 微升/升 1-MCP 处理 12 小时所抑制[122]。Serek 等[123]报道用 1-MCP 预处理的牵牛花，花瓣枯萎可以被抑制。以上结果说明 1-MCP 能有效地维持果品的贮藏品质，延长园艺产品的贮藏期、货架期。

（六）1-MCP 对无花果处理的相关探究

无花果属于典型的呼吸跃变型果实，对乙烯较为敏感。

Aquino 等[124]也探究了在 20℃条件下用 400 纳升/升的 1-MCP 处理 Bianca 无花果 24 小时后的影响，研究结果发现果实的腐烂率下降，但同时果实的失重率略有上升。Zohar 等[125]用 1-MCP 对 Brown Turkey 无花果进行采前处理，发现采前喷施 1-MCP 处理后能够延缓果实的成熟，在 1～2℃、90%～95%环境中贮藏时果实颜色、硬度、大小能够得到很好地维持，降低果实的失重率、腐烂率，能够很好地维持果实的品质。张晓娜[126]以绿果无花果试验材料，研究了在低温（0±0.5）℃下贮藏过程中，不同浓度的 1-MCP 处理对无花果贮藏生理及品质变化规律的影响，结果发现不同浓度 1-MCP，均能够抑制果实的呼吸速率和乙烯释放，推迟呼吸高峰和乙烯释放量高峰的出现并降低其峰值，提高抗氧化酶活性，并抑制 MDA 含量的上升和细胞膜相对透性的增加，抑制果实硬度的下降，减少还原性糖、可滴定酸和维生素 C 的损失，降低失重率及腐烂率，1-MCP 处理最佳浓度为 1.5 微升/升。韩璐等[127]和王磊等[128]在室温（20±0.5）℃下采用浓度为 0 微升/升、1 微升/升、1.5 微升/升、2 微升/升的 1-MCP 对无花果果实处理 24 小时，然后置于（0±0.5）℃环境中贮藏，也得出 1-MCP 处理最佳浓度为 1.5 微升/升。Sozzi[56]在 25℃条件用不同浓度 1-MCP 对 Brown Turkey 无花果进行处理，发现 500 微升/升和 5 微升/升的 1-MCP 处理果实比未进行 1-MCP 处理和 250 微升/升的 1-MCP 处理的无花果的乙烯释放量和呼吸强度高。由此可知，1-MCP 的有效使用浓度因无花果品种的不同、1-MCP 处理温度的不同以及作用时间的不同而不同。

七、臭氧处理

臭氧（O_3）是氧气的同素异形体，在室温下是一种淡蓝色气体，有特殊臭味。臭氧是一种极不稳定的气体，在接触热、光、大气中的有机物及水等时很容易分解成氧。

臭氧的氧化能力很强，常作为一种强氧化剂应用于果蔬贮藏保鲜。当水果、蔬菜和食物等暴露在臭氧中，臭氧的强氧化作用会对果蔬细胞维持生命活动的过程产生一定的影响，具体说是通过灭活它们的代谢产物，对新陈代谢过程产生一定的影响，但不会影响果蔬的品质，其原因可能是臭氧作用时间短，只对果蔬的表皮产生一定的作用，对果蔬的成分作用很小。在贮藏中，适宜的臭氧浓度可以抑制果蔬的呼吸作用，氧化果蔬成熟过程中释放的乙烯，进而延缓乙烯等物质带来的软化和褐变。另外，臭氧处理还可以提高伤口的愈合能力，增强果蔬对进一步感染的抵抗力。

臭氧的杀菌机制是通过其分解、释放出新生态氧并在空间扩散，能迅速穿过真菌、细菌等微生物的细胞壁、细胞膜，破坏细胞膜，渗透到膜组织内部，与微生物细胞膜磷脂分子中的不饱和脂肪酸或蛋白质发生氧化反应，使其细胞膜通透性增加，细胞内物质流出，导致菌体休克死亡而被杀灭，以达到消毒、灭菌、防腐的效果。臭氧分解产生的负氧离子因具有较强的穿透力，可阻碍糖代谢正常进行，降低果蔬的代谢水平，从而抑制果蔬体内的呼吸作用。臭氧处理果蔬，可使果蔬在成熟过程中释放出来的乙烯、乙醇等气体氧化分解，可以消除贮藏室内乙烯等有害挥发物质，同时还可以分解果蔬内源乙烯，抑制细胞内氧化酶的活力，延缓果蔬的后熟和衰老，延长果蔬贮藏保鲜期。臭氧处理应用于果蔬采后贮藏保鲜，是因为臭氧对果蔬的护色有一定效果，并可在一定程度上抑制褐变。臭氧的性质不稳定，分解后成为正常的氧气，在处理产品上无残留，是一类可以在食品中安全应用的杀菌物质。

国内外学者已经做了大量的关于将臭氧应用于果蔬的保鲜实验，证明臭氧能够显著提高果蔬的贮藏性。同时，臭氧冰膜贮藏技术因集低温保鲜、臭氧保鲜和涂膜保鲜 3 种保鲜方式的特点已广泛应用于冷库中，其基本原理是：在冰温环境下，用臭氧水浸泡或喷雾果蔬，果蔬表面会形成一种人工冰膜，其不仅能够抑制果实的蒸腾作用，而且还可以抑制果实中乙烯、乙醇等物质的释放，延缓果实的后熟。张晓娜[126]研究了低温下不同浓度的臭氧对无花果贮藏生理及品质变化规律的影响，研究发现不同浓度臭氧处理无花果，均能够抑制果实的呼吸速率和乙烯释放，推迟呼吸高峰和乙烯释放量高峰的出现并降低其峰值，提高抗氧化酶的活性，并抑制 MDA 含量的上升和细胞膜相对透性的增加，抑制果实硬度的下降，减少还原性糖、可滴定酸和维生素 C 的损失，降低失重率及腐烂率。其中，最佳浓度为 12.84 毫克/米^3。张明等[129]在（-1.5 ± 0.5）℃条件下对新鲜无花果进行臭氧水（2.5 毫克/升）冰膜处理，发现臭氧水冰膜处理能够显著提高并保持抗氧化酶的活性，抑制 O_2^- 产生速率，延缓 H_2O_2 和 MDA 含量的积累，从而降低无花果贮藏过程中的活性氧产生，延缓无花果的成熟和衰老。杨清蕊[57]研究也发现，臭氧冰膜处理能够有效地降低无花果的呼吸速率，抑制乙稀释放，推迟呼吸高峰和乙烯释放高峰的出现并降低其峰值，延缓抗氧化酶活性的下降，并抑制 MDA 含量的上升和细胞膜相对透性的增加。

臭氧贮藏保鲜果蔬的优点有：杀菌力强，杀菌面广；食品可直接使用臭氧杀菌，不产生污染物；使用方便、卫生安全。臭氧作为一种杀菌保鲜方法，也有它的局限性。例如，臭氧对人的眼睛、皮肤、呼吸道具有刺激作用，所以贮藏室的消毒应在无人的情况下进行；臭氧使用浓度过大，也会引起果蔬表面质膜损害，使细胞膜透性增大、细胞内物质外渗，导致品质下降，甚至加速果蔬的衰老和腐败等，这些都是人们在应用时应注意的问题。臭氧以其独特的无残留、无二次污染，杀菌快速、广谱，使用方便、安全可靠及费用低，且在一定程度上能降解果蔬表面的有机磷、有机氯等农药残留[130,131]等优点，已越来越广泛地应用于果蔬及其他食品的保鲜与加工等领域。目前，国外臭氧技术应用较为普遍，其主要领域是水处理，肉、蛋、果蔬的杀菌，保鲜和除臭，并取得了很好的效果。

八、二氧化氯处理

二氧化氯（ClO_2）是一种强氧化剂，是世界卫生组织（WHO）和世界粮农组织（FAO）向全世界推荐的A1级广谱、高效、安全的化学消毒剂，是目前国际上公认的性能优良、效果最好的食品保鲜剂[132-135]。二氧化氯应用于食品保鲜，可以延长食品的贮运期以及货架期，因为二氧化氯具有很强的杀菌能力，可有效杀死微生物，同时杀菌过程不产生有害物质，无气味残留，被处理果蔬原有风味不变，不影响食品的风味和外观品质[136]。近年来，二氧化氯在果蔬保鲜领域的研究全面而深入，并且已经成功应用在青椒、桃、番茄等果蔬贮藏保鲜中，在果品蔬菜的采后防腐保鲜中将有广阔的应用前景[137]。

二氧化氯能阻止蛋氨酸分解成乙烯，且能破坏已形成的乙烯，延缓果蔬的衰老和腐败。在果蔬贮运中，由于果蔬中蛋白质等的代谢作用，蛋氨酸被氧化分解为乙烯、二氧化碳等，造成果蔬的成熟和衰老。二氧化氯可以迅速有效地阻止其分解，消除乙烯等物质，同时可以控制腐败菌的生成，且不与脂肪酸反应，从而不会影响到食品的品质[138]。二氧化氯对细菌及其他微生物的细胞壁有较好的吸附性和透过性，与蛋白质中的部分氨基酸发生氧化还原反应，使氨基酸分解破坏，进而控制微生物蛋白质的合成，最后导致微生物死亡。同时，二氧化氯还可有效地氧化细胞内含巯基的酶，除能杀死一般细菌外，还对芽孢、病毒、藻类、真菌等均有较好的杀灭作用。同时，二氧化氯不会与腐殖酸或富里酸反应生成致癌、致突变、致畸的物质[139]。

张冬梅[140]等以布兰瑞克无花果为试材，采用二氧化氯处理方法，研究了不同浓度的二氧化氯处理对无花果流通过程中贮藏品质的影响。结果表明，通过不同浓度的二氧化氯处理，无花果的硬度、失重率、可滴定酸含量和可溶性固形物含量较对照组下降较少，腐烂得到抑制，能够提高无花果在流通过程中的贮藏品质，其中80毫克/升二氧化氯处理过的无花果贮藏品质最好。Karabulut等[141]利用雾化的二氧化氯控制黑皮无花果Bursa Siyahi的采后病害，300~1 000微升/升二氧化氯雾化处理无花果60分钟可以显著降低果实的腐败率，且多是灭霉菌引起的腐烂。研究发现，二氧化氯体积分数越高此效果越显著，但500微升/升与1 000微升/升的二氧化氯作用效果相当。白友强[142]采用释放浓度为5微升/升与10微升/升的二氧化氯药包处理新疆早黄无花果，与对照组相比，两个浓度都能推迟无花果呼吸高峰和乙烯释放高峰的出现时间，降低呼吸高峰和乙烯释放高峰，保持较好的POD及CAT活性，抑制MDA的累积，两个浓度处理组组间也没有显著性差异。二氧化氯处理的无花果无论是在低温直接贮藏还是再进行气调包装贮藏，不仅在果实上的微生物、真菌和细菌总数均显著下降，空气中的微生物数量也显著下降，同时无花果的外观品质和风味品质也得到了很好地保持。

九、二氧化硫

以二氧化硫气体为有效成分的食品防腐杀菌和增白剂，已在各类食品和干鲜果品中得到广泛应用。从传统的燃烧硫黄熏蒸到各类亚硫酸盐的添加都是利用二氧化硫气体发挥其防腐杀菌和增白的作用[143]。二氧化硫还可以降低果蔬的呼吸强度，而且有灭菌、保鲜、保色的效果。果蔬常用的二氧化硫贮藏保鲜有以下 3 种方法。

（一）二氧化硫熏蒸贮藏

贮藏前将果蔬装筐、装箱垛起，用塑料薄膜全部盖严，按每立方米体积用 3 克硫黄的量，把硫黄分放在塑料薄膜帐内预先准备好的铁盒上燃烧，生成二氧化硫，熏蒸半小时后揭膜通风，然后隔 12~15 天再熏蒸 1 次，以后每隔 2 个月再重熏 1 次。这样熏蒸后在 0℃的温度下可长期保存。但是在温度过高时，二氧化硫释放速度太快，易产生中毒现象和漂白作用，使用下边的方法较为安全。魏佳[144]等设计的二氧化硫熏蒸系统，结合了气体浓度控制装置、熏蒸装置和气体回收装置。该系统能够精确控制二氧化硫浓度和压强，以减少人为操控气体浓度引起的二氧化硫过量超标给人体健康带来的危害及对环境的污染。此外，气体回收装置吸收残留二氧化硫气体，且回收率达 99%以上。二氧化硫熏蒸装置及控制系统不仅对鲜食葡萄产业的发展有重要意义，对其他食品贮藏也同样具有较好的推动作用和示范应用前景。

（二）二氧化硫药包贮藏

在果箱内放入亚硫酸氢钠和吸湿硅胶混合粉剂。亚硫酸钠的用量为果蔬重量的 0.3%，硅胶为 0.6%。应用时将两种药品混合分成 5 份，按对角线法放在箱内果菜上，利用其吸湿反应时产生的二氧化硫保鲜，每隔 20~25 天可换药包 1 次，在 0℃的条件下可贮藏到春节以后。

（三）化学保鲜剂贮藏

常见的化学保鲜剂有 S-M 和 S-P-M 两种片剂和 CT 型保鲜片。它们的工作原理也是利用缓慢释放的二氧化硫进行保鲜。按果蔬重量的 0.2%计算用药量。

二氧化硫处理主要用于葡萄防腐保鲜，研究发现二氧化硫气体可以抑制葡萄贮藏中常见的真菌并能够降低呼吸强度，有效保持果实品质。

Cantin 等[145]利用二氧化硫处理无花果，结果显示二氧化硫处理在保证最大限度避免果实受到处理伤害的前提下能够有效降低果实病害，不仅抑制果实表面交链抱霉苗和根霉苗的生长繁殖，还能降低青霉菌和葡萄抱菌对无花果果实造成的伤害。二氧化硫熏蒸和二氧化硫缓释片处理均能降低无花果果实腐烂率，而且与臭氧、乙烯和高二氧化碳等处理相比，二氧化硫的保鲜效果最好。

十、辐照处理

果蔬贮藏辐照保鲜技术是一项利用电离辐射抑制果蔬的某些生理活动从而延长其贮存期的一种保鲜方法。该方法不仅能对果蔬进行杀虫灭菌，防止腐烂变质，而且还能抑制一些休眠块根块茎类蔬菜的发芽。与传统方法相比，它有着能耗低、无毒物残留、无污染等优点，已成为国际上常用的一种保鲜方法[146]。

辐照保鲜技术是食品经过一定剂量的电离射线$^{60}Co\gamma$射线或$^{137}Cs\gamma$射线或电子加速器产生的电子束（最大能量10兆电子伏特）或X射线（最大能量5兆电子伏特）的辐照，杀灭食品中的害虫，消除食品中的病原微生物及其他腐败细菌或抑制某些食品中的生物活性和生理过程，从而达到食品贮藏保鲜的目的[147]。辐照技术在果蔬贮藏保鲜方面，有着其他方法难以比拟的优越性。

李世超等学者[148]采用$^{60}Co\gamma$射线对无花果多糖进行降解处理，以高效凝胶色谱测定多糖分子量，紫外光谱和红外光谱分析多糖结构。考察了无花果多糖浓度、辐照剂量和H_2O_2浓度对其降解的影响，并比较不同辐照处理后多糖的抗氧化活性。结果表明，辐照剂量、H_2O_2浓度的增大对无花果多糖的降解起促进作用，而无花果多糖浓度的增加则对其降解起抑制作用；辐照后无花果多糖的羰基吸收峰增强，且在清除超氧阴离子、清除羟基自由基和还原能力方面比处理前有显著提高。郁玮等[149]对无花果多糖及其纯化和辐照降解后抗氧化性的变化进行了相关研究及探讨。结果表明，辐照后的无花果多糖抗氧化活性有所提高。

总体来看，目前无花果采后生理及影响因素相关研究较缺乏，无花果的贮藏保鲜问题尚未解决，仅停留在探索的阶段，而且各种处理方法又都有一定的局限性或缺点，寻找安全、经济、高效的防腐保鲜产品或技术手段仍然是广大无花果保鲜研究工作者的工作重点。

十一、变温贮藏

无花果的变温贮藏技术主要包括热激处理和冷激处理。热激处理是指在果蔬采后对其加以适宜温度处理，可以钝化酶活性，减少病虫害，影响蛋白质合成、呼吸作用及软化等以延缓衰老，从而达到维持品质的目的[150]。欧高政等[151]对比了冰水混合物冷激处理和40℃水浴浸泡热激处理对鲜食无花果的贮藏保鲜效果，结果发现冷激和热激处理均可显著抑制无花果MDA含量及腐烂指数的上升，并且冷激处理1.5小时的保鲜效果最好。李芳等[152]的研究也发现无花果在90℃漂烫9秒钟后预冷，再在-60℃条件下速冻有利于维持无花果的感官品质。

十二、生物保鲜

生物保鲜剂是指用于食品抗菌保鲜的动植物源提取物质。其中，壳聚糖作为一种广泛存在于甲壳类动物中的阳离子多糖，具有较好的抗菌性和安全性，已被广泛应用于果蔬的采后保鲜[153]。李元会[154]使用壳聚糖对波姬红无花果进行涂膜处理后发现壳聚糖处理能延缓果实硬度、维生素 C 以及糖含量的下降，降低果实腐烂率，并推迟呼吸高峰及乙烯高峰的出现，同时该研究发现壳聚糖最佳处理浓度为 2.5%。然而，也有研究表示 1.5%壳聚糖处理鲜食无花果可有效维持果实在贮藏过程中的品质。可见，采用壳聚糖对无花果进行贮藏保鲜时，不同品种、不同成熟度果实所需的最佳处理浓度存在一定差异。

此外，还有大量研究证明了许多植物提取物同样具有防腐保鲜、延长果蔬贮藏期的功能。张合亮等[155]研究了不同浓度的无花果叶片醇提取物在 4℃条件下对无花果的贮藏保鲜效果，结果发现当醇提取物浓度在 5%时可有效降低果实腐烂率并维持果实贮藏品质。冀晓磊等[156]利用 8 种天然生物保鲜剂对无花果进行处理，通过比较果实损耗率，发现 0.1%亚麻胶和 0.05%生姜提取物复配保鲜效果最好。

第四节　无花果实用保鲜方案

无花果极不耐贮运，在常温条件下 1～2 天即可软化、褐变、风味下降以及腐烂，极大地影响了无花果的食用价值与经济价值。根据多年的实践经验，总结出无花果贮运过程中若干保鲜技术要点，为减少无花果采后损失与扩大流通范围提供理论参考。

一、技术工艺

无花果九成熟时果实无伤采收→剔除伤、病、烂果→果实在树下直接放入内衬保鲜膜的小盒中→扎紧保鲜薄袋口→集中装到大包装箱中→尽早入库→于-1～0℃条件下将小盒摆开敞口预冷 8～10 小时→加入保鲜剂→扎紧袋口→再集中装大箱→码垛→于-1～0℃条件下贮藏即可，有条件充入 15%～20%二氧化碳气体。

二、操作要点

（1）库房消毒。采用高效库房消毒剂对库房进行消毒处理。库房清扫干净后，将熏蒸消毒剂内两小袋药剂充分混合，点燃，熄灭明火即可冒烟。使用量为 5 克/米^3。

（2）采收成熟度。鲜食的无花果采收成熟度一定要具有较高的食用品质，果皮颜色与硬度是主要的成熟指标。Black Mission 无花果采收成熟度应该是微紫红色到深紫红色并能够承受轻微的压力，Calimyrna 无花果的成熟度应该是黄白色至浅黄色并且具有一定的硬度，盛果期每天采收 1 次。

（3）采收时期。应选在清晨露水干后、气温上升之前进行，此时温度低，果实硬度好，容易采摘，又耐运输。采收时，用锋利的刀具切断果柄或用手工细心地折断果柄，避免弄伤果实。

（4）包装。单层或双层装入内衬保鲜袋的包装箱中，包装箱内预置缓冲材料，果实最好不相互接触。

（5）预冷。采后马上进入-1~0℃冷库进行预冷，这对无花果的保鲜十分重要。如果条件允许建议采用差压预冷或真空预冷机预冷。

（6）贮藏预冷至果温为-1~0℃后（8 小时左右），扎口冷藏，库温保持在-1~0℃。

（7）运输采用冷藏车运输，温度控制在-1~0℃。

（8）定期检查无花果的质量变化，及时销售。

（9）无花果比较耐二氧化碳，贮藏期间袋内二氧化碳体积分数越接近 20%越好，二氧化碳体积分数大于 20%则易产生异味。因此，保鲜袋透气性要小。在保鲜袋内或者气调帐内迅速充填 15%~20%二氧化碳气体最理想。采用合适的气调贮藏方法，Black Mission 和 Calimyrna（新疆阿图什地区主栽品种）无花果可以保鲜 2~4 周，冷藏可以保鲜 1~2 周。

参考文献

[1] Montserrat Dueñas, José Joaquín Pérez-Alonso, Celestino Santos-Buelga. Anthocyanin composition in fig (*Ficus carica* L.) [J]. Journal of Food Composition and Analysis, 2008, 21 (2): 107-115.

[2] 贺根如，张士花，朱丽，等. 无花果的商品化处理及其贮藏保鲜与加工利用[J]. 农产品加工，2017 (14): 53-54, 56.

[3] C S Burks, F E Dowell, F Xie. Measuring fig quality using near-infrared spectroscopy [J]. Journal of Stored Products Research, 2000, 3 (1): 289-296.

[4] Ghada Baraket, Olfa Saddoud, Khaled Chatti. Sequence analysis of the internal transcribed spacers (ITSs) region of the nuclear ribosomal DNA in fig cultivars (*Ficus carica* L.) [J]. Scientia Horticulturae, 2009, 120 (1): 34-40.

[5] 王文生，杨少桧. 无花果保鲜包装贮运技术 [J]. 保鲜与加工，2009,

1：39.
[6] 孙锐，孙蕾，马金辉，等．各品种不同成熟度无花果质构特性分析［J］．食品与机械，2017，33（2）：22-25，30.
[7] 姬长新，马骏，关文强，等．无花果贮藏保鲜技术［J］．保鲜与加工，2007（6）：53.
[8] 王文生，杨少桧．无花果保鲜包装贮运技术［J］．保鲜与加工，2009，9（1）：39.
[9] 李雷斌，陶晓敏，柳遵新．保健食品无花果加工的探索［J］．金华职业技术学院学报，2002（4）：53-54，88.
[10] 杨蓉．无花果采后商业化处理技术初探［D］．南京：南京农业大学，2015.
[11] 贺根如，张士花，朱丽，等．无花果的商品化处理及其贮藏保鲜与加工利用［J］．农产品加工，2017（14）：53-54，56.
[12] Yin S W，Tang C H，Wen Q B，et al. Properties of Cast Films Hemp（*Cannabis sativa* L）and Soy Protein Isolates A Comparative Study［J］. Journal of Agricultural and Food Chemidtry，2001，55：7399-7404.
[13] YE Wenbin（叶文斌），YUN Hanbo（贠汉伯），FAN Liang（樊亮），et al. Effects of ompound Coating Antistaling Agent of Polysaccharide Treatment in Storage on POD，PPO and PAL Enzymatic Activity of Chinese Bayberry［J］. Packaging and Food Machinery（包装与食品机械），2012，30（2）：10-16（in Chinses with English abstract）.
[14] Aquino-Bolanos E N，Silca E M. Effects of polyphenoloxidase and peroxidase activity，phenolics and lign in conten on the browning of cut jicama［J］. Postharvest Biology and Technology，2004，33（3）：275-283.
[15] 冯守爱，林宝凤，梁兴泉．壳聚糖保鲜膜的研究进展［J］．高分子通报，2004（6）：68-72.
[16] 王庆南，戎新祥，赵荷娟，等．菜用甘薯研究进展及开发利用前景［J］．南京农专学报，2003，19（1）：20-23.
[17] 李元会．1-MCP 及壳聚糖处理对无花果贮藏品质及生理的影响［D］．雅安：四川农业大学，2016.
[18] 何士敏，陈易．壳聚糖涂膜保鲜草莓的研究［J］．食品研究与开发，2014，18（21）：354-358.
[19] 廖島，李建瑜，马红艳，等．贮藏温度和成熟度对新疆早黄无花果采后生理的影响［J］．核农学报，2016，30（02）：0282-0287.

[20] 任巧来．壳聚糖处理对出库红富士苹果品质的影响［J］．北方园艺，2011，3（12）：137-139.

[21] 张举印，饶景萍，董晓东．壳聚糖涂膜对红富士苹果保鲜研究［J］．杨凌：西北农业学报．2009（2）.

[22] 范林林，李萌萌，冯叙桥．壳聚糖涂膜对鲜切苹果贮藏品质的影响［J］．食品科学，2014，35（22）350-356.

[23] 江英，胡小松．壳聚糖处理对采后梅、杏贮藏品质的影响［J］．食品科技．2010，26（31）：343-349.

[24] Kittur F S，Kumar K R，Tharanathan R N. Functional packaging properties of chitosan films［J］. Zeitschrift für Lebensmittelunter-suchung und-Forschung A，1998，206（1）：44-47.

[25] Srinivasa P，Baskaran R，Ramesh M，et al. Storage studies of mango packed using biodegradable chitosan film［J］. European Food Research and Technology，2002，215（6）：504-508.

[26] 王书颖，邓青．壳聚糖对葡萄涂膜保鲜的应用研究［J］．农产品加工，2016，28（2）：31.

[27] 孟宪昉，吴子健，张晴晴，等．壳聚糖涂膜对无花果冷藏保鲜效果的研究［J］．食品研究与开发，2014，35（7）：114-117.

[28] 马肖静，余东坡，王兰菊，等．壳聚糖涂膜冷藏无花果保鲜效果［J］．河南农业科学，2010（12）：111-113.

[29] 李月，朱启忠，张立霞，等．壳聚糖涂膜对无花果的保鲜效应研究［J］．安徽农业科学，2008，36（35）：15691-15692.

[30] YE Wenbin（叶文斌），FAN Liang（樊亮），YUN Hanbo（贠汉伯）. Preservation Effect of Polysaccharide Cocting and Refrigerated Packong on Waxberry［J］. Hubei Agricultural Sciences（湖北农业科学），2013，52（3）649-653，658（in Chinses with English abstract）.

[31] YE Wenbin（叶文斌），FAN Liang（樊亮），YUN Hanbo（贠汉伯）. Study on edible film of Chitosan with Chinese herbal medicine *Coptis chinensis* Franch［J］. science and Technology of Food Industry（食品工业科技），2012. 33（18）：312-314，388（in Chinses with English abstract）.

[32] YE Wenbin（叶文斌），FAN Liang（樊亮），WANG Duliu（王都留），et al. Study on Packaging Performance of Chinese herbal medicine with Sophoraalopecuroides Bean Galactomannan of Edible Film［J］. Packaging and Food

Machinery（包装与食品机械），2012，30（6）：10－14（in Chinses with English abstract）.

[33] YE Wenbin（叶文斌）. Study on Storage of Eggs WITH Compound Coating Film of Sophora alopecuroides Polysaccharides and Chinese Medicinal Herb [J]. Journal of Food Science and Biotechnology（食品与生物技术学报），2013，32（11）：1199－1204（in Chinses with English abstract）.

[34] YE Wenbin（叶文斌），FAN Liang（樊亮），YUN Hanbo（贠汉伯）. Effect of Chinese Medicinal Herbs on Packaging Performance of Xanthan Gum－locust Bean Galactomannan Composite Film [J]. Food Science（食品科学），2013，34（13）24－28（in Chinses with English abstract）.

[35] YE Wenbin（叶文斌），FAN Liang（樊亮）. Preservation of *Prunus avium* L. withh a Compound Coating of at Room－Temperature [J]. Modern Food Science and Technology（现代食品科技），2013，29（7）：1591－1595（in Chinses with English abstract）.

[36] Amarante C，Banks N H. Postharvest physiology and quality iof coated fruits and vegetables [J]. Hortic rev，2001，26：161－238.

[37] Co. B. Preserving Fruit etc [J]. British Pat. 1992，189：138.

[38] Cohen E，Shalom Y，Rosanberger I. Post－harvest ethanol buildup and off－flavor in "Murcott" tangerine fruits [J]. Amer. Soc. Hort. Sci. 1990，15（5）：775－778.

[39] Hardenburg R E. Wax and related coatings for Horticultural products－A bibliography U. S. Dept [J]. Agr. Bul，1967，15：1－5.

[40] 张云贵，成明，李晓林．果蔬蜡液的种类及应用 [J]. 园艺学报，2000，27：553－559.

[41] Magness J R，Diehil H C. Physiological studies on apples in storage [J]. Sci Agr，1924，27：1－38.

[42] 李正国，张百超．脐橙果实涂蜡的生理效应研究 [J]. 西南农业大学学报（自然科学版），1992（4）：323－326.

[43] Paull R E，Chen N J. Waxing and plastic wraps influence water loss from papaya fruit during storage and ripening [J]. Amer Soc Hort Sci，1989，114（6）：937－942.

[44] Jiang Y M，Li Y B. Effects of chitosan on postharvest life and quality of longan fruit [J]. Food chem，2001，73：139－143.

[45] Vojdani F, Torres J A. Potasium sorba tepermeability of methyl-cellilose and Hydroxypropyl methylcellulose coatings: effect of fatty acids [J]. Food Sci, 1990, 55: 841-846.

[46] 张云贵，成明昊，李晓林．果蔬蜡液的种类及应用 [J]．园艺学报，2000，27：553-559.

[47] Tharanathan R. Biodegradable films and composite coatings: past, present and future [J]. Trends Food Science tech, 2003, 14: 71-78.

[48] Hagenmaier R D., Baker R A. Cleaning method affects shrinkage rate of citrus fruit [J]. HortScience, 1993, 28: 824-825.

[49] 陈红，张华珍，刘俭英．涂蜡柑橘果实热风干燥过程的观察 [J]．华中农业大学学报，2002，4：392-394.

[50] 方项．柑橘商品化处理过程中蜡液浓度对果实品质的影响 [D]．武汉：华中农业大学，2013.

[51] Hatfield S, Knee M. Effects of water loss on apples in storage [J]. Int J Food Sci Tech, 1988, 23: 575-583.

[52] Hagenmaier R D, Baker R A. Layered coatings to control weight loss and preserve gloss of citrus fruit [J]. HortScience, 1995, 30: 296-298.

[53] 张云贵．新型柑橘蜡液的创制及其生理效应研究 [D]．重庆：西南农业大学，2001.

[54] 叶文斌．葫芦巴胶与中草药纹党可食用复合膜对无花果常温贮藏的影响 [J]．西北农业学报，2014，23（8）：160-166.

[55] 陈建业，宁玉霞．高浓度 CO_2 和 MAP 无花果常温保鲜 [J]．河南科技，1995（7）：25-26.

[56] Sozzi G O, Abraj N V M A, Trinchero G D, et al. Postharvest response of "Brown Turkey" figs (*Ficus carica* L.) to the inhibition of ethylene perception [J]. Journal of the Science of Food and Agriculture, 2005, 85: 2503-2508.

[57] 杨清蕊．不同温度和臭氧冰膜处理对无花果贮藏生理及品质的影响 [D]．保定：河北农业大学，2012.

[58] 王磊，张子德，张晓娜，等．1-MCP 处理对无花果采后乙烯生物合成代谢的影响 [J]．中国食品学报，2013，13（4）：119-124.

[59] Claypool LL, Ozbek S. Some influences of temperature and carbon dioxide on the respiration and storage life of the Mission fig [J]. Proceedings of the American Society of Horti cultural Science, 1952, 60: 226-230.

[60] 唐霞，张明，马俊莲，等．适宜贮藏温度保持鲜食无花果品质［J］．农业工程学报，2015，31（12）：282-287.

[61] 江英，赵晓梅，胡建军，等．食品的冰温贮藏保鲜技术及其应用［J］．食品研究与开发，2005（5）：164-166.

[62] 张娟，娄永江．冰温技术在食品保鲜中的应用［J］．食品研究与开发，2006，127（8）：150-152.

[63] 张辉玲，刘明津，张昭其．果蔬采后冰温贮藏技术研究进展［J］．热带作物学报，2006（1）：101-105.

[64] 王彩云．果蔬冻藏工艺研究［J］．食品与机械，1997（6）：14-15.

[65] 关文强，胡云峰，李喜宏．果蔬气调贮藏研究与应用进展［J］．保鲜与加工，2003，3（6）：3-5.

[66] 章伯元，谢立群，沈选星．草莓气调保鲜研究［J］．安徽农业科学，2012，40（4）：2304-2306.

[67] 陈建业，宁玉霞．高浓度 CO_2 和 MAP 无花果常温保鲜［J］．河南科技，1995（7）：25-26.

[68] Harvey J M，Pentzer W T. Market disases of grapes and other small fruit［M］. U. S. DeP Agriculture H and bool：U S. Department of Agriculture，2000.

[69] Villalobos M D C，Serradilla M J，Martm A，et al. Use of equilibrum modifed atmosphere packaging for preservation of "San Antionio" and "Banane" breba crops（*Ficus carica* L.）［J］. Postharvest Biology and Technology，2014，98：14-22.

[70] Colelli G，Mitchell F G，Kader A A. Extension of postharvest life of "mission" figs by CO_2 - enriched atmospheres［J］. Hort Science，1991，26（9）：1193-1195.

[71] 陈益鎏．无花果保鲜方法比较试验［J］．中国南方果树，2013，42（2）：88-89.

[72] 蔡子康．气调包装和纳米材料包装对无花果采后品质的影响［D］．南京：南京农业大学，2015.

[73] Villalobos，María del Carmen，Serradilla，Manuel Joaquín，Martín，Alberto，et al. Preservation of different fig cultivars（*Ficus carica* L.）under modified atmosphere packaging during cold storage［J］. Journal of the Science of Food and Agriculture，2016，96（6）：2103-2115.

[74] Villalobos M C，Serradilla M J，A. Martín，et al. Influence of modified

atmosphere packaging (MAP) on aroma quality of figs (*Ficus carica* L.) [J]. Postharvest Biology and Technology, 2018, 136: 145-151.

[75] 冷平. 冰温贮藏水果、蔬菜等农产品保鲜的新途径 [J]. 中国农业大学学报, 1997, 2 (3): 79-83.

[76] 减压贮藏保鲜技术掀起果蔬保鲜第三次革命 [J]. 世界热带农业信息, 2003 (11): 22-23.

[77] EC Sisler, M Serek. Inhibitors of ethylene responses in plants at the receptor level: Recent developments [J]. Physiologia Plantarum, 2010, 100 (3): 577-582.

[78] 丁建国, 陈昆松, 许文平, 等. 1-甲基环丙烯处理对美味猕猴桃果实后熟软化的影响 [J]. 园艺学报, 2003, 30 (3): 277-280.

[79] 李志强, 汪良驹, 巩文红, 等. 1-MCP 对草莓果实采后生理及品质的影响 [J]. 果树学报, 2006, 23 (1): 125-128.

[80] 王文辉, 孙希生, 李志强, 等. 1-MCP 对梨采后某些生理生化指标的影响 [J]. 植物生理学通讯, 2004, 40 (2) 145-147.

[81] Bregoli A M, Ziosi V, Biondi S, et al. Postharvest 1 - methylcyclopene application in "Gold" nectarines: Temperature-dependent effects on ethylene production and biosynthetic and polyamine levels [J]. Postharvest Biol. Technol, 2005, 37 (2): 111-121.

[82] Shrek M, Sister EC. Novel teargassed inhibits-ed of ethylene binding prevents ethylene of effects in pot tor flowering plants [J]. J Amer Soc Horn Sci, 1994, 119: 1230-1233.

[83] Sclerosis, Sere K M, Du pilled. Cmparsion of Cyclops reopen, 1-ethyl-cyclopropeneand 3, 3-dimethyl cyclops reopen as ethylene antagonists in pants [J]. Plant Growth Regal, 1996, 18: 169-175.

[84] Sisler EC, Shrek M. Inhibitors of ethylene responses in ants at the receptor level: recent developments [J]. Plant Physical, 1997, 10: 577-582.

[85] Blankenship SM, Dole JM. 1 - Methy1 cyclops propel: a review [J]. Post harvest Biol Techno, 2003, 28 (1): 1-25.

[86] 李文文, 李俊俊. 贮藏温度对辣椒果实品质和采后生理的影响 [J]. 核农学报, 2013, 27 (11): 1192-1696.

[87] Sisler E C, Serek M. Compounds controlling the ethylene receotor [J]. Bot. BoL1. Acad. Sin, 1999, 40: 1-7.

[88] 李富军，杨洪强，翟衡，等. 1-甲基环丙烯延缓果实衰老作用机制研究综述[J]. 园艺学报，2003，30（3）：361-365.

[89] Lelievre J M，Lathche A，Jones B，et al. Ethylene and fruit ripening [J]. Physiol Plant，1997，101：727-739.

[90] Akihiro I，Kenji T，Fumio T，et al. Isolation of cDNA clones corresponding to genes expressed during fruit ripening in Japanese pear（Pyrus pyrifolia Nakai）：involvement of the ethylene signal transduction on pathway in their expression [J]. J of Exp. Bot，2000，51（347）：1163-1166.

[91] Nakatska A，Shiomi S，Kubo Y，et al. Expression and international feedback re-hulation of ACC synthase and ACC oxidase genes in ripening tomato fruit [J]. Plant Physiol.，1997，38：1103-1110.

[92] 李正国，E1-Sharkawyl，Lelievre J-M. 温度、丙烯和 1-MCP 对西洋梨果实乙烯合成和乙烯受体 ETR1 同源基因表达的影响 [J]. 园艺学报，2000，27（5）：313-316.

[93] Khan A S，Singh Z. 1-MCP regulates ethylene biosynthesis and fruit softening during ripening of "Tegan Blue" plum [J]. Postharvest Biol. Technol，2007，43（3）：298-306.

[94] 丁建国. 1-MCP 对猕猴桃果实后熟软化的调控及其机理研究 [D]. 浙江大学，2003.

[95] 樊秀彩，张继澍. 1-甲基环丙烯对采后猕猴桃果实生理效应的影响 [J]. 园艺学报，2001，28（5）：399-402.

[96] 庞学群，张昭其，段学武，等. 乙烯与 1-甲基环丙烯对荔枝采后果皮褐变的影响 [J]. 华南农业大学学报，2001，22（41）：11-14.

[97] 高敏，张继澍. 1-甲基环丙烯对红富士苹果酶促褐变的影响 [J]. 植物生理学通讯，2001，37（6）：522-524.

[98] Jeong J，Huber D J，Sargent S A. Influence of thylene and 1-methylcyclopropene on softening，ripening，and cell wall matrix polysaccharides of avocado fruit [A]. In：X X VI th International Horticultural congress（Abstracts）. Toronto：Pearson Education Inc.，2002，241.

[99] 苏小军，蒋跃明. 新型乙烯受体抑制剂——1-甲基环丙烯在采后园艺作物中的应用 [J]. 植物生理学通讯，2001，37（4）：361-364.

[100] Valero，Guillen F，Valverde J M，et al. 1-MCP use on *prunus spp.* to maintain fruit quality and to extend shelf life during storage：a comparative study [J].

Acta ortic, 2005, 682: 933-940.

[101] Jeong J, Huber D J, Sargent S A. The potential benefits of 1-MCP for regulating the ripening and extending the storage life of avocados [J]. Hort Sci, 1999, 34 (3): 538.

[102] Cai C, Chen K S, Xu W P, et al. Effect of 1-MCP on posthzrbest quality of loquat fruit [J]. Postharvest Biology and technology, 2006, 40 (2): 155-162.

[103] Wu C W, Du X F, Wang L Z, et al. Effect of 1-methylclopropene on postharvest quality of Chinese chive scapes [J]. Postharvest Biology and Technology, 2009, 51 (3): 431-433.

[104] Jiang Y M, Joyce D C, Macnish A J. Response of banana fruit to treatment with 1-methylcyclopropene [J]. Plant Grow regul, 1999, 28: 77-82.

[105] Feng X Q, Apelbaum A, sisler E C, et al. Control of ethylene responses in avocado fruit with 1-MCP [J]. Postharvst Bio and Tech, 2000, 20 (2): 143-150.

[106] 魏好程，潘永贵，仇厚援. 1-MCP 对采后果蔬生理及品质影响的研究进展 [J]. 华中农业大学学报，2003，22 (3): 307-312.

[107] Jiang Y, Joyce D C, Effects of 1-MCP alone and in combination with plyethlene bags on the postharvest life of mango fruit [J]. Ann Appl Biol, 2000, 137: 321-327.

[108] Machish A J, Hofman P J, Simons D H, et al. 1-MCP treatment efficacy in preventing ethylene perception in banana and grevillea and waxflowers flowers [J]. Auatralian Journal of Experiment Agriculture, 2000, 40: 471-481.

[109] Hofman P J, Jobin Dcor M, Meiburg G F, et al. Ripening and quality responses of avocado, custard apple, mango and papaye fruit to 1-MCP [J]. Australian Journal of Experiment Agriculture, 2001, 41: 567-572.

[110] Jeong J, Huber D J, Sargent S A. Influence of 1-methylcyclopropene (1-MCP) on ripening and cell-wall matrix polysaccharides of avocado (Persea Americana) fruit [J]. Postharvest Biology and Technology, 2002, 25 (3): 241-256.

[111] Jiang Y, Joyce D C, Terry L A. 1-methylcyclopropene treatment affects strawberry fruit decay [J]. Postharvest Biology & Technology, 2001, 23 (3): 227-232.

[112] Mir N A, Curell E, Khan N, et al. Harvest maturity, storage temperature,

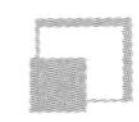

and 1-MCP application frequency alter firmness retention and chlorophyll fluorescence of "Redchief Delicious" apples [J]. Journal of the American Society for Horticultural Science, 2001, (5): 618-624.

[113] Fan X, Argenta L, Mattheis J P. Interative effects of 1-MCP and temperature on "Elberta" [J]. Sci, 2002, 37 (1): 134-138.

[114] Selvarajah S, Bauchot A D, John P. Internal browning in cold-stored pineapples is suppressed by a postharvest application of 1-MCP [J]. Postharvest Bio and Tech, 2001, 23 (2): 167-170.

[115] Jiang W B, Sheng Q, Zhou X J, et al. Regulation of detached coriander leaf senescence by 1-methylcyclopropene and ethylene [J]. Postharvest Bilolgy & Tecnology, 2002, 26 (3): 339-345.

[116] Saftner R A, Abbott J A, Conway W S, et al. Effects of 1-methylcyclopropene and heat treatments on ripening and postharvest decaying "Golden Delicious" apple [J]. Journal of the American Society for Horticultural Science, 2003, 128 (1): 120-127.

[117] Dong L, Lurie S, Zhou H W. Effect of 1-methylcyclopropene on ripening of "Canino" apricots and "Royal Zee" plums [J]. Postharvest Biology & Technology, 2002, 24 (2): 135-145.

[118] Botondi R, DeSantis D, Belincontro A, et al. Infulence of ethylene inhibition by 1 - methylcyclopropene on apricot quality, volatile production, and glycosidase activity of low and high-aroma varieties of aprcots [J]. Journal of Agricultural & Food Chemistry, 2003, 51 (5): 1189-1200.

[119] Hiwasa K, Kinugasa Y, Amano S, et al. Ethylene is required for both the initiation and progression of softening in pear (Pyrus communis L) fruit [J]. Journal of Experimental Botany, 2003, 5 (383): 771-779.

[120] 王森，谢碧霞. 1-甲基环丙烯对货架期中秋酥脆枣鲜果质构特性的影响[J]. 中南林业大学学报，2011，32（11）：137-141.

[121] Ku V V V, Will R B H, Effect of 1-mrthylcyclopropene on the storage life of broccoli [J]. Postharvest Biology & Technology, 1999, 17 (2): 127-132.

[122] Able A J, Wong L S, Prasad A, et al. 1-MCP is more effective on a floral brassica (Brassica oleracea var Italica L) than a leafy brassica (Brassica rapa var Chinensis) [J]. Postharvest Biology & Technology, 2002, 26 (2): 147-155.

[123] Serek M, Sisler E C, Tamar iG, et al. Inhibition of ethylene-induced cellular senescence symptoms by 1-methylcyclopropene [J]. Acta Horticulture, 1995, (405): 264-268.

[124] Aquino S D, Piga A, Molinu M G, et al. Maintaining quality attributesof "craxiou de porcu" fresh fig fruit in simulated marketing conditions by modified atmosphere [J]. Acta Horticulturae, 1998 (480): 289-294.

[125] Zohar E, Freiman, victor Rodov, ect. Preharvest application of 1-Methylcylopropere inhibits ripening and improves kooping quality of "Brown Turkey" figs (Ficus carical) [J]. Scientia Horticulture, 2012, 138.

[126] 张晓娜. 1-MCP 和臭氧处理对无花果贮藏生理及品质的影响 [D]. 保定: 河北农业大学, 2011.

[127] 韩璐, 苑社强, 张晓娜, 等. 1-MCP 处理对无花果贮藏品质及采后生理的影响 [J]. 食品工业科技, 2013, 34 (3): 339-341.

[128] 王磊, 张子德, 张晓娜, 等. 1-MCP 处理对无花果采后乙烯生物合成代谢的影响 [J]. 中国食品学报, 2013, 13 (4): 119-124.

[129] 张明. 不同品种无花果采后生理及贮藏品质变化的研究 [D]. 保定: 河北农业大学, 2013.

[130] 龚勇, 秦冬梅. 臭氧消解水中残留农药的试验研究 [J]. 农药科学与管理, 1999, 20 (2): 16-17.

[131] 章维华, 陈道文, 杨红, 等. 用臭氧降解蔬菜中的残留农药 [J]. 南京农业大学学报, 2003, 26 (3): 123-125.

[132] Du J, Han Y, Linton R H. Efficacy of chlorine dioxide gas in reducing Escherichia coli O157: H7 on apple surfaces [J]. Food Microbiology, 2003, 20 (5): 583-591.

[133] 李江阔, 张鹏, 张平. 二氧化氯在水果保鲜中的应用研究进展 [J]. 食品工业科技, 2011, 32 (9): 439-442.

[134] 李江阔, 张鹏, 侯彪, 等. 二氧化氯在蔬菜保鲜中的应用研究进展 [J]. 保鲜与加工, 2011, 11 (3): 36-39.

[135] Hwang E S, Cash J N, Zabik M J. Determination of degradation products and pathways of mancozeb and ethylenethiourea (ETU) in solutions due to ozone and chlorine dioxide treatments [J]. Journal of Agricultural and Food Chemistry, 2003, 51 (5): 1341-1346.

[136] Han Y, Linton R H, Nielsen S S, et al. Reduction of listeria Monoeytogenes on

green peppers (Capticum annuum L) by gaseous and aqueous chlorine dioxide and water washing and its growth at 7℃ [J]. Journal of Food Protection, 2001, 64 (11): 1730-1738.

[137] Eleraky N Z, Potgieter L N, Kennedy M A. Virucidal efficacy of four new disinfectants [J]. Journal of the American Animal Hospital Association, 2002, 38 (3): 231-234.

[138] Hodges D M, Forney C F, Wismer W. Processing line effects on storage attributes of fresh-cut spinach leaves [J]. Hort Science, 2000, 35 (7): 1308-1311.

[139] 张冬梅，杨震，卫晓英，等．不同浓度二氧化氯对无花果流通过程中贮藏品质的影响 [J]. 北方园艺，2016 (8)：127-130.

[140] OA Karabulut, K Ilhan, U Arslan, C Vardar. Evaluation of the use of chlorine dioxide by fogging for decreasing postharvest decay of fig [J]. Postharvest Biology and Technology, 2009, 52 (3): 313-315.

[141] 白友强，许建，廖亮，等．不同处理对“新疆早黄”无花果采后生理的影响 [J]. 保鲜与加工，2018，18 (5)：40-44.

[142] 王世军．二氧化硫类防腐杀菌剂在葡萄保鲜中的应用 [J]. 保鲜与加工，2015，15 (2)：1-6.

[143] 魏佳，张政，赵芳芳，等．鲜食葡萄 SO_2 气体精准熏蒸保鲜控制系统设计 [J]. 农业工程学报，2019，35 (1)：268-276.

[144] Cantin C M, Palou L, Bremer V, et al. Evaluation of the use of sulfur dioxide to reduce postharvest losseson dark and green figs [J]. Postarvest Biology and Technology, 2011, 59: 150-158.

[145] 赵喜亭，周颖媛，邵换娟．果蔬贮藏辐照保鲜技术研究进展 [J]. 北方园艺，2013 (20)：169-172.

[146] Farksa J. Irradiation for better foods [J]. Trends in Food Science & Technology, 2006, 17 (4): 148-152.

[147] 李世超，杨小明，马海乐，等．辐照对无花果多糖分子量、结构及抗氧化活性的影响 [J]. 辐射研究与辐射工艺学报，2014，32 (2)：48-54.

[148] 郁玮．无花果多糖抗氧化活性研究 [D]. 镇江：江苏大学，2009.

[149] 颜道民，尹金晶，唐晋文，等．鲜食无花果贮藏保鲜技术研究进展 [J]. 食品安全质量检测学报，2019，10 (9)：2462-2467.

[150] 欧高政，袁亚芳，张盛旺，等．不同处理对无花果保鲜效果的研究 [J].

安徽农业科学，2010，38（34）：19575-19576，19660.

[151] 李芳，孔令明，宋曼，等．速冻无花果保鲜工艺的研究［J］．食品工业，2014（9）：70-74.

[152] Ferreira A R V，Bandarra N M，Moldão-Martins M，Coelhosoa I M，Alves V D. FucoPol and chitosan bilayer films for walnut kernels and oil preservation［J］. LWT，2018，91：34-39.

[153] 李元会．1-MCP 及壳聚糖处理对无花果贮藏品质及生理的影响［D］．雅安：四川农业大学，2016.

[154] 张合亮，赵祥忠，宋俊梅．无花果叶醇提物在无花果保鲜中的应用研究［J］．食品科技，2015（1）：232-235.

[155] 冀晓磊，李学文，陈如春，等．无花果生物型保鲜剂保鲜效果初探［J］．农产品加工，2011（11）：74-75.

第六章 无花果深加工技术

无花果具有很高的营养价值，它的果实富含糖、蛋白质、氨基酸、维生素和矿质元素。据山东省林业科学研究所测定，成熟无花果的可溶性固形物含量高达24%，大多数品种含糖量在15%~22%，超过许多一、二代水果品种的1倍。果实中含有18种氨基酸，其中有8种是人体必需的氨基酸。其次，无花果具有极高的药用价值。它的果实中含有大量的果胶和维生素，果实吸水膨胀后，能吸附多种化学物质。所以食用无花果后，能使肠道各种有害物质被吸附，然后排出体外，能净化肠道，促进有益菌类增殖，抑制血糖上升，维持正常胆固醇含量，迅速排出有毒物质。无花果含有丰富的蛋白质分解酶、脂酶、淀粉酶和氧化酶等酶类，它们能促进蛋白质、脂类、淀粉等物质的分解。所以，当人们多食了富含蛋白质的荤食以后，以无花果作为饭后水果，有帮助消化的良好作用。无花果的果实、叶片、枝干及至全株均可入药。果实除了开胃、助消化之外，还能止腹泻、治咽喉痛。在浴盆中放入干燥的无花果叶片，有暖身和防治神经痛与痔瘘、肿痛的效果，同时还具有润滑皮肤的美容作用。所以，在日本的无花果产品包装上均印有“健康食品”“美容”的宣传字样。无花果最重要的药用作用表现在对癌症的显著抑制作用方面，它的抗癌功效也得到了世界各国的公认，被誉为“21世纪人类健康的守护神”。无花果中含有多种抗癌物质，是研究抗癌药物的重要原料。日本科学家从无花果汁中提出佛手柑内脂、补骨酯素等抗癌物质，这些物质对癌细胞抑制作用明显，尤其对胃癌有奇效。前苏联专家曾用小白鼠作试验，抑癌率为43%~64%。据南京农业大学和江苏肿瘤防治研究所的试验，无花果对EAC瘤株、S180瘤株、Lewis瘤株和HAC瘤株的抑癌率分别为53.8%、41.82%、48.85%和44.4%。胃癌病人服用无花果提取液后病情明显好转，镇痛效果也十分明显，无花果有望成为中国乃至世界第一保健水果。无花果除鲜食、药用外，还可加工制成果干、果脯、果酱、果汁、果茶、果酒、饮料、罐头等。无花果果干无任何化学添加剂，味道浓厚、甘甜，在国内外市场极为畅销。无花果果汁、饮料具有独特的清香味，生津止渴，老幼皆宜。

第一节　无花果果干加工技术

一、冻　干

（一）简　介

以真空冷冻干燥工艺生产出的无花果果干，不仅能够保持原有的风味与营养物质，还能够在常温下贮藏、运输，无须建立冷藏链，降低贮藏成本，延长贮藏期，大大提高了无花果的加工与利用，以保证迅速发展的无花果产业能够得到可持续发展，从而增加了其在国内与国际市场上的竞争力，为无花果的出口创汇开辟了新道路。

（二）生产工艺流程

无花果采摘→清洗→切分→预冻→冻干→包装

（三）关键工艺技术要点[1]

1. 清　洗

选择成熟度一致、无病虫害的新鲜无花果，用流水冲洗干净后在 100 毫克/升亚硫酸钠溶液中浸泡 2 分钟，以杀灭表面的真菌，然后用清水冲洗干净、沥干。

2. 切　分

在进行冻干之前需进行切分处理，切分时应尽量垂直于物料纤维方向切断，使其更利于干燥时水蒸气的逸出，以及提高部分传热系数，从而减少能耗。

3. 预　冻

物料的预冻温度和预冻速率共同决定了冻结后物料的组织形态，预冻温度过高，物料未达到完全冻结，在冻干抽真空过程中，物料会发生气泡、收缩、变形等不良现象，预冻温度过低，则延长了干燥时间，增加了冻干能耗。最终确定预冻温度为-35℃，预冻时间 2 小时。

4. 冻　干

物料切片越厚，导致传质传热阻力就越大，干燥时间就会增加，干燥速率降低；物料切片太薄，容易导致内部冰晶融化、物料收缩脱离干燥板等现象的发生，进而干燥速率降低。干燥室压力过高，干燥速率下降，冻干能耗增加；干燥室压力过低，冻干能耗增加，干燥速率降低。因此，本试验选择无花果切片厚度为 10 毫米，加热板温度为 55℃，干燥室压力为 40 帕。

5. 包　装

经过真空冷冻干燥后的无花果含水量低，疏松多孔，总表面积比原来扩大了，因此极易吸湿吸潮和氧化变质，一般要封装储藏，添加除氧剂、干燥剂，置于低温环境中等。

二、烘　干

（一）简　介

无花果既是食品，又是药材，具有润肺止咳、开胃健脾、助消化和消肿止痛的功效。无花果果干能较好地保持无花果的有效成分和风味，其加工技术如下。

（二）生产工艺流程

选果→去皮→去蒂、穿刺→浸泡护色→烘干

（三）关键工艺技术要点

1. 选　果

无花果于7—11月果实陆续成熟，当果皮由绿色变为黄绿色、果实不再膨大、尚未熟透时及时采摘。选个大、肉厚、八九成熟的果品，以保证加工后干果形状整齐、品质好、成品率高。剔除虫果、烂果、黑果、青果。

2. 去　皮

采用碱液洗去皮。配制10%氢氧化钠溶液，在不锈钢锅中加热至沸腾，加入无花果并保持水温90~92℃，1分钟后捞出用1%盐酸溶液中和，再用大量清水冲洗。通过揉搓，果皮即可脱落，去皮后沥干。

3. 去蒂、穿刺

用不锈钢刀削除果蒂并将木质部削除干净，否则加工后会带有异味。为使护色期间能均匀渗透，宜用排针刺孔。孔要穿透，且保持鲜果完整。

4. 浸泡护色

脱皮后应尽快护色，否则去皮后的无花果将很快变色。护色采用0.5%的亚硫酸氢钠，同时加入1%氯化钙溶液浸泡6~8小时。

5. 烘　干

采用热风干燥，干燥初期，热风温度为50℃，风速1米/秒，时间1.5小时，保证无花果内外温度一致；中期热风温度为70℃，风速3米/秒；后期温度为55℃，风速0.5米/秒，以防果干出现硬皮，干燥时间为16~18小时，产品含水量以10%~12%为宜[2]。

(四) 质量标准

加工后的果干为白色或淡黄白色，并基本一致；外表收缩而有皱纹，大小基本一致，无杂质；组织表皮无硬壳；果干甜度适中，果香明显，无异味；理化性状和微生物指标达到食品所要求的质量标准。

第二节　无花果果脯加工技术

一、简　介

无花果采后成熟衰老快，鲜果不耐贮藏，在常温下 1~2 天即软化、褐变、风味下降甚至腐烂，加上现阶段对无花果贮藏保鲜技术的研究尚不成熟，限制了无花果的发展。果脯作为无花果的一种加工品，能在一定程度上缓解无花果产量迅速增加而鲜果不易贮藏的问题。

二、生产工艺流程

原料挑选→清洗、切端→护色、硬化→预煮、浸糖→沥糖、烘干→回软→分级、包装→成品

三、关键工艺技术要点

(1) 原料挑选。选取完整新鲜的无花果做原料，要求无损伤、无腐烂、无病虫害。

(2) 清洗、切端。用清水清洗 2~3 遍，动作要轻柔，避免因果皮柔软易破，汁液流失。用水果刀削去果蒂不可食木质部，晾干表面水分。

(3) 护色、硬化。配制 0.15%亚硫酸氢钠和 0.4% β-葡萄糖酸内酯溶液作为护色剂和硬化剂，按照无花果鲜果：护色液=1（千克）：1（升）的重量体积配比浸果 1~2 小时，用清水洗净沥干备用。

(4) 预煮、浸糖。按照无花果：糖液=1（千克）：2（升）的重量体积比将无花果浸入糖液中，加热至微沸状态保持 10~15 分钟，在室温下静置，每隔 1 小时测定 1 次糖液的糖度，直至不再降低为止[3]。

(5) 沥糖、烘干。捞出无花果，沥干表面糖液后，均匀摆放在不锈钢托盘上。先以 60℃干燥 5 小时，后以 50℃干燥 25 小时，至水分含量为 20%~22%。其间翻动数次。

(6) 回软。干燥后的果脯于室温阴凉处冷却回软 1 小时。

(7) 分级、包装。根据产品外形和大小进行分级，装袋抽真空密封，成品于阴凉

干燥处保存。

四、成品质量

无花果果脯的感官质量较好，色泽呈金黄色或浅黄褐色，晶莹透亮，糖分渗透均匀，无返砂现象，不黏结；有无花果干制后的特有香味，甜度适口，无异味，无正常视力可见外来杂质。

无花果果脯理化和微生物指标，水分含量20%～22%；二氧化硫≤0.1克/千克；菌落总数≤1 000cfu/克；大肠菌群≤30MPN/克；霉菌≤50cfu/克；致病菌不得检出。

五、低糖无花果果脯的研制

（一）简　介

以无花果为主料，转化糖替代部分蔗糖。通过真空渗糖工艺，研制出一种低糖保健型无花果果脯。它既有无花果的独特风味，又具有很高的营养保健功效，是老少皆宜的食品。

（二）生产工艺流程

选果→切除果柄→清洗→预煮→冷却→真空渗糖→沥干→烘干、上胶衣→趁热装袋→真空封口→产品

（三）关键工艺技术要点

（1）选用七八成熟的果实，剔除病果、青果、破损果。以流动的清水洗涤或放入水池浸泡10分钟后捞出，切瓣放入无机盐液中浸泡。

（2）预煮选用不锈钢蒸气夹层锅或铜锅。锅内先放入清水，加水量为果实的2～3倍，煮沸后倒入果实10～20千克，边煮边搅动果实，5～10分钟后果皮色素褪尽，以手捏上去很柔软为度。此时，将果捞出立即浸入清水中漂冷，防止果皮褐变，兼有温差灭菌之效。

（3）浸渍糖液的制备。浸渍糖液中无花果原果汁占28%，配制糖量为30%和50%浸渍糖液各1份（其中转化糖占50%～60%）。再称取浸渍糖液总量0.4%的竣甲基纤维素钠和0.5%的氯化钠，溶解于糖液中，预热到60℃，备用。

（4）真空渗糖。将沥干的果块投入含糖量30%的糖液中，在0.09兆帕的真空度下处理15分钟，然后常压下浸渍1小时。再用含糖量50%的糖液，在同样真空度下处理20分钟，常压下浸渍4小时。添加0.5%的柠檬酸、适量的抗坏血酸[4]。

（5）沥糖、烘干。经浸渍的果块从容器中捞出，摆放在烘盘上沥糖。然后开始烘

干，2~3小时箱内温度控制在50℃左右。以使果脯内、外温度一致，水分容易蒸发。然后升温到60~65℃，烘至果脯表面的糖浆不粘手为宜。

（6）上胶衣、灭菌。将烘干的果脯浸入0.5%卡拉胶溶液中上胶衣，然后捞出沥干，在80℃温度下干燥30分钟后迅速升温到90℃，保持5分钟，以利灭酶杀菌，趁热装入灭菌的包装袋中。

（7）真空包装。利用真空封口机将已装好果脯的包装袋封口。

（四）产品质量指标

1. 感官指标

呈棕褐色或琥珀色，色泽基本一致，半透明状。组织形态保持果瓣形状，果皮、肉质有韧性，久置无返砂。滋味酸甜适度，风味明显，有咬劲。

2. 理化指标

总糖量45%~55%；还原糖（占总糖%）38%~42%；总酸<0.5%；水分<15%。

3. 微生物指标

菌落总数<750个/克；大肠菌群<30个/100克；致病菌不得检出；真菌计数<50个/克。

第三节　无花果果酱加工技术

一、简　介

产品具有无花果的保健功能。研究表明，无花果具有降血压、解除肌体疲劳、提高肌体免疫力、抗衰老、提高血红蛋白、降低因化疗和放疗而引起的毒副作用等功能。此外，无花果中的补骨脂素、佛手柑内酯两种抗癌活性物质对肝癌有明显的抑制作用。

二、生产工艺流程

无花果糖渍料→浸泡→打浆过筛→混合→加热化糖→配料→均质、脱气→装罐密封→杀菌→冷却→成品

三、关键工艺技术要点

（1）浸泡。将原料加入2倍重的80℃热水中浸泡2小时，使糖渍液充分软化。

（2）打浆过筛。将充分软化的原料入打浆机打浆过筛，筛孔40目。

（3）混合配料。按50千克浆料、45千克白糖、5千克蜂蜜、0.7千克骨粉的比例将配料入搅拌机加热混合，使白糖完全溶化即为混合料。

(4) 混合配料。按30千克混合料、7千克复合凝胶、0.2千克柠檬酸的比例将配料入搅拌机充分混合，辊压均质，真空脱气，加入0.1%的无花果香精混匀。

(5) 复合凝胶的配制。将魔芋精粉与黄原胶各配成3%的胶体，然后把魔芋精粉与黄原胶的胶体按2：3比例混合。

(6) 装罐。将混合料且按重量要求装入玻璃瓶中，蒸汽排气，加盖密封。

(7) 杀菌。100℃下杀菌40分钟，分段冷却至38℃。

四、产品质量指标

(1) 感官指标。果酱呈鲜淡黄色，质地细腻，呈半透明状，稍有弹性，口感酸甜适口，滑润爽口，具有无花果香。

(2) 理化指标。水分含量84.32%；蛋白质含量0.68%；总糖含量16%；总酸含量(以柠檬酸计) 为0.21%。

五、低糖无花果果酱的加工研制

(一) 简　介

生产无花果果酱，具有工艺简单，投资较少的特点；同时，可以提高原料的利用率，提高产品的附加值，是乡镇企业致富、解决果农卖果难问题的好途径。采用传统方法加工的果酱，总糖含量高达65%~70%，耗糖多，甜度高，热量大，已经不能适应食品工业低热能、低甜度的发展趋势[5]。所以，有必要研制低糖无花果果酱。

(二) 生产工艺流程

原料选择→清洗→烫漂→打浆→配料→浓缩→装瓶密封→杀菌→冷却→检验贴标→成品

(三) 原料选择

选择八成熟、无腐烂、无病虫害的果实。如果实成熟度过高，果胶含量降低，会影响果酱的胶凝性；但成熟度过低，其香味及风味不足。

1. 烫　漂

将无花果倒入沸水中烫漂3分钟，主要是为了破坏氧化酶和果胶酶活性，抑制酶促褐变及果胶物质降解；其次是为了软化组织以利打浆。

2. 打　浆

破碎的无花果经打浆机（筛孔孔径为1.2毫米×0.4毫米）打浆，去掉籽、果梗等，得到组织细腻的无花果果浆。

3. 配料准备

①糖浆的配制。将砂糖加水煮沸溶化，配成70%~75%的浓糖液，经糖浆过滤器过滤（滤布为100目），去掉糖液中的杂质。

②柠檬酸液的准备。将柠檬酸配成50%的溶液。

③增稠剂的处理。先用40~50℃的温水将琼脂浸泡软化，洗掉杂质，再加20倍水加热溶解，温度为60℃左右，搅拌使之成为溶胶。明胶中加入少量热水，不断搅拌，水浴加热至70℃左右使之成为溶胶。将60℃的水徐徐加入海藻酸钠中，同时快速搅拌，用小火加热使之完全溶解。CMC-N a溶解的方法同海藻酸钠。

4. 浓　缩

果浆先入锅加热煮沸数分钟，然后将煮沸的浓度为75%的热糖液分2~3次加入，每次加入后需搅拌煮沸数分钟，待浓缩到近终点时，再按配方要求，加入柠檬酸和适量增稠剂，并及时搅拌均匀，继续浓缩到可溶性固形物达45%左右，立即装罐[6]。

5. 装罐、密封

果酱出锅后应迅速装罐，使装罐后酱体中心温度不低于80℃。趁热密封，使罐内形成一定的真空度。

6. 杀菌、冷却

果酱为酸性食品，采用常压杀菌，杀菌公式为5~15分钟/100℃。杀菌后应迅速冷却，如为玻璃罐应采用分段冷却，最后冷却到室温，取出用洁净干布擦干瓶身，检查有无破裂等异常现象，若一切正常，则贴上标签即成。

（四）产品质量指标

（1）感官指标。色泽呈金黄色或黄绿色，均匀一致，有光泽；具有无花果特有的风味及滋味，甜酸适度，无焦糊味及其他异味。具一定的胶凝性，不流散，不分泌液汁，无糖结晶，无杂物。

（2）理化指标。总糖：35%~40%；可溶性固形物：40%~45%；总酸：0.5%；铜（以Cu计）≤5毫克/千克；铅（以Pb）计≤1毫克/千克；砷（以As计）≤0.5毫克/千克。

（3）微生物指标。细菌总数≤100个/克；大肠菌群≤3个/克；致病菌和腐败菌不得检出。

第四节　无花果饮料（液体、固体）加工技术

无花果为桑科植物，含有多种糖类（葡萄糖、果糖、蔗糖等）、有机酸（柠檬酸、

琥珀酸、苹果酸、草酸)、多种酶(淀粉酶、脂酶、蛋白酶等)、还含有维生素 C 及矿物质钙、磷、铁等。日本和我国江苏的肿瘤防治研究人员发现无花果果汁中有一种抗癌成分,能抑制大鼠移植性肉瘤、小鼠自发性乳癌,延缓乳癌、白血病、淋巴肿瘤的发展或使之退化,具有明显的抗癌、防癌和增强人体免疫功能的作用;无花果所含有的酚类具有缓泻作用,同时还有降低血压的功效。因而近年来风靡世界,尤为老人、妇女、儿童喜欢,成为畅销的保健食品。

无花果主要用于鲜食,其开发利用上仍多以利用干果或鲜果制成果脯、果酱产品为主,无花果的果、枝和叶都是珍贵的传统药材,有健胃清肠、消肿解毒、疗咽治痔、明目生津、镇痛降血压等功效。将无花果原料精深加工为饮料产品(液体饮料和固体饮料),以转换产品形式的方法解决无花果安全贮藏问题,使无花果得到充分的利用,这也逐渐成为一种重要的加工形式。作为一种新型饮品,既有无花果所含的丰富营养成分,又易于保藏,有利于提高人体健康水平和生活质量。

一、澄清无花果果汁

澄清技术是果汁生产中的一项关键技术,在果汁加工过程中需要通过一系列的澄清工艺以除去悬浮物、胶体物质、蛋白质以及多酚类等物质,达到保证果汁稳定性、抑制褐变、延长贮藏期、提高果汁感官品质的目的。如澄清不完全,产品就会出现沉淀、浑浊和失光现象。由于果汁浑浊是影响果汁质量的一个重要问题,因此生产上提出多种操作方法控制果蔬汁的浑浊发生。主要方法包括酶法、树脂吸附法、UF 法和应用澄清剂等[7]。

澄清无花果果汁是以无花果为原料,用糖、酸和稳定剂等调配而成的一种饮料,口感酸甜,品质上佳,深受消费者喜爱。

(一)工艺流程[8]

无花果→浸泡→清洗→打浆→酶解→过滤(粗滤、精滤、超滤)→调配→高温杀菌→灌装(空瓶杀菌)→杀菌→冷却→成品

(二)关键工艺技术要点

1. 原料选择、浸泡、清洗

选择完全成熟的无花果鲜果,剔除虫果、烂果,用 0.3 克/升高锰酸钾溶液浸泡 2~3 分钟,并将无花果表面灰层、泥垢等清洗干净。

2. 打　浆

沥干水分,在高速组织捣碎机中进行打浆。

3. 酶　解

称取一定量的浆液,用果胶酶进行处理,注意控制加酶量、作用时间及温度,既提

高出汁率又不致于影响果汁质量。

4. 调　配

将糖、酸和稳定剂先配成溶液，然后按先后顺序加入果汁中。

5. 灌装、灭菌、冷却

将罐装的无花果果汁及时装瓶封口，在85℃条件下灭菌30分钟，然后进行3级冷却，即70℃、50℃、30℃。

（三）产品质量标准

1. 感官指标

色泽：淡黄色，色泽均匀一致。

滋味与气味：具有原果特有的滋味与气味，酸甜可口，无异味。

组织状态：成品均匀澄清、透明，无沉淀物、无悬浮物。

2. 理化指标

可溶性固形物含量为10±0.5%，糖度在13%以上，酸度（以柠檬酸计）为0.35%。

3. 卫生要求

按《食品安全国家标准蜂蜜、果汁和果酒中497种农药及相关化学品残留量的测定　气相色谱-质谱法》（GB 23200.7—2016）和《食品安全国家标准　食品工业用浓缩液（汁、浆）》（GB 17325—2015）执行。

无致病菌检出。

产品保质期12个月。

二、浑浊无花果果汁

浑浊果汁是直接以新鲜或冷藏果蔬为原料，经过清洗、挑选后，采用物理的方法如压榨、浸提、离心等方法得到的果蔬汁液。或在果汁或浓缩果汁中加入水、柑橘类囊胞（或其他水果经切细的果肉等）、糖液、酸味剂等调制而成的制品[9]。

浑浊无花果果汁就是无花果打浆后里面的果肉纤维未除净的果汁，富含丰富的无花果果肉。

（一）工艺流程

无花果→分选→清洗→切半取果肉→加热→打浆→过滤→调配→脱气（加入稳定剂）→均质→瞬时灭菌→灌装→封盖→杀菌→冷却→检验→成品

（二）关键工艺技术要点

1. 挑选、清洗

挑选色泽透黄，果体绵软、成熟度在九成以上的果实，若成熟度不够可后熟2~4天。

2. 切去果肉

无花果果实清洗后切半取肉并剔除不合格的果肉，及时用0.1%抗坏血酸及柠檬酸混合液浸泡，以防止变色。

3. 加热、打浆

把取出的果肉在2~5分钟内加热到90~95℃以软化、钝化酶类，防止变色，然后进入孔径0.5毫米的打浆机内打浆。

4. 过　滤

果肉浆与水以2∶1混合后，经双联过滤器滤去约2%的粗颗粒纤维。水应经过净化处理除去钙和铁，以免引起变色和沉淀，水的净化是先经过活性炭处理，然后再经过过滤器。

5. 调　配

将白砂糖溶于适量水中，溶解过滤。将稳定剂、柠檬酸等配料分别配制成一定浓度的溶液，过滤后，边缓慢搅拌边加入原糖浆。然后将调合糖浆与过滤后的原果浆定量混合。用水补充到终产品所需的浓度。

6. 脱气、均质

沉降分层是浑浊果汁生产中常见的问题，分层不仅严重影响果汁的感官品质，更影响消费者的选择，因此保持果汁体系的稳定均匀是浑浊果汁加工工艺中最关键的技术之一。使浑浊体系保持稳定的关键在于降低悬浮微粒的沉降速度。由Strokes定律可知，果汁中的悬浮微粒的沉降速度与悬浮颗粒直径的平方、分散介质和悬浮颗粒的密度差成正比，与液体黏度成反比，因此可通过减小悬浮微粒的直径和添加稳定剂来保持浑浊果汁的稳定性[10]。

果汁喷入真空度为700毫米汞柱脱气的罐内，脱气5分钟，脱除氧气，防止果汁氧化变色。然后将调配后的无花果浑浊饮料打入均质机中，在23兆帕下连续均质2次，可保持颗粒良好的悬浮性，同时也赋予产品细腻的口感，改善了适口性。

7. 瞬时灭菌

将均质好的无花果果汁打到瞬时灭菌器中灭菌，灭菌温度为135℃，灭菌时间为3~6秒钟。

8. 灌装封盖、杀菌、冷却

将瞬时灭菌后的果汁灌入充分洗净的玻璃瓶中，然后封盖杀菌。在121℃条件下杀菌20分钟，负压0.1~0.15兆帕冷却至38℃，最后冷却至常温，即为成品，经检验合格后，贴标装箱，入库。

（三）产品质量标准

1. 感官指标

色泽：呈淡紫红色，色泽均匀一致。

滋味与气味：具有原果特有的滋味与气味，酸甜可口，无异味。

组织状态：成品均匀浑浊或稍有沉淀，摇匀后仍然是原有的浑浊状态。

2. 理化指标

可溶性固形物含量10±0.5%，糖度13%以上，酸度（以柠檬酸计）0.35%，蛋白质含量≥5%，原果汁含量20%。

3. 微生物指标

细菌总数<1 000个/克，大肠杆菌<30个/100克。

无致病菌检出。

产品保质期12个月。

三、无花果芦荟复合果汁

芦荟是一种天然植物，其所含的芦荟大黄素苷、异芦荟大黄素苷等成分，具有软化血管、降低血糖、排除体内毒素等独特的保健功效，同时它还含有丰富的氨基酸、维生素、矿物质和多糖。近代医学研究成果表明，多糖具有增强肌体免疫活性、清除自由基的功能，可以抑制各种炎症和肿瘤的发生；芦荟还具有保湿、护发、消炎杀菌、抑汗防臭、止痒、防粉刺、防治雀斑和老年斑、防止皮肤粗糙等美容功效。

以芦荟与无花果为主要原料，辅以柠檬酸、白砂糖及蜂蜜，研制出一种既具有芦荟的营养、美容之功效，又具有无花果保健作用的复合果汁饮料。

（一）工艺流程

无花果→清洗→切片→榨汁→过滤
芦荟→清洗→切片→榨汁→过滤 }→均质调配→精滤→热处理
成品←灌装←杀菌←封口←冷却

（二）关键工艺技术要点

1. 无花果汁和芦荟汁的制备

（1）无花果汁的制备。挑选新鲜成熟、体形大、黄绿色（略带红色）、味甜的品种，剔除有伤烂、病斑、虫穴的无花果，然后用流水洗去果面泥土及污垢，直至干净，沥干水分。

（2）芦荟汁的制备。将芦荟用清水洗净后切成厚0.5厘米的薄片，按芦荟：水=1：2的比例放入榨汁机中，并加适量维生素C（0.1%）防止榨汁过程中芦荟氧化，将榨汁的芦荟过滤，制备得到芦荟原汁。

2. 调　配

将无花果汁和芦荟原汁按一定比例混合均匀，将在热水中溶解的柠檬酸和用温水溶

解的白砂糖冷却后，分别加入至无花果和芦荟混合液中。为了改善风味，可加适量蜂蜜，搅拌混匀，加入稳定剂黄原胶和 CMC，最后补充水至所需浓度，得到料液。

3. 均质、精滤、脱气

将料液用高压均质机均质，在均质压力为 18~20 兆帕、温度为 50~60℃下均质 3~4 分钟，然后用硅藻土过滤机精滤，再用真空脱气机在真空度为 90~93 千帕、温度为 50~70℃下脱气，以减少维生素 C 及色素的氧化[11]。

4. 灌装、封口与杀菌

将均质、精滤、脱气后的料液在温度为 80~85℃的杀菌锅中杀菌 20 分钟，冷却至室温制得安全卫生的饮料。

（三）产品质量标准

1. 感官指标

色泽：呈淡紫红色，色泽均匀一致。

滋味与气味：具有无花果原果和芦荟特有的滋味与气味，酸甜可口，无异味。

组织状态：成品澄清、透明，无分层，允许有少许沉淀。

2. 理化指标

糖度 10%左右，酸度（以柠檬酸计）0.3%左右，蛋白质含量≥4%。

3. 卫生要求

应符合《茶饮料卫生标准》（GB 19296—2003）的规定。

四、无花果代乳饮料

代乳饮料即调配型酸乳饮料，一般是以鲜奶或乳制品为原料，加入水、糖液、酸味剂、稳定剂、营养强化剂等，经适当加工工艺调制而成，是国内一种新型饮料。无花果代乳饮料是以无花果为原料制作成果汁后，将预处理的粉末油脂与果汁进行均质、调配，制作而成的乳饮料，口味酸甜，营养丰富而深受大众喜爱，尤其是儿童[12]。

（一）工艺流程

果胶酶、异抗坏血酸钠

↓

无花果鲜果→清洗→脱皮→水冲洗→打浆→酶解→过滤去籽→杀菌→无花果汁→调配→升温→均质→调酸→均质→灌装→成品

↑

白砂糖、稳定剂、粉末油脂预处理

（二）关键工艺技术要点

1. 无花果果汁制备

挑选新鲜成熟、体形大、黄绿色（略带红色）、味甜的品种，剔除有伤烂、病斑、虫穴的无花果，然后用流水洗去果面泥土及污垢，直至干净，沥干水分，在高速组织捣碎机中进行打浆。

2. 无花果果汁与粉末油脂预处理

将浸泡好的稳定剂与白砂糖混合加热，搅拌至溶解。称取粉末油脂，将其用少量的水溶解静置。将粉末油脂水溶液与无花果果汁混匀，均质。

3. 均质与调配[13]

将适量的乳酸、乳酸钙、柠檬酸加入高速搅拌的上述混合溶液中，调节 pH 值，再均质，这是无花果奶加工的特殊操作，目的是使含有不同大小或密度的粒子悬浮液均质化，使保持一定的浑浊度并完全乳化混合，取得不易分离和沉淀的效果。在原辅料调配后，升温至 65~70℃，于 40~50 兆帕压力下再次均质。

（三）产品质量标准

1. 感官指标

色泽：呈乳紫色，色泽均匀一致。

滋味与气味：具有原果和酸乳饮料特有的滋味与气味，酸甜可口，无异味。

组织状态：呈均匀细腻的乳浊液，无分层现象，成品均匀，允许有少量沉淀。

2. 理化指标

蛋白质含量≥1 克/100 克，无苯甲酸。

3. 卫生要求

按《含乳饮料》（GB/T 21732—2008）和《绿色食品　含乳饮料》（NY/T 898—2016）标准执行。

五、果奶饮料

进入 20 世纪 90 年代以来，随着人民生活水平的不断提高，健康、营养型饮料越来越受到消费者欢迎。果奶含有果汁和奶品，营养成分丰富，酸甜可口，深受消费者特别是儿童的喜爱。但一般来讲，果奶对生产技术要求较高，果奶饮料的风味、滋味和口感的良好感觉的 pH 值为 4.5~4.8，而乳蛋白的 pH 值为 4.6~5.2，产品常常发生沉淀和分层，有的甚至在配料工序就发生沉淀和聚凝现象，使产品失去价值，造成重大经济损失[14]。

国内外现代科学研究表明，无花果含一定量的苯甲醛、补骨脂素和佛手柑内酯等抗癌活性物质，对多种癌症都有疗效。因此，根据无花果本身果胶含量多等特性研制一种口感好、质量稳定的新型无花果果奶饮料有着十分广阔的开发利用前景，从而可使生产厂家获得较好的经济效益。

本文就以无花果为主要原料，辅以适量的脱脂乳粉，研制出一种调配型无花果果奶饮料。

（一）工艺流程

无花果鲜果→清洗→打浆→酶处理→榨汁过滤→去籽→澄清→白糖、复合稳定剂→纯净水中溶解→加入复原牛乳调配→溶解→调节 pH 值→乳化剂、山梨酸钾→过滤、均质→柠檬酸、增味剂混合→均质→配料高温杀菌→灌装（空瓶杀菌）→杀菌→冷却→成品

（二）关键工艺技术要点

1. 无花果果汁的制取

无花果果胶含量较高，汁液黏性较大，榨汁比较困难，且榨汁后澄清困难，给加工果奶带来困难。为了使汁液易于流出，同时也为了降低果胶这种大分子物质的含量，榨汁前可通过加热或加酶进行处理，以有效地分解果肉组织中果胶质，使果汁黏度降低容易过滤，提高出汁率。加酶处理时，注意控制加酶量、作用时间及温度，以便既提高出汁率又不致于影响果汁质量。

2. 辅料的投入

奶粉、糖、柠檬酸、稳定剂、乳化剂、山梨酸钾、增味剂等均应先溶解，然后按一定的顺序先后均匀加入。

3. 混合过程中调整果奶的 pH 值

果奶蛋白质含量较高，配制时的 pH 值范围直接关系到果奶在存储过程中的稳定性。果奶饮料的酸味和风味感知的良好范围是 pH 值为 4.5~4.8，而乳蛋白的等电点 pH 值为 4.6~5.2，在这个范围内乳蛋白会凝集沉淀，这就给果奶饮料加工带来了技术上的问题[15]。因此，生产中可选择偏离蛋白质等电点及选择合适酸味剂和稳定剂增加分散介质的黏度，使颗粒沉淀速度下降，防止沉淀发生。

4. 杀　菌

无花果果奶生产中必须选用二次杀菌工艺，才能保证产品质量。含蛋白质丰富的果奶品质，一般采用 125℃、5 秒钟对配好的料进行高温瞬间杀菌，或超高温杀菌。如果采用 100℃、25 分钟杀菌易造成蛋白质变性，从而引起沉淀。经杀菌后再罐装、封口后，还需进行二次杀菌，一般采用 85℃、20 分钟水浴杀菌，否则产品易于因微生物因素造成腐败变质和沉淀[16]。封口工艺必须过关，否则在二次杀菌中，易造成瓶口裂漏，透气性变大，从而使产品微生物超标或氧化变质。

（三）产品质量标准

1. 感官指标

色泽：呈乳紫色，色泽均匀一致。

滋味与气味：具有原果和酸乳饮料特有的滋味与气味，酸甜可口，无异味。

组织状态：呈均匀细腻的乳浊液，无分层现象，成品均匀，允许有少量沉淀。

2. 理化指标

蛋白质含量≥1 克/100 克，无苯甲酸。

3. 卫生要求

按《含乳饮料》（GB/T 21732—2008）和《绿色食品　含乳饮料》（NY/T 898—2016）标准执行。

六、固体饮料

固体饮料是将各种原料（糖、果汁、植物抽提油以及其他配料）调配、浓缩、干燥而成，或将各种原料粉碎、混合后呈颗粒状、片状或粉末状，需要用水冲调后才可饮用[17]。固体饮料具有以下优点。

（1）固体饮料含水量在5%以下，不仅不易变质，货架期长，而且体积大为缩小，便于携带和运输。

（2）在固体饮料中，常添加许多营养丰富的物质，如果蔬、牛乳、维生素、氨基酸、蜂蜜等，这些都是人体所必需的，人们在饮用饮料的同时也获得了丰富的营养，对身体大有裨益。

固体饮料由于上述优点和简单的生产工艺，产品销量每年大幅度递增，市场前景十分广阔。目前，市场上固体饮料主流品种有固体饮料茶、奶粉、豆奶粉、咖啡、麦片等。利用新工艺、新技术将无花果这种营养丰富、美味可口的水果加工成新型的产品，不仅能丰富固体饮料品种，而且解决了无花果鲜果在旺季大量腐烂的问题，是一举两得的有利措施。

（一）无花果果茶

1. 工艺流程

鲜无花果、果叶→分选→清洗→无花果切片→摊放→晾干→晒青→杀青→烘干→拼配（其他原料）→窨制→粉碎→包装（袋泡茶）→成品

2. 关键工艺技术要点

（1）原料选备。采摘新鲜无花果及其嫩叶，尽量上午采摘，清洗、晾干后备用。

（2）晒青。晒青是利用光能热量使鲜叶适度失水，促进酶活化，这对无花果及其

叶香气的形成有重要作用。晒青厚度为1~2厘米，时间40~60分钟，晒青程度以晒至叶色柔和、叶片质地柔软而富有弹性、失水率在10%~15%为宜。

（3）杀青。采用100℃蒸汽杀青3分钟。

（4）烘干。集中入80~85℃烘箱干燥1小时，翻动1次，再干燥1小时，再翻动1次，并根据上、下层干湿度情况，可上、下换盘，并将温度调至70~75℃，2小时后再调至65~70℃至符合要求。如遇到雨天无法进行摊晒，则用烘箱进行烘干，烘盘中的物料要堆放均匀，注意经常进行翻动，保证干燥加热的均匀。鲜果烘干初始温度控制在80~90℃，干燥2.5小时；然后将温度调节至70~80℃，再干燥2小时；最后再调至65~70℃干燥至符合要求。具体时间可自由掌握，以将无花果果叶烘干为水分含量低于12%（最佳为10%以下）为准。

（5）静置。当手感干燥，水分散失，即可进行装袋，装袋封口后让其静置储存，即为无花果果茶。

（6）回炉。配料使用前再用89~90℃烘箱干燥1小时后冷却，这样可增香、增色，使口感更佳。

（7）窨制。将烘干后的无花果果茶、决明子、茉莉花按比例混合，进行拼合窨制，使花的香气融入无花果中，一般需48小时以上。

（8）粉碎。粉碎成24~40目细度的粉末。

（9）包装。用袋泡茶包装机按每袋5克或7克的量装入滤纸袋。外用复合铝膜包装，注意密封。最后放入纸盒，排放整齐。

3. 产品质量标准

（1）感官指标

色泽：汤色清亮，呈浅绿色，透明，色泽均匀一致。

滋味与气味：茶香味明显，有清香，无异味。

（2）理化指标。茶多酚≥300毫克/千克，咖啡因≥40毫克/千克。

（3）卫生要求。应符合《茶饮料卫生标准》（GB 19296—2003）的规定。

（二）无花果固体发泡饮料

1. 工艺流程

无花果→挑选、清洗→去皮→打浆→过滤→酶解→灭菌、灭酶→均质→干燥→粉碎、过筛→无花果粉+柠檬酸+白砂糖→混合包装→成品

↑

小苏打+包埋剂→包埋碱粒

2. 关键工艺技术要点

（1）原料挑选。选择六、七分熟的无花果鲜果，剔除有病虫及腐烂的不合格果实。

（2）去皮。将原料放入盛有4%氢氧化钠溶液的锅中保持微沸状态1~2分钟，去皮后再使用1%亚硫酸氢钠溶液煮15~20分钟，起到护色及中和残留氢氧化钠的作用。

（3）打浆。将护色后的无花果与水混合打浆，料、水比（克：毫升）控制在1：0.5。

（4）酶解。由于无花果中果胶含量较高，致使料液的黏度较高，影响果浆干燥且使成品溶解性降低，因此在过滤后的浆液中添加适量果胶酶进行酶解。

（5）灭菌。将酶解好的汁液在121℃条件下瞬时灭菌2分钟。

（6）均质。在20 000转/分条件下均质12分钟。

（7）干燥。对果浆进行真空干燥，温度设为55℃，真空度为760帕，整个干燥过程大约需要30小时。

（8）包埋。使用1%的β-糊精、1.5%的麦芽糊精，与1%的CMC以相同比例混合制成胶液，取5克胶液加入10克碳酸氢钠进行混合包埋，包埋物于60℃下烘干粉碎。

3. 产品质量标准

（1）感官指标

色泽：呈粉红色，或浅绿色，透明，色泽均匀一致。

滋味与气味：具有无花果的清香，果味浓，酸甜适宜，无异味。

气泡状态：泡沫丰富，均匀，香气持久。

（2）理化指标。蛋白质含量≥1克/100克，糖度13%以上，酸度（以柠檬酸计）0.3%。

（3）卫生要求。应符合《茶饮料卫生标准》（GB 19296—2003）的规定。

第五节　无花果果酒的酿造技术

一、无花果果酒简介

无花果果酒是以无花果为原料，采用生物发酵工艺，酿造出来的低度、营养、保健饮料酒。无花果中所含糖分主要是葡萄糖和果糖，适宜于酿制无花果果酒，果实中所含对人体有益的多种氨基酸、维生素、微量元素等营养物质以及异戊醇、辛酸乙酯等挥发性物质，使得无花果果酒不仅营养丰富，而且果香、酒香和谐纯正，口感风味独特，具有较高的药理价值[18]。

无花果果酒所含的脂肪酶、水解酶等有降低和分解血脂的功能，可减少脂肪在血管内的沉积，进而起到降血压、预防冠心病的作用。

无花果果酒含有苹果酸、柠檬酸、脂肪酶、蛋白酶、水解酶等，能帮助人体对食物

的消化，促进食欲。

无花果果酒含有多种脂类，故具有润肠通便的效果。

无花果果酒有抗炎消肿之功，可利咽消肿。

二、生产工艺流程

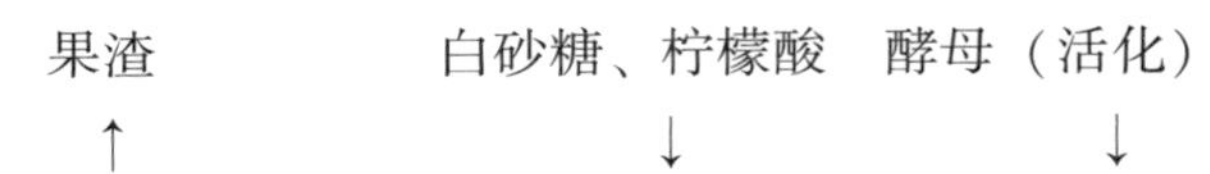

无花果鲜果→挑选→清洗→灭酶→打浆、护色→酶解→调糖、调酸→灭酶→主发酵→倒罐→后发酵→过滤→灭菌→陈酿→澄清→过滤→成品

三、关键工艺技术要点

（一）选　果

无花果的成熟度可直接关系到果酒的品质，采收成熟度在八成左右的鲜果，以光皮浅黄色、粉红色为佳，剔除霉烂、病虫果，同时在采收过程中，一定要轻拿轻放，避免机械损伤。

（二）无花果果汁制备

将清洗过的无花果进行灭酶处理，将灭酶后的无花果放入榨汁机中，同时加入由柠檬酸、维生素 C 和乙二胺四乙酸二钠组成的护色剂进行破碎打浆，之后将 pH 值调整到 3.5，添加质量分数为 0.2%的果胶酶，于 50℃条件下水浴 2 小时，得到无花果果汁。

（三）酵母菌活化

称取一定量的活性干酵母，用 5%的糖水 38℃复水 15～30 分钟，之后将温度降到 30℃ 以下，活化 2 小时，以备酒精发酵。

（四）成分调整

酒精的生成量与发酵液中含糖量呈正比关系，无花果果汁的含糖量不足，需按比例添加白砂糖来弥补，发酵后才能达到正常需要的酒度。因此，用白砂糖调节使糖度达到 14%～16%（质量分数）左右，同时加入二氧化硫。若原汁酸度较高，可用碳酸钙调节果汁 pH 至 3.5 左右。调整后的果汁于 121℃下灭菌 10 分钟，冷却后备用[19]。

（五）发　酵

选择最佳发酵菌种，接种量为 0.03%～0.05%，搅拌均匀，保持发酵温度在 20～28℃，发酵时间 20～30 天，当残糖下降到 2 克/升以下时，应立即分离酒脚，倒桶转入后发酵阶段。按所需酒度，再补加相应的白砂糖，于18~20℃保温20~30天，测定残糖含量，一旦达到要求，立即分离酒脚。前、后两次酒脚蒸馏后收集酒液，用于调配酒度。发酵完成后的酒称为原酒，一般酒度在10%vol左右，为利于陈酿，应调整酒度，可用无花果果酒液或优级食用酒精调整酒度，一般高于成品酒3%~5%[20]。

（六）陈　酿

陈酿是果酒中有机酸与乙醇酯化反应的过程。常见的酸有琥珀酸、醋酸、甲酸、丙酸、丁酸等。陈酿的过程不仅可以增加果酒的爽口感，还会增添新的芳香物质，用于调配成型酒的原酒应陈酿2~3个月以上。经较长时间的陈酿，酒的色、香、味、风格均有明显提高。

（七）灭　菌

经过发酵、分离的清酒液，仍残留着一些微生物，包括有益和有害的菌类，因此需进行灭菌处理。灭菌温度一般为68~70℃，保持20~30分钟；也可采用超高温瞬时灭菌方法进行灭菌。灭菌处理不仅可以将微生物灭杀，破坏酶活性，稳定酒成分，提高其稳定性，还能促进酒的老熟。

HUT灭菌温度：通常115~120℃，维持3秒钟，冷却至室温进行贮存。

四、成品质量标准

（一）感官要求

色泽：具有无花果果汁本色或琥珀色，富有光泽。

澄清度：澄清透明，无杂质及悬浮物。

香气：具有无花果特有的果香和酒香，口感柔和纯正。

（二）理化要求

酒精度（20℃）10%~15%vol；总糖（以葡萄糖计）6~10克/升，总酸（以乙酸计）2克/升；二氧化硫（以游离二氧化硫计）0.04克/升。

（三）卫生要求

按《食品安全国家标准　蒸馏酒及其配制酒生产卫生规范》（GB 12696—2016）和《绿色食品　果酒》（NY/T 1508—2017）标准执行。

第六节　无花果果醋的加工技术

一、无花果果醋简介

无花果果醋是通过微生物发酵，将无花果果实中所含的微量元素、维生素、多糖等营养物质留在发酵所得的果醋中，保留了原料中的活性物质，还具有了食醋的功能特性，不仅可以作为食用醋，还能开发果醋饮料[21]。果醋中含有较多有机酸，不仅原料中固有的有机酸（草酸、苹果酸、柠檬酸、抗坏血酸、富马酸等），也有发酵过程产生的乳酸、醋酸及丙酮酸等。这些有机酸不仅能够调节人体内的酸碱平衡，促进细胞的新陈代谢，其中含有活性较高的酚类物质如花色素类和黄酮类，也给果醋增加了较好的风味特性。

无花果果醋酿造可用鲜果作原料，也可使用干制无花果进行发酵，但无花果果干中的水分含量很低，果胶含量较高，直接取汁得率较低，要先用温水浸泡，并使用果胶酶降低果胶含量，通过果胶酶分解果胶，增加了无花果醋产品的稳定性，并有利于无花果果中营养物质的溶出。果醋中的有机酸、酚类、黄酮类等物质具有抑菌、调节酸碱平衡、缓解疲劳、抗氧化、降三高等功效，还具有预防急慢性酒精中毒、预防肿瘤、降低药物毒性的作用，果醋已成为一种时尚健康的绿色饮品。

国际上酿造果醋主要采用固态酿造法、净值表面发酵法、液体回流浇淋工艺和液体深层发酵法 4 种方法，我国果醋发酵方式有固态发酵、液态发酵和前液后固发酵法 3 种[22]，固态发酵是以粮食为主，接入酵母菌先进行酒精发酵，酒精发酵结束后加入麸皮、米糠等，然后接入醋酸菌进行醋酸发酵，其发酵过程周期长，工作量大；液态发酵法工艺简单，发酵时间短，一般选用水分和糖含量多的水果进行发酵，通过筛选酵母菌提高果醋产品风味。

二、生产工艺流程

鲜无花果→清洗→破碎、榨汁→果汁→加热、加酶、澄清→过滤→调整糖浓度→酒精发酵→醋酸发酵→陈酿→过滤→澄清→杀菌→成品

（酒精发酵 ↑ 酵母菌；醋酸发酵 ↑ 醋酸菌）

三、关键工艺技术要点

（一）无花果果汁制备

新鲜无花果洗净，按 1∶3~4 的料、水比，90℃下预煮 3 分钟，用打浆机打浆制备

果汁。

用无花果果干制备果汁时，将无花果果干用50℃热水浸泡6小时，冷却后添加果胶酶，液温保持在40~45℃，加果胶酶分解3分钟，分离清果汁；果渣2次浸泡取汁；果汁调整糖分达11%~12%（m/V），用柠檬酸溶液调整pH值为3.5~4，加入酒精酵母进行酒精发酵。

（二）菌种的活化

酒精酵母：称取一定量的活性干酵母于无花果果汁中（35~40℃、干酵母：果汁=1：2）活化30分钟，制得湿酒精酵母；进行酵母菌种活化培养。

醋酸菌的培养：将醋酸菌经过三级种子扩大培养，得到生产用发酵剂。具体步骤如下。醋酸菌原菌→500毫升三角瓶（振荡培养16小时）→1 000毫升三角瓶（振荡培养24小时）→10升种子罐（通风培养12小时）→工业发酵剂。

（三）酒精发酵

将无花果鲜果破碎榨汁后，调整果汁中还原糖含量至17%（m/V）左右，接入活化的酵母菌，初期温度控制在25~28℃，旺盛期温度控制在28~32℃，发酵72小时，酒精度达6%~7%（V/V）时，终止酒精发酵转入醋酸发酵。

（四）醋酸发酵

将酒度为6%~7%（V/V）的无花果果汁发酵液加入发酵罐中，并接入10%的醋酸菌发酵剂，定期的向发酵罐底部通入空气，发酵初期控制温度在30~35℃，空气流量为1：0.05（V/V）；旺盛期空气流量为1：0.08（V/V），发酵温度为35~40℃。每隔12小时测酸度1次，至酸度不再上升时结束发酵，醋酸发酵即完成[23]。

（五）产品的调配及后处理

刚发酵好的无花果果醋粗品，总酸含量在5%~6%，还需经过陈酿、调配、过滤、灭菌、检验、灌装等后处理和精制工艺制得无花果果醋成品。

四、成品质量标准

（一）感官指标

色泽：呈浅黄色至棕黄色，色泽发亮。
香气：清香淳郁，具有和谐的醋特有的香味。
滋味：柔和甘爽，酸甜适口。
体态：清亮透明，无悬浮物。

（二）理化指标

总固形物>7.8 克/100 毫升；总酸（以醋酸计）：0.29%；总糖 50~70 克/升。

（三）卫生指标

菌落数≤100 个/毫升，大肠菌群≤6 个/毫升，致病菌不得检出。

其他按《绿色食品　果醋饮料》（NY/T 2987—2016）标准执行。

第七节　无花果脆片加工技术

果蔬脆片是以果蔬为原料，通过一定的脱水技术加工而成的口感酥脆的天然食品。传统加工方法有热风干燥、渗透脱水、油炸膨化等，易造成营养物质的流失，对成品的风味和色泽有一定影响。为了更好的保持成品品质，真空脱水技术应运而生，主要有真空油炸、真空微波干燥、变温压差膨化、真空冷冻干燥等，通过制造负压条件，水分沸点降低，在保持对果蔬营养风味较小损耗的同时，提高水分蒸发速度[24]。

无花果不易储运，无花果脆片是其产品形式之一，目前加工方式主要有冷冻干燥、变温压差膨化干燥、微波真空干燥等。

一、无花果冷冻干燥加工

真空冷冻干燥简称冻干，是指将含水物料冷冻成固体，在低温、低压条件下利用水的升华性能，使物料低温脱水而达到干燥目的的一种干燥方法。经真空冷冻干燥后的物料，其物理、化学和生物状态基本不变，物质中的营养成分损失很小，结构呈多孔状，其体积与干燥前基本相同，具有理想的速溶性和快速复水性。

（一）工艺流程

原料→预处理→预冻结→真空冷冻干燥→后处理→分级→包装→成品

（二）操作要点

预处理：应挑选无病虫害、成熟度适中、口感优良、大小均匀一致的原材料，清水洗掉表面杂质，晾干表面水分，剔除果柄木质部等不可食部分。将无花果切割成片，切片厚度适中，过厚、过薄均会影响干燥速率，以 8~13 毫米为宜。

预冷冻：将物料预先进行冻结，先将物料中的自由水完全冻结成冰，以保持冻干前后物料的形态一致，预冻温度为-35℃，预冻时间 2 小时为宜。

真空冷冻干燥：过程分为升华干燥和解析干燥两个过程，第一阶段去除物料中的自由水，可去除所有水分中的绝大多数；第二阶段去除物料中的吸附水和结合水。干燥条件以干燥室压力30~50帕，加热板温度50~60℃为宜，此时冻干无花果的干燥速率最大，冻干能耗最低。

后处理：经过真空冷冻干燥后的物料含水量低，疏松多孔，极易吸湿、吸潮和氧化变质，为了避免这种现象的发生，延长冻干制品的保质期，应及时进行包装和贮存。

二、无花果变温压差膨化干燥加工

变温压差膨化干燥又称爆炸膨化干燥、气流膨化干燥或压差膨化干燥，是一种新型的果蔬干燥技术，通过原料组织在高温、高压下瞬间泄压时内部产生的水蒸气剧烈膨胀来实现膨化。膨化果蔬产品不经过破碎、榨汁、浓缩等工艺，保留并浓缩了鲜果蔬的多种营养成分，而且水分含量能够降到5%以下，易于贮藏。

（一）工艺流程

原料→预处理→预干燥→回软→膨化干燥→冷却→分级→包装→成品

（二）操作要点

预处理：应挑选无病虫害、成熟度适中、口感优良、大小均匀一致的原材料，清水洗掉表面杂质，晾干表面水分，剔除果柄木质部等不可食部分。将无花果切割成片，切片厚度适中，过厚、过薄均会影响干燥速率，以8~13毫米为宜。

预干燥：变温压差技术主要的原理是靠水分受热瞬间蒸发使压力上升，产生压差，从而达到膨化的效果。因此，经过预干燥处理后的物料水分要适宜，过高或过低均会对膨化后的成品产生影响，预干燥后水分含量在30%~33%为宜。

膨化干燥：膨化温度是变温压差膨化干燥技术的重要参数之一，其对膨化产品品质的影响较大，膨化温度是水分的载体，压力形成的条件。在升温的过程中，应保持缓慢升温，有利于物料内部受热均匀。设定膨化温度为85℃，打开加热阀门对物料进行加热。温度稳定后，依次打开水泵和罗茨泵，当真空罐压力达到0.1兆帕时，停滞5分钟后打开真空阀门进行瞬间膨化，膨化后将膨化罐温度降至60℃[25]。

冷却：到达设定的抽空时间后，停止抽真空，迅速通冷却水，将罐内温度降至20~25℃，维持5~10分钟，恢复常压，取出产品。

分级、包装、成品：根据产品外形和大小进行分级，装袋密封后于阴凉干燥处保存。

三、无花果微波真空干燥加工

微波真空干燥是一种新型的干燥方式，是通过在真空条件下对物料进行微波加热而

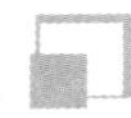

达到水分的蒸发。微波真空干燥综合了微波干燥和真空干燥的优势，具有快速、高效、低温等优点，能较好地保持食品原有的色、香、味及营养成分，可有效避免干燥过程中生物活性成分的破坏[26]。产品的组织结构和复水率等物理特性可以和冷冻干燥的产品相媲美，但操作成本比冷冻干燥要便宜得多。

（一）工艺流程

原料→预处理→微波真空干燥→冷却→分级→包装→成品

（二）操作要点

预处理：应挑选无病虫害、成熟度适中、口感优良、大小均匀一致的原材料，清水洗掉表面杂质，晾干表面水分，剔除果柄木质部等不可食部分。将无花果切割成片，切片厚度适中，过厚、过薄均会影响干燥速率，以8~13毫米为宜。

微波真空干燥：微波的有效功率和食品的介电特性，决定微波能转化为热能的效率，因此直接影响微波真空干燥过程的干燥速率。但微波强度过高会在腔体内产生电弧和放电现象。一般微波功率以1.5千瓦，干燥密度为2 870克/米^{3}为宜。

冷却：到达设定的抽空时间后，停止干燥，将温度降至20~25℃，维持5~10分钟，取出产品。

分级、包装、成品：根据产品外形和大小进行分级，装袋密封后于阴凉干燥处保存。

（三）成品质量标准

1. 感官评分标准

如表6-1所示。

表6-1　无花果脆片成品质量感官评分标准

项　目	优	良	差
色泽（25分）	自然果色，外青内红（17~25分）	表皮发黄，内部颜色加深（8~16分）	表皮黄褐色，内部焦黑（1~8分）
组织形态（25分）	切片完整，基本无碎屑，无肉眼可见外来杂质（17~25分）	切片较为完整，少量碎屑，无肉眼可见外来杂质（8~16分）	切片散乱，较多碎屑，有肉眼可见外来杂质（1~8分）
气味（25分）	果味浓厚，无异味（17~25分）	果味较浓，异味较淡（8~16分）	基本无果味，异味较浓（1~8分）
口感（25分）	甜度适中，口感较好，质地酥脆（17~25分）	甜度较淡，口感一般，质地较为酥脆（8~16分）	无甜味或甜味太浓，口感较差，质地软化（1~8分）

2. 微生物和理化指标

如表6-2所示。

表6-2 无花果脆片成品微生物和理化指标

项 目	指 标
水 分	≤5%
汞（以Hg计），毫克/千克	≤0.01
铅（以Pb计），毫克/千克	≤0.2
镉（以Cd计），毫克/千克	≤0.1
砷（以As计），毫克/千克	≤0.2
菌落总数，个/克	≤500
大肠菌群，个/100克	≤30
致病菌	不得检出

第八节 无花果粥加工技术

目前无花果粥类的常见产品类别为罐头类，罐头食品是指将符合要求的原料经过处理、调配、装罐、密封、杀菌、冷却，经无菌灌装，达到商业无菌要求，在常温下能够长期保存的食品[27]。罐头食品制作有两大关键特征：密封和杀菌。罐头种类根据容器的不同，分为马口铁罐、玻璃罐、复合薄膜袋等。

一、工艺流程

水处理→水+辅料+食品添加剂→调配　　洗罐
　　　　　　　　　　　　　　　↓　　　↓
原料→预处理→混料→灌装封口→杀菌→冷却→保温待检→成品

二、操作要点

原料预处理：粳米、无花果等原材料应挑选无病虫害、成熟度适中、口感优良的，清水洗掉表面杂质，沥干。

调配：根据产品所需，设定不同比例的配料，食品添加剂的使用范围和使用量符合《食品安全国家标准　食品添加剂使用标准》（GB 2760—2014）的要求。

灌装封口：灌装温度保持在90~95℃，以使罐内食品受热膨胀，将其中滞留和溶解

的气体排出罐外，保证灌装质量。净含量符合《定量包装商品净含量计量检验规则》（JJF1070—2005）标准要求。

杀菌：杀菌温度为21℃±2℃，杀菌压力0.125兆帕，杀菌时间60分钟。

三、成品质量标准

（一）感官品质

如表6-3所示。

表6-3 无花果粥成品质量感官品质

项 目	优	良	差
色泽（25分）	呈各种配料煮熟后的自然色泽（17~25分）	色泽较浅或较深，色调不恰当（8~16分）	令人不愉悦色泽（1~8分）
组织形态（25分）	较黏稠，稳定，稠稀适中，均匀一致，无分层，无肉眼可见外来杂质（17~25分）	较黏稠，不均匀，稍有分层，无肉眼可见外来杂质（8~16分）	较稀，不均匀，有分层，有肉眼可见外来杂质（1~8分）
气味（25分）	具有无花果特有的滋味和气味，甜度适中，无异味（17~25分）	较淡的无花果特有滋味和气味，甜度适中，异味较淡（8~16分）	基本无果味，异味较浓（1~8分）
口感（25分）	口感细腻柔滑、顺滑，黏稠度与软硬适宜（17~25分）	口感较细腻柔滑、顺滑，黏稠度与软硬较适宜（8~16分）	口感粗糙，黏稠度与软硬较差（1~8分）

（二）微生物和理化指标

如表6-4所示。

表6-4 无花果粥成品微生物和理化指标

项 目	指 标
固形物含量	55% 允许公差为-5%
可溶性固形物按折光计（20℃）	9%~14%
pH值	5.6~6.7
干燥物含量	不低于16%
锡（Sn）	≤200
铜（Cu）	≤5
铅（Pb）	≤1
总砷（As）	≤0.5

第九节　高盐盐渍技术

一、高盐盐渍技术简介

无花果属桑科无花果属，味道鲜美，具有很高的营养价值，但新鲜的无花果生产具有季节性，且采后成熟衰老快、不耐贮藏，常温下 1~2 天即软化、风味下降甚至腐烂。但随着产业的发展，国内无花果市场规模的扩大，无花果贮藏时间短的特点日益凸显，尤其在加工方面，成熟无花果极易腐败变质，红色品种极易变色，即使短期贮藏也需要0℃低温和 85%~90%的相对湿度。一般需随采收随处理，不能久贮。因此，无花果鲜料难以保鲜，贮藏时间短，已成为阻碍无花果市场发展的一个重大难题。

高盐盐渍技术是以盐渍盐分浓度（即含盐量）在 18%~20%对无花果果实进行盐渍处理。在生产旺季时对无花果果实进行盐渍贮藏，达到延长无花果贮藏期的目的，实现常年无花果加工原料的供给[28]。

盐渍不仅是一种传统的保鲜方法，同时也是一种加工方法。高盐盐渍技术主要是利用食盐的高渗透压作用、蛋白质分解、微生物发酵以及其他一系列的生化反应，通过这些反应的变化，使果蔬得以保藏。

盐渍主要通过抑制微生物的生长繁殖来实现防腐作用，当含盐量高达 20%~25%时几乎所有的微生物都停止生长。不同种类的对象对含盐量的要求也不尽相同。

高盐盐渍技术应用得当，可以从以下几方面促进社会经济发展：①防止季节性产品积压变质，失去商品价值；②丰富口感风味，物品种类；③保证产品全年均有充分加工原料。

二、生产工艺流程

食盐
↓
无花果鲜果→选果→等级划分→漂洗杀青→冷却→盐渍→翻缸→封缸→补充液→成品装桶

三、关键工艺技术要点

（一）选　果

无花果的成熟度可直接关系到盐渍保藏的品质，应采收成熟度在八成左右的鲜果。

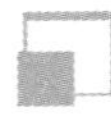

盐渍的主要工艺是盐浸，要尽量保持原料原来的形状，因此原料选择除应具有原料选择的标准外（新鲜度、成熟度、品种），主要考虑原料肉质紧密，不易破损。以光皮浅黄色、粉红色为佳，剔除霉烂、病虫果等不合格原料，同时在采收过程中，一定要轻拿轻放，避免机械损伤。

（二）清洗分级

采用三级逆流气泡式清洗设备，用0.6%的盐水将果体表面的泥沙通过三级梯度洗脱，实现连续清净的目的。保留成熟度适中、色泽正常、果形完整的果实，剔除烂果等不合格原料。

（三）护色处理

新鲜无花果红色品种极易变色，褐变不仅影响无花果的外观，而且影响其风味和营养成分，降低商品价值。需用焦亚硫酸钠等溶液进行护色，以抑制氧化酶活性，防止果体褐变腐烂。护色后要在流动的清水中冲洗，以防止焦亚硫酸钠残留过量。

（四）杀青冷却

为防止无花果腐败应尽快杀青（预煮），以彻底杀死果体细胞，使得组织收缩，排出果体内空气，抑制酶活性。将洗净的鲜果放入可渗容器内，一次放入量为容器量的2/3，放入5%~7%盐水中煮沸8~10分钟，取出浸入凉水中冷却，小心翻动果体，使冷却均匀。如冷却不透立马进行盐渍处理易造成温度上升，导致变色或腐败。

（五）盐　渍

果实按照个体大小先分级，后加工。控制盐水浓度在18%~20%，再调节pH值，加入柠檬酸与维生素C合用，能使维生素C更好地起到抗褐变作用，防止无花果褐变。将各级无花果放入盐水中浸泡，使盐慢慢进入果体，经历第一次变色。经过3~5天后捞出再倒入饱和盐水中浸泡5~7天。在整个盐渍过程中，应保证果体与盐水完全接触，以防止果体与空气接触变色。

（六）倒缸及补充液

无花果在饱和盐水中浸泡5~7天后，果体吸收更多的盐，因而盐水浓度降低，应将无花果捞出再重新浸泡在饱和盐水中，继续浸泡[29]。

四、成品质量标准

感官指标：无花果呈淡黄色或淡红色，有光泽，盐水清澈，色泽亮黄。

理化指标：盐度在18波美度以上，pH值<3.5。

微生物指标：大肠杆菌<3 个/毫升，致病菌不得检出，符合国家腌渍食品卫生标准要求。

第十节　无花果籽制油工艺

一、无花果籽制油简介

超临界流体萃取技术是一种新型的分离技术，它是以超临界流体为萃取剂，在临界温度和压力条件下，从流体或固体物料中获取分离组分的方法。将超临界状态下的流体作为溶剂对油料中油脂进行萃取分离的技术，有较高的溶解度和较高的流动性能，对所需萃取的油脂组织有较佳的渗透性。与传统方法相比，超临界萃取技术具有工艺操作简单、无溶剂残留、萃取时间短且萃取温度低等优点，因此油品色泽浅、品质优，并可以省去后续的减压蒸馏和脱臭等精制工序[30]。但是目前来看，因萃取设备昂贵且产量较低，从而造成生产成本较高，在一定程度上限制了超临界萃取技术在制油工艺中的发展。

无花果系桑科无花果属的多年生木本植物，在我国种植广泛，营养丰富，含有多种人体必需的矿物质、维生素和氨基酸等，可谓是一种天然的保健食品。另外，无花果中还含有 30 多种脂类物质，且大部分为中性脂和糖脂，所含脂肪酸中 68% 为不饱和脂肪酸以及少量人体必需的亚油酸。

利用超临界流体萃取技术对无花果籽进行萃取，实现高效高质的无花果籽制油技术。

无花果籽制油技术中应用超临界二氧化碳作为萃取剂，其优点有以下几方面。

二氧化碳超临界流体萃取可以在较低温度和无氧条件下操作，保证了油脂和饼粕的质量。

二氧化碳对人体无毒性，且易除去，不会造成污染，食用安全性高。

采用二氧化碳超临界流体分离技术，整个加工过程中，原料不发生相变，有明显的节能效果。二氧化碳超临界流体萃取分离效率高。

二氧化碳超临界流体具有良好的渗透性、溶解性和极高的萃取选择性，通过调节温度、压力，可以进行选择性提取。

二氧化碳成本低，不易燃，无爆炸性，方便易得。

二、生产工艺流程

原料预处理→破皮→粉碎→过筛→超临界萃取→无花果籽油

三、关键工艺技术要点

（一）原料预处理

选取八成熟鲜果，以光皮浅黄色、粉红色为佳，剔除霉烂、病虫果等不合格原料。

（二）萃取前处理

取一定质量合格果实，人工去皮，自然风干，用多功能粉碎机破碎成4～10瓣，利用木棍将预备好的颗粒状料轧成薄片（0.5～1毫米厚）。在105℃下分别加热0分钟、20分钟、30分钟、40分钟，将其粉碎，过20目筛。

（三）萃　取

取过20目筛后一定质量的无花果籽进入萃取釜，二氧化碳由高压泵加热至30千帕，经过换热器加温至35℃左右，使其成为既具有气体的扩散性又有液体密度的超临界流体，该流体经过萃取釜萃取出无花果籽油料后，进入第一级分离柱，经减压至4～6兆帕，升温至45℃，由于压力降低，二氧化碳流体密度减小，溶解能力降低，植物油便被分离出来。二氧化碳在第二级分离釜时会进一步减压，无花果籽油料中的水分和游离脂肪酸便全部析出，纯二氧化碳经由冷凝器冷凝，经贮罐后，再由高压泵加压，如此循环使用。

四、成品质量标准

（一）感　官

参照《食用植物油卫生标准的分析方法》（GB/T 5009.37—2003）执行。

（二）折光指数

参照《动植物油脂　折光指数的测定》（GB/T 5527—2010）执行。

（三）碘　值

参照《动植物油脂　碘值的测定》（GB/T 5532—2008）执行。

（四）皂化值

参照《动植物油脂　皂化值的测定》（GB/T 5534—2008）执行。

（五）不皂化物

参照《动植物油脂　不皂化物测定　第1部分：乙醚提取法》（GB/T 5535.1—

2008）执行。

（六）水分及挥发物

参照《动植物油脂　水分及挥发物的测定》（GB 5009.236—2016）执行。

（七）酸值、过氧化值

参照《食用植物油卫生标准的分析方法》（GB/T 5009.37—2003）执行。

（八）加热试验

参照《粮油检验　植物油脂加热试验》（GB/T 5531—2018）执行。

（九）冷冻试验

参照《粮油检验动植物油脂冷冻试验》（GB/T 35877—2018）执行，在0℃下冷藏5.5小时。

（十）色　泽

参照《动植物油脂罗维朋色泽的测定》（GB/T 22460—2008）执行。

（十一）食用油卫生标准

参照《食用植物油卫生标准》（GB/T 2716—2005）执行。

第十一节　无花果凝胶软糖加工技术

一、简　介

利用新鲜无花果制成无花果果酱，再配以白砂糖、复合食品胶、柠檬酸、乳酸钙等辅料，并在最佳凝胶剂配比和最佳工艺配方条件下，研制出无花果凝胶软糖。该糖质地柔软、组织细腻、口感滑润，拥有无花果特有的风味及营养价值[31]。

二、生产工艺流程

无花果→挑选→清洗→去皮、切分、护色→预煮→打浆→微磨→均质→脱气→灭菌→真空浓缩→果酱

复合食品胶+一半白砂糖→干混均匀→冷水浸泡 ┐
　　　　　　　　　　　　　　　　　　　　　├→搅拌→熬煮→冷却→调配→
淀粉+葡萄糖浆+另一半白砂糖→加热→溶解 ┘　　　　　　　　　　　↑

(无花果浆、柠檬酸、乳酸钙)

浇模→冷凝→脱模→干燥→包装→成品

三、技术要点

(一) 原料精选

选择成熟度较高的无花果，剔除病虫果及腐烂果。

(二) 去梗清洗

小心仔细地将果梗去除，用清水将无花果反复冲洗干净，除去杂物，滤出水。

(三) 去皮、护色

将原料放入盛有4%氢氧化钠溶液的锅中保持微沸1~2分钟，去皮后再使用1%亚硫酸氢钠溶液煮15~20分钟，起到护色及中和残留氢氧化钠的作用。

(四) 打浆、微磨

护色后的无花果与水混合打浆，料、水比（克：毫升）控制在1：0.5，然后再放入胶体磨中磨成细腻浆液。

(五) 均　质

在20 000转/分条件下均质12分钟。

(六) 脱　气

为防止因氧化作用引起的色泽变化及营养成分的损失，采用真空脱气机对均质后的果浆料液进行脱气处理，脱气条件为：50℃，13~15千帕。

(七) 灭　菌

采用超高温瞬时灭菌机进行。灭菌条件为：125℃，3秒种，出料温度≤65℃。

(八) 浓　缩

在50℃、14千帕条件下低温真空浓缩，所得到的浓缩液以插入竹筷不倒为宜。

四、凝胶软糖的制作

(一) 凝胶剂的选择

用于生产凝胶软糖的凝胶剂通常有琼脂、卡拉胶、明胶和果胶等。在软糖制作过程中，添加琼脂的软糖胶凝性很强，但透明度和弹性却不太理想；使用明胶的缺点是凝固点和融化点低，制作和储存需要低温冷冻；而果胶的缺点是要加高浓度糖和保持较低的pH值才能凝固；添加卡拉胶的软糖弹性和透明度都还不错，但胶凝性不高，软糖品质并不很理想；而单独添加魔芋胶、槐豆胶或黄原胶的含糖胶液都无法形成软糖凝胶。故使用复合食品胶的最大特点在于，当其用于制备凝胶软糖时，无须预熔，这不仅简化了凝胶软糖的生产工序，同时也大大降低了凝胶软糖的成本，且使用复合食品胶制作出的软糖具有强凝胶性和高透明度，使软糖晶莹剔透、弹性强、口感细腻。

（二）复合食品胶的组分及含量

复合食品胶由下列组分及含量组成（表6-5）。

表6-5　复合食品胶组分（含量以质量百分比计）

组分名称	含　量
卡拉胶	40%~50%
魔芋粉	20%~30%
黄原胶	20%~30%
食用氯化钾	5%~10%

其中，卡拉胶的凝胶强度≥700毫克/厘米^2（测定浓度为1.5 wt%），魔芋粉中的葡甘露聚糖（KGM）的含量≥80wt%。上述各组分均为市售品。

（三）复合食品胶的制备

将卡拉胶、魔芋粉、黄原胶和食用氯化钾按上述比例在常温（20~30℃）、常压下混合均匀即可。

（四）葡萄糖浆、变性淀粉的处理

葡萄糖浆于锅中煮沸，再将用8倍水溶解的变性淀粉搅拌均匀倒入锅中至煮沸，然后加入另一半白砂糖煮至溶液透明，温度保持在104~107℃。

（五）加热溶解、混合

将制得的复合食品胶与白砂糖按一定比例在容器中干混均匀，加入食用冷水浸泡15~30分钟，然后加入化好的葡萄糖浆、变性淀粉混合液，搅拌均匀。

（六）熬　煮

将混合浆液在104~107℃温度下充分熬煮，至可溶性固形物含量在72~76波美度。

（七）调 配

停止加热，待糖液温度降至80~85℃，加入无花果果浆、柠檬酸、乳酸钙[13]，高速搅拌混合均匀。

（八）浇模、成型

将上述混合物在80℃恒温水浴锅上静置一定时间，排尽气泡后，立即移至模盘，静置至室温后凝胶即成型。

（九）干燥、包装

置于温度为40℃、相对湿度≤55%的电热恒温鼓风干操箱中干燥24~36小时，至产品水分含量维持在18%，取出用糯米纸包装成品。

五、成品质量

（一）感官指标

无花果软糖呈紫红色，透明有光泽；糖体饱满，无硬皮，组织细腻，柔韧富有弹性，不粘牙；甜酸适口，易消化吸收，无肉眼可见杂质，且营养丰富，具有很高的食用价值。

（二）理化指标

水分含量为18%左右，还原糖含量为30%~40%。

（三）微生物指标

无花果软糖中的细菌总数≤100个/克，大肠杆菌总数≤30个/100克，致病菌不得检出。

第十二节 微胶囊化无花果果粉加工技术

一、简 介

以阿拉伯胶和麦芽糊精为壁材，以无花果果粉为芯材，用喷雾干燥法制取无花果果粉微胶囊。其最佳工艺条件为：芯材与壁材的比例为1∶4，阿拉伯胶与麦芽糊精的比例为1∶1，固形物浓度为30%，乳化剂用量为0.3%，30兆帕均质2遍，进风温度为

200℃，出风温度为 81℃。生产出的无花果果粉微胶囊色泽、溶解性好，水、表面油含量低，无花果果味浓郁，口感好，适宜大众消费人群，也适合于工业化生产[32]。

二、生产工艺流程

无花果→挑选→清洗→切分→护色→预干燥→真空膨化→粉碎→芯材

↓

乳化剂、稳定剂+水

溶解阿拉伯胶→混入麦芽糊精→壁材

→搅拌均匀→乳化糖浆→过滤

↓

包装←微胶囊成品←喷雾干燥←均质←调配

三、关键工艺技术要点

（一）芯材的制备

1. 原料选择

挑选成熟度为七八成的无花果，剔除病虫果及腐烂果。七成熟以下的无花果糖分积累不足，果实膨大度不够，果型对称性较差，可用于真空膨化的较少。

2. 去梗清洗

仔细地将果梗去除，用清水将无花果反复冲洗干净，除去杂物，滤出水，后用小刀将果实切成块。

3. 护　色

干燥和真空膨化处理过程中，无花果中热敏性营养物质散失严重，必须加入护色剂进行护色处理，优选的护色剂由如下重量百分数的原料组成：柠檬酸溶液 0.2%～1.2%，异抗坏血酸钠溶液 0.2%～1.2%，维生素 C 溶液 0.2%～1.2%，氯化钠溶液 0.2%～1.2%，氯化钙溶液 0.2%～1.2%，L-半胱氨酸溶液 0.1%～0.6%，余量为水。

4. 预干燥

预干燥是为了去除多余的水分但又不至于全部干燥以至于无法膨化干燥，预干燥的条件为：70～100℃，干燥 0.5～5 小时。

5. 真空膨化

真空膨化技术为真空变温压差膨化，其主要步骤为：设定膨化温度为 70～100℃，到达预定温度后打开压力阀使罐体处于 0～0.4 兆帕的高压下保温 10 分钟，打开真空阀门使罐体的压力瞬时降压；降压使罐体的整体温度降为 60～90℃后真空干燥 0.5～5 小时，使其水分降至 5%左右；待罐体的整体温度降到 40℃以下时打开进气阀使罐体恢复常压，然后打开罐体的阀门取出无花果。

6. 粉 碎

用粉碎机粉碎，80 目过筛，即得到无花果粉，将其作为芯材。

（二）壁材的选择

壁材特性是影响微胶囊产品特性的重要因素。乳状液固形物含量越高，在干燥时越易形成壁膜，从而对芯材物质的持留能力越好，而且节约能耗，但同时带来黏度升高的问题，黏度过高会给喷雾干燥带来困难，所以在选择壁材时应同时考虑具有高的固形物含量和低黏度这 2 种因素。其中，阿拉伯胶与麦芽糊精复配的微胶囊包埋率最高，所以选择阿拉伯胶与麦芽糊精进行复配制备微胶囊最为合适。

（三）无花果微胶囊化配方

无花果微胶囊化配方比值芯材与壁材的比例为 1∶4，阿拉伯胶与麦芽糊精的比例是 1∶1，固形物的浓度为 30%，乳化剂的用量为 0.3%。此配方中各项指标都达到预期的效果，乳化稳定性和乳状液稳定性均较好，符合喷雾干燥的条件。

（四）乳化剂的确定

分别选择单脂肪酸甘油酯+脂肪酸蔗糖酯和酪蛋白酸钠作为乳化剂。在其他条件不变的情况下测定这两种乳化剂对乳化液稳定性的影响，通过对比选择最好的乳化剂。

（五）稳定剂的选择

分别选择黄原胶、海藻酸钠、食用级羧甲基纤维素钠（CMC）作为稳定剂添加到乳化液中，在其他条件不变的情况下，通过测定液的稳定性对比来确定最好的稳定剂。

（六）均 质

30 兆帕均质 2 遍，测乳化液的稳定性。

（七）喷雾干燥

喷雾干燥时，喷雾干燥塔进风温度为 200℃，出风温度为 81℃，制备出产品。

（八）无花果果粉微胶囊的测定

1. 微胶囊水分的测定

准确称取 M 克微胶囊无花果果粉，置于已干燥、冷却和称至恒重的有盖称量瓶（M_1）中，移入 100~105℃烘箱内，开盖干燥 2~3 小时后取出，加盖，置于干燥器中冷却 0.5 小时，称重；再烘 1 小时，冷却、称重。重复此操作直至恒重（M_2），即前后两次质量差不超过 2 毫克。

$$水分含量=\frac{M_2-M_1}{M}\times100\%$$

2. 微胶囊溶解性的测定

称取相同质量的不同样品于锥形瓶中，加入相同质量的水，在相同的时间内观察样品的变化情况，然后用玻璃棒进行搅拌观察溶液的变化情况并记录结果。

3. 微胶囊包埋率的确定

微胶囊化效率即包埋率，是指无花果果粉微胶囊实际被包埋量与理论被包埋量的比值。

$$包埋率=\left(1-\frac{产品表面含油量}{产品中的总含油量}\right)\times100\%$$

总油含量：采用索氏抽提法。

表面油含量：准确称取微胶囊 1 克放入 10 毫升的离心管中。将 30 毫升正己烷分 3 次加入，每次振荡 2 分钟，过滤，合并滤液，将滤液用 60℃ 水浴加热，蒸馏出正己烷，反复操作 3 次，称质量，得出无花果果粉微胶囊的质量为表面含油量。

四、成品质量

本产品彻底解决了口感粗糙，加工过程中营养成分损失高，色、香、味差异大，废液多，微生物水平高等缺陷。口感相当好，容易消化吸收，且最大限度地保留了无花果的营养成分，便于包装和携带，生产成本低，有利于大规模生产和无花果产品贮藏，延长销售期。

无花果果粉微胶囊颜色鲜亮，呈紫红色，表面油含量少，含水量低，包埋效果良好，具有无花果特有的天然香味，口味纯正，无异味，且易于溶解，溶解后乳液润滑细腻。

微生物指标应达到细菌总数≤80 个/克，大肠菌群（近似数）≤10 个/克，致病菌不得检出。

参考文献

[1] 王玉玲，潘一山，李晔．波姬红无花果果干制作方法筛选 [J]. 福建热作科技，2017，42 (1)：1-5.

[2] 孙学翠．无花果果干加工技术 [J]. 贮藏加工，2007 (7)：25.

[3] 张倩，胡金涛，王晓芳，等．无花果果脯加工工艺研究 [J]. 贮藏加工，2016，48 (5)：46-47.

[4] 纪阳，刘晓庚，徐征宇，等．无花果果脯生产中褐变糖液的脱色实验 [J]. 食品工业科技，2016，10 (37)：283-288.
[5] 黄鹏．低糖无花果果酱的加工研制 [J]. 食品工业科技，2007，28 (11)：183-188.
[6] 周涛．低糖无花果果酱生产技术 [J]. 食品工业科技，1998 (3)：54-55.
[7] 鞠春艳．澄清型臭李子果汁饮料的加工工艺研究 [D]. 长春：吉林农业大学，2016.
[8] 汤慧民．澄清无花果果汁饮料的研制 [J]. 饮料工业，2012，15 (4)：18-20.
[9] 杨萍芳．无花果果肉饮料的研制 [J]. 饮料工业，2003，6 (4)：15-17.
[10] 王芹，蔡金星，刘秀凤，等．欧李浑浊果汁加工工艺的研究 [J]. 山东农业科学，2012，44 (6)：110-115.
[11] 高世霞．芦荟、无花果复合果汁饮料的研制 [J]. 饮料工业，2009，12 (2)：13-15.
[12] 姜波，从艳霞，万建春．无花果代乳饮料研究 [J]. 饮料工业，2008，11 (6)：29-30.
[13] 万建春，姜波．代乳饮料稳定性研究 [J]. 饮料工业，2007，10 (9)：16-17.
[14] 鲁安太，杨静萍，杨在清，等．高级饮料——沙棘奶等系列果奶饮料的研制 [J]. 中国乳品工业，1989 (2)：63-66.
[15] 李志成，蒋爱民，段旭昌，等．新型果奶饮料稳定性研究 [J]. 西北农业学报，2001，10 (4)：111-113.
[16] 朱一军．无花果果奶饮料的研制 [J]. 食品工业科技，1997 (3)：52-53.
[17] 王岩．固体饮料进入快速发展关键期 [J]. 食品科技，2011 (6)：8.
[18] 余乾伟，谢邦祥，冯怀先．无花果酒的研制 [J]. 酿酒科技，2004 (6)：93-93.
[19] 谢邦祥，陈良军．特色无花果发酵酒生产技术 [J]. 食品与发酵科技，2007，43 (1)：53-58.
[20] 左勇，刘利平，鞠帅．无花果酒发酵条件的优化 [J]. 食品科技，2014 (1)：95-98.
[21] 张文叶，张峻松，王石磊，等．无花果醋的酿造工艺 [J]. 中国酿造，2003，22 (4)：31-32.
[22] 张冬，李友广，李晓华．无花果醋饮料生产工艺的研究 [J]. 新疆大学学报

（自然科学版），2005，22（4）：465-467.

[23] 缪静，殷曰彩，冯志彬，等．无花果果醋发酵工艺优化［J］．食品与机械，2014（3）：218-221.

[24] 李志雅，李清明，苏小军，等．果蔬脆片真空加工技术研究进展［J］．食品工业科技，2015，36（17）：384-387.

[25] 张倩，葛邦国，卢昊，等．压差膨化无花果脆片加工工艺初探［J］．农产品加工，2016（10）：28-29.

[26] 李辉，袁芳，林河通，等．食品微波真空干燥技术研究进展［J］．包装与食品机械，2011，29（1）：46-50.

[27] 施敬文．我国罐头食品行业质量调研报告［J］．质量与标准化，2014（2）：42-45.

[28] 柏红梅，游敬刚，游勇，等．无花果盐渍保藏技术的研究［J］．食品与发酵科技，2015，51（5）：37-42.

[29] 王志强，冉茂林，李恒，等．不同品种萝卜盐渍加工特性的分析评价［J］．食品与发酵科技，2015，51（1）：36-39.

[30] 张骁，束梅英．超临界流体萃取技术及其在油脂加工中的应用［J］．沙棘，1998（3）：26-33.

[31] 叶超，刘毅．无花果凝胶软糖的研制［J］．食品研究与开发，2013（2）：43-45.

[32] 汤慧民．喷雾干燥法制备无花果微胶囊的研究［J］．食品工业，2012（4）：11-13.

第七章　无花果综合利用技术

第一节　无花果（果实、叶、根）药用食品制备技术

无花果是一种高营养价值和药用价值的药食两用型水果，其根、叶均可入药。因其具有滋补、防病、治病、健身等功效，被誉为“抗癌斗士”和21世纪人类健康的守护神。历代医药典籍对无花果均有记载，如刘善述[1]在《草木便方》中记载“无花果甘平开胃，令妇生子五痔退，咽喉肿痛止泄痢，叶辛薰洗痔漏对”；清朝何克谏《生草药性备要》中记载无花果可“治火病”。《全国中草药汇编》中记载“无花果叶，淡、涩，平，散瘀消肿，止泻；治肠炎，腹泻，外用治痈肿”“无花果根，淡、涩、平，治肠炎、腹泻。”近年来，有研究报道，无花果在抗氧化、抗癌、抗肿瘤、增强免疫力、降“三高”等方面具有特殊作用。

一、无花果所含的化学成分

（一）香豆素类

1997年，尹卫平等[2]从乙酸乙酯部分分离得到3个香豆素类化合物，其中一个为新香豆素，鉴定为6-（2-甲氧基，顺-乙烯基）7-甲基吡喃香豆素［6-（2-methoxy-2-vinyl）7-methyl-pyranocoumarins］；另两个为补骨脂素（Psoralen）和佛手柑内酯（Bergapten）。

（二）三萜类、挥发油类

1995年，莫少红等[3]用无花果果实或叶经水提，活性炭、丙酮处理后蒸馏，用HPLC和GC-MS分离得α-丙基呋喃、邻-甲基苯甲酸、苯甲醛、苹果酸、异丙醚、4-甲基-2-戊酮。无花果果干、幼果经多种溶媒提取及硅胶柱层析，分得9，19-环丙基-24，25环氧乙烷-5烯-3β螺甾醇。2003年，张峻松等[4]应用超临界二氧化碳流体萃取

无花果挥发油，平均出油率为4.35%。通过GC-MS对无花果挥发油成分分离和鉴定出61种成分，文献鉴定出49种成分，其中相同成分有25种。超临界流体方法萃取无花果挥发油，结果有13种之前未测出的醛类、酚类或链状的多烯醇类化合物，如月桂烯、2-壬烯醛、芳樟醇、丁香酚、橙花叔醇、苯乙醛、苯乙酸烯丙酯、5-甲基糠醛、2，6-二甲基-5，7-辛二烯-2-醇、法尼醇、11-十六烯酸乙酯、亚麻酸甲酯。

（三）黄酮类、多糖类

2005年，王超等[5]用AB-8型大孔吸附树脂分离提纯无花果总黄酮，所得精黄酮的纯度为39.8023%，粗提物黄酮纯度为5.7563%。1999年康文艺等[6]从无花果非蛋白糖部分分离出FPS-2成分，其水解液的薄层层析显示其单糖组分为半乳糖、木糖、甘露糖、鼠李糖；红外光谱证明其为酸性多糖，β-构型。2004年，吴亚林等[7]经脱脂、沸水抽提、乙醇沉淀、酶-Sevag法脱蛋白得到粗多糖，再经DEAE-Sepharose fast flow阴离子交换层析和Sephadex G-200葡聚糖凝胶柱层析得到纯化的无花果多糖（FCPS），经红外光谱和紫外光谱分析鉴定表明所提取的无花果多糖为单一组分的多糖。

（四）微量元素及其他成分

2000年，张积霞等[8]采用原子吸收分光光度法测定无花果中的多种微量元素，结果表明无花果中有多种人体必需的微量元素，如铁、锰、锌、铜、锗、钼、锡等。2004年，唐清秀等[9]也采用原子吸收光谱仪测定陇南无花果中9种微量元素，结果发现陇南无花果中钙、镁、磷等元素含量较高。除此之外，无花果中酶类含量也较为丰富，如淀粉糖化酶、过氧化物歧化酶（SOD）、脂肪酶、蛋白酶等。

二、无花果（果实、叶、根）的药理作用

（一）抗癌与抗肿瘤作用

彭勃[10]等人综述了无花果中的抗癌成分有补骨脂素、皂苷类、苯甲醛以及其他营养成分，可抗胃癌、结肠癌、艾氏肉瘤、艾氏腹水癌、S180肉癌、肝癌、肺癌等，并能延缓移植性腺癌、骨髓性白血病、淋巴肉瘤的发展，且不同品系无花果的不同部位有不同程度的抗癌作用和提高免疫功能的作用。近年来，无花果的抗癌研究又有新的进展，如郭润妮[11]等人报道，无花果多糖不同组分在体外可以抗肝癌、胃癌、结肠癌，但不成剂量依赖性。无花果多糖对移植性S180和EAC实体瘤都有抑制作用，并可使小鼠的溶血素生成量增加，增强小鼠的免疫功能，推测其抗瘤作用可能与增强机体的免疫功能有关。王静等[12]用无花果浆处理体外培养的肿瘤细胞，结果表明，FFL对人胶质瘤和肝癌细胞的增殖有明显的抑制作用，并对肿瘤细胞DNA合成、凋亡和细胞周期有影响。解美娜等[13]研

究表明，无花果叶提取物能够通过激活 caspase3 和 p53 诱导肝癌 Hep G2 细胞凋亡从而抑制其体外的生长与增殖，且无花果枝提取物能够通过诱导胃癌 BGC-823 细胞凋亡从而抑制其体外的生长与增殖。尹卫平[14,15]等研究表明，无花果的抗癌物质可能与无花果中的芳香类化合物有关，苯环结构能使癌细胞蛋白质合成受到抑制。并从无花果的果实中又分得一个新的皂苷成分（化合物Ⅰ）和一个新的糖苷化合物（化合物Ⅱ）。化合物Ⅰ对人胃癌细胞（BGC-823）和人结肠癌细胞（HCT）抑癌率平均分别为 37.66%和 32.64%。化合物Ⅱ没有抑制肿瘤细胞的活性，但具有提高小鼠免疫功能的作用。也有研究表明，无花果的抗肿瘤活性与其中的苯甲醛、丰富的营养成分、维生素及微量元素等有关。王振斌等[16]研究表明，无花果残渣脂溶性物质对白血病细胞（U937）、肺癌细胞（95D）和胃癌细胞（AGS）的均具有体外抑制作用。另外，无花果提取液中的活性物质具有抗 Ehrlieh 肉瘤的作用。用水蒸气蒸馏法从无花果果实中分离得到的苯甲醛具有抑制老鼠 Ehrlich 肉瘤增长的作用。详细研究结果如表 7-1 所示。

表 7-1 无花果抗癌与抗肿瘤作用研究

实验对象	实验方法	实验结果
无花果多糖	采用细胞增殖检测（MTT）法研究无花果多糖 FCPS-1、FCPS-2、FCPS-3 体外抗人肝癌（Hep G2）细胞、人胃癌（7901）细胞、人结肠癌（SW1116）细胞活性	FCPS-1、FCPS-2、FCPS-3 对 Hep G2、7901、SW1116 细胞的增殖均有抑制作用，且当质量浓度大于 1 毫克/毫升时，抑制作用就开始显现，但并不呈现剂量依赖关系
无花果醇提物	观察无花果醇提物对小鼠体内移植肿瘤细胞生长和免疫器官胸腺、脾脏的影响，并通过 α-醋酸萘酯酶染色（ANAE）法检测无花果对 T 细胞的影响	不同剂量的醇提物对 S180 肉瘤小鼠均表现出良好的抑瘤作用，且各剂量组均可以提高免疫器官脏器指数，与模型组相比有显著性差异（$P<0.01$）
无花果果浆	研究无花果果浆体外对人肿瘤细胞的增殖抑制作用，5-溴脱氧尿苷（Brdu）掺入试验、吖啶橙/溴乙啶（AO/EB）染色、流氏细胞术检测无花果果浆对肿瘤细胞 DNA 合成、凋亡以及细胞周期的影响	用无花果果浆处理后，人肿瘤细胞增殖活性降低，克隆形成下，Brdu 标记指数降低，AO/EB 染色凋亡细胞增多；细胞周期分布改变，凋亡指数升高（$P<0.01$），G0/G1 期细胞数增加（$P<0.01$），S 期细胞数减少（$P<0.01$）；无花果果浆在一定剂量内对正常细胞无明显影响
无花果浆液	采用 MTT 法、克隆形成试验、Brdu 掺入试验，染色、流式细胞术检测无花果浆液作用后人肝癌细胞株（SMMC-7721）、正常细胞株（L-02）增殖、凋亡和细胞周期分布的变化，并通过 RT-PCR 观察其诱导凋亡的机制	用无花果浆液处理后，MMC-7721 增殖活性降低（$P<0.05$），克隆形成下降（$P<0.05$），Brd U 标记指数降低（$P<0.05$），Hoechst 33342 染色凋亡细胞增多（$P<0.05$）；细胞周期分布改变，凋亡指数升高（$P<0.01$），G0/G1 期细胞数增加（$P<0.01$）；在一定剂量内对正常细胞无明显影响。PT-PCR 检测 ADPRTL 基因表达增强
无花果果渣	对无花果果渣脂溶性物质抗肿瘤活性成分进行结构鉴定	脂溶性物质中结晶 6 对白血病细胞（U937）、肺癌细胞（95D）、胃癌细胞（AGS）具有抑制作用，IC_{50}小于 10 毫克/升；结构鉴定为 β-谷甾醇

（续表）

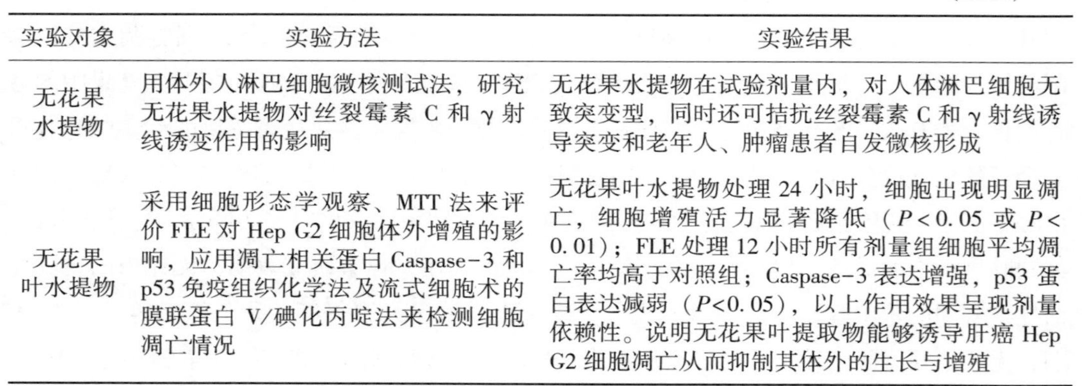

实验对象	实验方法	实验结果
无花果水提物	用体外人淋巴细胞微核测试法，研究无花果水提物对丝裂霉素 C 和 γ 射线诱变作用的影响	无花果水提物在试验剂量内，对人体淋巴细胞无致突变型，同时还可拮抗丝裂霉素 C 和 γ 射线诱导突变和老年人、肿瘤患者自发微核形成
无花果叶水提物	采用细胞形态学观察、MTT 法来评价 FLE 对 Hep G2 细胞体外增殖的影响，应用凋亡相关蛋白 Caspase-3 和 p53 免疫组织化学法及流式细胞术的膜联蛋白 V/碘化丙啶法来检测细胞凋亡情况	无花果叶水提物处理 24 小时，细胞出现明显凋亡，细胞增殖活力显著降低（$P<0.05$ 或 $P<0.01$）；FLE 处理 12 小时所有剂量组细胞平均凋亡率均高于对照组；Caspase-3 表达增强，p53 蛋白表达减弱（$P<0.05$），以上作用效果呈现剂量依赖性。说明无花果叶提取物能够诱导肝癌 Hep G2 细胞凋亡从而抑制其体外的生长与增殖

（二）增强免疫力

苗明三等[17]报道，无花果多糖可促进免疫抑制小鼠腹腔巨噬细胞产生和分泌白介素 IL-1α，脾细胞产生和分泌 IL-2，促进刀豆蛋白（Con A）和脂多糖（LPS）刺激的脾细胞增殖，降低血清可溶性白细胞介素-2 受体（s IL-2R）水平。徐坤等[18]进一步报道了无花果多糖对氢化可的松致免疫抑制小鼠功能有很好的免疫促进作用。详细研究结果如表 7-2 所示。

表 7-2　无花果增强免疫力作用研究

实验对象	实验方法	实验结果
无花果多糖	用环磷酰胺（CY）对小鼠造模，分大、小剂量组，设香菇多糖组、生理盐水组和空白对照组，每组 6 只。造模同时连续 7 天给药，测定小鼠腹腔巨噬细胞 IL-1α、脾细胞体外增殖、脾细胞 IL-2 及血清 s IL-2R 水平	各剂量组均可促进免疫抑制小鼠腹腔巨噬细胞产生和分泌 IL-1α、脾细胞产生和分泌 IL-2，促进 Con A 和 LPS 刺激的脾细胞增殖，降低血清 s IL-2R 水平
无花果多糖	以氢化可的松对小鼠造模，连续给药 7 天，观察无花果多糖对小鼠腹腔巨噬细胞吞噬功能、溶血素及溶血空斑形成的影响	无花果多糖可显著提高免疫抑制小鼠腹腔巨噬细胞的吞噬百分率和吞噬指数（$P<0.01$）、显著促进溶血素形成（$P<0.01$）、明显促进溶血空斑形成（$P<0.05$），且高剂量作用更显著
无花果多糖	用 CY 对小鼠造模，连续给药 7 天，观察无花果多糖对免疫抑制小鼠腹腔巨噬细胞吞噬功能、溶血素及溶血空斑形成和外周血淋巴细胞转化的影响	200 毫克/千克多糖可显著提高免疫抑制小鼠腹腔巨噬细胞吞噬百分率及吞噬指数（$P<0.01$），显著促进免疫抑制小鼠溶血素形成（$P<0.01$）、明显促进溶血空斑形成（$P<0.05$），显著提高免疫抑制小鼠外周血淋巴细胞转化百分率（$P<0.01$），且高剂量作用更显著

（续表）

实验对象	实验方法	实验结果
无花果醇提物	利用小鼠移植性肿瘤实验观察无花果对其体内肿瘤细胞生长和免疫器官胸腺、脾脏的影响，并通过 ANAE 法检测无花果醇提物对 T 细胞阳性率的影响	各剂量组均可显著提高小鼠免疫器官脏器指数（$P<0.01$），显著提高 S180 荷瘤小鼠 T 淋巴细胞的百分数，且呈剂量依赖性
无花果叶乙醇提取物	以单纯疱疹病毒感染小鼠为模型，以无环鸟苷为阳性对照，研究无花果叶乙醇提取物对小鼠免疫功能的影响	醇提物可明显提高感染病毒小鼠的胸腺指数和脾指数（$P<0.05$），且具有刺激免疫细胞增殖和增强免疫功能的作用（$P<0.05$）

（三）抗病毒

王桂亭等[19,20]报道了无花果提取物具有抗单纯疱疹病毒、新城疫病毒作用。杨海霞等[21]进一步报道了无花果叶乙醇提取物对体内单纯疱疹病毒具有一定的抗病毒作用。详细研究结果如表 7-3 所示。

表 7-3　无花果抗病毒作用研究

实验对象	实验方法	实验结果
无花果叶醇提物	观察无花果叶乙醇提取物体内抗单纯疱疹病毒Ⅰ型（HSV-Ⅰ）的作用	醇提物通过刺激小鼠淋巴细胞的生长，增强免疫细胞清除病毒的功能，从而表现出一定的抗 HSV-Ⅰ作用
无花果叶水提物	在人上皮喉样癌（Hep-2）细胞、地鼠肾（BHK21）和原代兔肾（PRK）细胞上研究无花果水提物抗 HSV-Ⅰ的作用	水提取物在 Hep-2、BHK21 和 PRK 细胞上均有明显的抗 HSV-Ⅰ作用，对 HSV-Ⅰ的最小有效浓度（MTC）为 0.5 毫克/毫升，最大无毒浓度（TDO）为 15 毫克/毫升，治疗指数（TI）为 30，并可直接杀灭 HSV-Ⅰ
无花果叶水提物、醇提物	采用组织细胞培养技术，在 Hep-2 细胞株、BHK21 细胞株和鸡胚成纤维细胞（CEF）上研究无花果叶水提物、醇提物抗新城疫病毒（NDV）的作用	提取物在体外对 NDV 具有明显的抑制和杀灭作用，药物的最低抑菌浓度（MIC）为 0.5 毫克/毫升，醇提取物和水提取物 TDO 分别为 550 毫克/毫升、50 毫克/毫升，TI 为 1 100 和 100
无花果叶水提物、醇提物	采用组织细胞培养技术，在 Hep-2、BHK21 和 PRK 细胞上研究无花果叶水提物、醇提物抗 HSV-Ⅰ的作用	提取物在体外对 HSV-Ⅰ具有明显的抑制和杀灭作用，药物 MIC 为 0.5 毫克/毫升，醇提物、水提取物 TDO 分别为 550 毫克/毫升、50 毫克/毫升，TI 为 1 100 和100
无花果叶水提物、醇提物	采用 PRK 细胞培养技术，以无环鸟苷为阳性对照，观察细胞病变，检测无花果叶水提物、醇提物对 HSV-Ⅰ的作用	水提物、醇提物的半数毒性浓度（TC50）分别为 184.4 毫克/毫升、485.3 毫克/毫升。提取物体外对 HSV-Ⅰ具有明显的抑制和杀灭作用

（四）抗菌和抗病毒作用

赵爱云等[22]报道无花果叶对金黄色葡萄球菌、枯草杆菌、四联微球菌、普通变形菌具有较强的抑菌作用，并通过柱分离和波谱鉴定得到2个抑菌物质：补骨脂素和香柠檬内酯。郭紫娟等[23]进一步报道无花果干对金黄色葡萄球菌、大肠杆菌以及沙门氏菌等致病性菌有抑菌作用。赛小珍等[24]将无花果的叶茎摘下，流出的乳汁收集在小药杯内，将创可贴中部浸上无花果的乳汁，贴在疣体表面。每天2次，7天为1个疗程，连续2~3个疗程，表明无花果乳汁能治疗病毒性跖疣，有明显的抗病毒作用，效果良好。研究无花果水提取物在Hep-2、BHK21和原代兔肾（PRK）3种细胞上均有明显的抗单纯疱疹病毒（HSV-1）作用。其中对HSV-1的最小有效浓度（MIC）为0.5毫克/毫升，而且毒性低，最大无毒浓度（TDO）为15毫克/毫升，治疗指数（TI）为30，并有直接杀灭HSV-1的作用。无花果叶提取物在体外对新城疫病毒（NDV）具有明显的抑制和杀灭作用，药物的最小有效浓度（MIC）为0.5毫克/毫升，治疗指数（TI）分别为1 100和100。除抗病毒外，无花果叶乙醇提取液对革兰阳性和革兰阴性球菌或杆菌均有良好的抑菌效果，对金黄色葡萄球菌、大肠杆菌、蜡状芽孢杆菌等8种细菌具有抑制作用。李玉群等[25]采用生长速率法，对无花果各器官6种溶剂的提取液进行了4种植物病原菌的抑菌生物活性筛选。实验结果表明，无花果各个器官均含有丰富的农用抑菌活性物质，以茎皮、根和叶中所含活性成分较高。郭紫娟等[23]研究无花果乙醇提取物对真菌的抑制效果，结果表明无花果乙醇提取物对金黄色葡萄球菌、大肠杆菌、产气肠杆菌、酿酒酵母、沙门氏菌、溶血性链球菌、志贺氏菌等均具有一定抑制作用。另外，无花果还具有治疗痔疮和肠炎的效果。详细研究结果如表7-4所示。

表7-4 无花果抗菌作用研究

实验对象	实验方法	实验结果
无花果叶提取物	对金黄色葡萄球菌、枯草杆菌等8种菌进行抑菌实验，并对无花果叶提取物有抑菌活性的组分进行分离鉴定	提取物对金黄色葡萄球菌、枯草杆菌、四联微球菌、普通变形菌的MIC均为为0.025克/毫升，对大肠杆菌、噬夏孢欧文氏菌、灰葡萄孢、枯斑拟盘多毛孢的MIC均为0.050克/毫升。通过分离、鉴定，得到2个抑菌化合物：补骨脂素和香柠檬内酯
无花果干醇提物	以常见致病菌（沙门氏菌、溶血性链球菌、志贺氏菌）和易污染微生物为供试菌，测定无花果干醇提物的抑菌圈直径和MIC值	用一定体积分数的乙醇提取无花果干得到的提取物对金黄色葡萄球菌的MIC为2.5毫克/毫升，对大肠杆菌、产气肠杆菌、酿酒酵母的MIC为3.125毫克/毫升，对致病菌的MIC为6.25毫克/毫升；对黑曲霉最大抑菌圈直径为16.0毫米

（续表）

实验对象	实验方法	实验结果
无花果叶醇提物	采用抑菌环试验和营养肉汤稀释法对无花果叶醇提物抑菌效果进行观察	含生药100毫克/升的乙醇提取液对金黄色葡萄球菌、大肠杆菌等8种细菌的抑菌环直径均大于7毫米，且对金黄色葡萄球菌和枯草杆菌黑色变种的MIC为12.5毫克/升
无花果叶醇提物、水提物	采用纸片法抑菌实验观察比较无花果叶乙醇提取物和水提取物对金黄色葡萄球菌、大肠杆菌和枯草杆菌的作用	生药含有量为100毫克/毫升的乙醇提取物对3种菌的抑菌环直径均大于8毫米；生药含有量为144毫克/毫升的水提取物对3种菌的抑菌环直径均小于8毫米
无花果叶提取物	测定无花果叶逐级提取物对各实验菌种的抑菌圈及MIC值	各级提取物对实验菌的抑菌强度依次为：乙酸乙酯萃取物、正丁醇萃取液、石油醚萃取液，且对金黄色葡萄球菌和枯草杆菌的抑菌作用最为明显
无花果叶提取物	以4种植物病原菌为活性跟踪菌，采用硅胶柱色谱及重结晶等方法，从无花果叶中分离得到抑菌活性化合物	经核磁共振谱等分析，无花果叶抑菌活性较高的化合物为补骨脂素，且补骨脂素对苹果腐烂病菌、小麦赤霉病菌和棉花枯萎病菌的半数效应浓度（EC50）分别为0.07毫克/毫升、0.23毫克/毫升、0.12毫克/毫升

（五）抗氧化作用和清除自由基

苏卫国等[26]报道，无花果叶、果实中含有较高浓度的SOD、类黄酮、维生素C等物质，因此无花果植物具有较好的抗氧化、抗衰老作用。朱凡河等[27]研究无花果多糖（Ficus Corica polysaceharide，FCPS）对荷S180小鼠抗氧化酶的活性的影响，结果表明无花果多糖可使荷S180小鼠血清中MDA含量降低，血清中SOD和谷胱甘肽过氧化酶（GSH-PX）活性升高，表明无花果多糖具有较好的清除自由基和增强抗氧化酶活性的作用。戴伟娟等[28,29]系统研究了无花果多糖对小鼠免疫活性的影响，结果显示从无花果中提取的有效成分多糖对正常小鼠、荷瘤小鼠和免疫缺陷小鼠均具有免疫增强的功能，可提高小鼠吞噬细胞的功能，增加抗体形成细胞数，促进淋巴细胞转化。此外，还能明显提高小鼠血清溶血素抗体水平，增强迟发型超敏反应的强度。无花果叶提取物具有较强体外清除自由基活性，房昱含等[30]研究表明无花果叶提取物可清除二苯代苦味肼基自由基（DPPH·）、羟自由基（·OH）和氧自由基（O_2·）。无花果中提取的黄酮和多糖也具有清除羟自由基和氧自由基活性。另外，研究表明无花果口服液能增强红细胞免疫功能。张兆强等[31,32]研究了无花果干果水提取液对环磷酰胺诱发微核的拮抗作用，实验结果发现无花果水提取液有拮抗环磷酰胺诱发微核的作用。研究还表明，无花果水提取液能显著提高小鼠血中SOD的活性。C. Perez[33]通过实验证实，糖尿病大鼠的抗氧化能力下降，而给予无花果叶水提取物具有抗氧化作用，能使链脲佐菌素（65毫克/千克）造成糖尿病模型的抗氧化指标（血红蛋白、不饱和脂肪酸、维生素E）趋于标准化。详细研究结果如表 7-5 所示。

表 7-5 无花果抗氧化作用研究

实验对象	实验方法	实验结果
无花果粗多糖	采用 Lee 法、邻苯三酚自氧化法、铁离子引发的卵磷脂磷酸缓冲液分散系分别测定无花果粗多糖总还原力、清除超氧阴离子自由基（O^{-2}·）的能力、脂质体的氧化程度	多糖的总还原力位于维生素 C 和 2，6-二叔丁基-4-甲基苯酚（BHT）之间，三者之间存在显著性差异（$P<0.05$）；抗脂质过氧化能力稍低于维生素 C；对 O^{-2}·具有较强的清除能力（达 85.39%），并成剂量依赖性；当剂量大于 100 微克/毫升时，样品和维生素 C 的清除能力接近
无花果粗多糖	用铁还原/抗氧化能力（FRAP）法测定不同质量浓度无花果粗多糖样品的抗氧化能力，以维生素 C 及 BHT 为对照	100 微克/毫升的粗多糖可抑制 MDA 的生成，对 O^{-2}·的清除能力达 85.39%，同时总还原能力比 BHT 高 42.02%，FRAP 法测得的抗氧化能力与维生素 C 接近，且均比 BHT 的活性强
无花果多糖不同组分	探讨 FCPS 及其纯化后组分（FCPS2）的抗氧化能力	FCPS2、FCPS 清除 O^{-2}·的半抑制浓度（IC50）分别为 430 微克/毫升、620 微克/毫升；清除·OH 分别为 1 000 微克/毫升、4 780 微克/毫升。但在相同质量浓度时，FCPS2 比 FCPS 的还原能力低
无花果多糖（FCPS-1，FCPS-2，FCPS-3）	比较 3 个均一性无花果多糖组分抗 1，1-二苯代苦味酰基自由基（DPPH·）、羟基自由基（·OH）和 O^{-2}·能力	以上无花果多糖均表现出与浓度呈正相关的体外抗氧化活性，其中 FCPS-3 具有相对更强的体外抗氧化活性
无花果叶不同溶剂提取物	比较无花果叶不同溶剂提取物抗猪油氧化及清除 DP-PH 和［2，2-Azino-bis-（3-ethylbenzthiazoline-6-sulfonicacid）］（ABST）自由基的能力	对猪油抗氧化能力、清除 DPPH 和 ABTS 自由基的能力分别为：蒸馏水提取物 >70%乙醇提取物>甲醇提取物；水提物清除 DPPH 和 ABTS 的 IC50 值分别为 0.49 毫克/毫升、1.54 毫克/毫升
无花果叶提取物	采用 Fenton 法和邻苯三酚自氧化法测定无花果叶醇提取物不同萃取相对 DPPH、·OH 和 O^{2-}·的清除能力	提取物的石油醚相、乙酸乙酯相和正丁醇相对 DPPH·的 EC50 分别为 121.3 微克/毫升、125 微克/毫升、550.9 微克/毫升；对·OH 的 EC50 分别为 470 微克/毫升、350 微克/毫升、610 微克/毫升；对 O^{-2}·的 EC50 分别为 140 微克/毫升、210 微克/毫升、150 微克/毫升。提取物的抗氧化作用呈剂量依赖性

（六）降血糖和降血脂作用

许秋霞等[34]报道了采用饲喂高糖高脂饲料联合腹腔注射小剂量链脲佐菌素（STZ）制备Ⅱ型糖尿病大鼠模型，无花果叶提取物分高、低剂量组（1 000 毫克/千克、500 毫克/千克）每天灌胃给药，连续 4 周。2 周后检测空腹血糖，4 周后检测空腹血糖、血清 SOD、GSH-Px 活性和肝脏 SOD 活性和谷胱甘肽（GSH）含有量。结果得到给药第二周高剂量组、低剂量组的空腹血糖均比模型对照组显著降低（$P<0.01$）；给药第四周，低剂量组的空腹血糖比模型对照组显著降低（$P<0.01$）；给药 4 周后，高、低剂量组血清的 SOD 活力均比模型对照组显著升高（$P<0.01$），而高、低剂量组血清的 GSH-Px 活力也均比模型对照组高（$P<0.01$）；给药 4 周后，高剂量组（$P<0.05$）、低剂量组（$P<0.01$）肝脏的 SOD 活力均比模型对照组高，而高剂量（$P<0.05$）、低剂量组（$P<0.01$）肝脏的 GSH 含有量均比模型对照组高，并推测无花果叶提取物降血糖机制可能与其改善机体氧化应激状态有关。杨利芬等[35]研究，陇南无花果对家兔实验性高脂血症模型的降血脂作用，家兔造模成功后，随机分为 5 组，即对照组、高脂模型组、小剂量无花果组、大剂量无花果组、脂必妥组（阳性对照组）。第四周、第八周后分别测定 TG（血清总胆固醇）、TC（甘油三酯）、LDL-C（低密度脂蛋白）、HDL-C（高密度脂蛋白胆固醇）值。4 周时大、小剂量无花果组动物血清 TC 和 TG 显著低于高脂模型组。第八周时大、小剂量无花果组动物血清的 TC、TG、LDL-C 明显低于高脂模型组，大剂量无花果组更为显著，并具有一定剂量依赖关系。E Dominguez 等[36,37]研究无花果叶水提取物对链脲菌素-糖尿病大鼠的血脂、血糖的调节作用，表明糖尿病大鼠口服无花果叶水提取物 3 周后，血糖浓度由 28±3.7 毫摩/升降至 19.9±10.1 毫摩/升。TC 浓度由 3.9±2.3 毫摩/升降至 0.9±0.9 毫摩/升。TG 含量无变化。糖尿病大鼠腹腔注射给药后 90 分钟血中葡萄糖、TC 含量无明显改变；注射给药 48 小时，血糖浓度由给药前 28±4.5 毫摩/升降至 2.1±8.6 毫摩/升，TC 含量由 6.7±4.3 毫摩/升降至 1.2±1.4 毫摩/升。TG 浓度始终无明显变化。表明无花果叶能有效降低链脲菌素-糖尿病大鼠的高血糖和高血脂。血糖浓度的下降，腹腔注射的效果强于经口给药，在 24 小时胰岛素的作用消失后，无花果水提取物仍有降血糖作用。无花果叶水提取物对非糖尿病大鼠的血糖、TC 和 TG 含量无影响。Ahmad Fatemi 等[38]选用无花果叶分别用不同浓度甲醇、氯仿、PRE 提取，以葡萄糖刺激 Hep G2 细胞来制备高胆固醇细胞模型，将不同的无花果叶提取物分别添加到经葡萄糖刺激的 Hep G2 细胞培养基中，测定 Hep G2 细胞分泌物及细胞中的 TG 水平。该实验表明，无花果叶提取物能降低糖刺激下的 TG 含量，初始数据显示无花果叶提取物能减少高胆醇血症，尤其减少餐后的高胆固醇血症。综上，实验研究表明无花果叶水提取物在动物及体外细胞模型均对血糖、血脂有一定影响。

（七）其他作用

许多临床研究报道，采用无花果煮水内服或煮粥服用，或用无花果叶和根熏洗，具有治疗痔疮的作用。魏荣堂等[39]借鉴民间传统验方，将无花果叶经提取、浓缩、醇沉、过滤等一系列科学生产方法制得一种纯中药口服液，对肠炎、腹泻，尤其是小儿秋季腹泻具有良好的疗效，并对此制剂进行了质量控制。曾艳平等[40]研究报道，无花果叶提取物能显著减少小鼠自主活动次数，增加阈下剂量戊巴比妥钠致小鼠入睡的指数，延长阈上剂量戊巴比妥钠致小鼠睡眠时间，减少惊厥小鼠的死亡指数，说明无花果叶提取物具有良好的镇静、催眠和抗惊厥作用。裴凌鹏等[41]研究报道，维药无花果叶醇提取物可对抗因泼尼松引起的大鼠骨生长及骨丢失作用。闫华[42]报道，无花果代茶饮还可治疗慢性高血压。给高脂血症造模成功的家兔喂养含有陇南无花果的饲料，4 周和 8 周时，家兔血清中 TG、TC、LDL-C 含量显著低于高脂模型组，说明无花果具有降血脂的作用。

三、无花果（果实、叶、根）的化学成分及制备技术

（一）无花果叶

无花果叶中富含丰富的糖类、黄酮、果胶和维生素等有效化学物质。孟正木等[43]将无花果叶水浸液乙酸乙酯提取物经硅胶柱层析得无色细针结晶佛手柑内酯（香柠檬内酯）和补骨脂素。无花果叶的化合物中主要为醛、醇和酯类化合物，相对含量较高的有呋喃甲醇、苯甲醇、愈创木酚和对羟基苯甲醛等，并具有一定的抗白血病细胞株的功能。尹卫平等[44]用高效液相和气相色谱-质谱联用仪分析无花果抽提物有效成分。结果表明，新鲜的无花果叶中含芳香类物质，其中的苯甲醛已经被证明具有一定的抗癌活性。周海梅等[45]研究表明，无花果叶挥发油中的主要成分是香豆素类和檀香萜醇类。香豆素类含有内酯环，其具有抗菌、扩张冠状动脉、抗凝血及催眠镇静作用，抵抗真菌的作用较强而持久。沙坤等[46]采用微波辅助法提取无花果叶中的补骨脂素。在乙醇浓度 20%、提取时间 6 分钟、微波功率 420 瓦、料液比 1：20（克/毫升）条件下补骨脂素的得率为 3.69%。苏卫国等[47]研究表明，无花果叶中黄酮类化合物含量为 0.64%，比银杏叶中的黄酮类化合物含量高。无花果各器官中黄酮类化合物含量以鲜叶中最高。无花果叶还含有生物碱类和苷类，主要有花椒毒素、花椒毒酚、紫花前胡苷元、β-谷甾醇、香树脂醇、芦丁、无花果苷元、呋喃香豆酸等。赖淑英等[48]对无花果叶中的微量元素进行了检测，结果表明无花果叶含有微量元素锶、锰、铁、铜、锌、铬、镍、硒、钴，其中以铁和锌含量最高，同时含丰富的镁和钙等。唐清秀等[49]采用原子吸收光谱仪测定陇南无花果中 9 种微量元素，结果发现陇南无花果中钙、镁、磷等元素含量较高。除此之外，无花果中酶类含量也较为丰富，如淀粉糖化酶、SOD、脂肪酶、蛋白酶等。

（二）无花果根

无花果根具有清热解毒、散瘀消肿之功效，主治肺热咳嗽、咽喉肿痛、痔疮、瘰疬、筋骨疼痛。徐希科等[50]采用硅胶柱色谱及重结晶等方法进行成分分离及精制，并

利用光谱技术鉴定其化学结构。结果从无花果根中纯化得到5个化合物，分别为：化合物1，白色针晶，鉴定该化合物为谷甾醇；化合物2，鉴定为羽扇豆醇；化合物3，鉴定为补骨脂素；化合物4，鉴定为香柠檬内酯；化合物5，鉴定为胡萝卜苷。其中，化合物1、化合物2和化合物5为首次从无花果根中分离得到。

（三）无花果果实（干果）

无花果可食率高，鲜果可食用部分达97%，干果和蜜饯类达100%，且含酸量低，无硬大的种子，因此尤适老人和儿童食用。无花果含有丰富的氨基酸，鲜果为1%，干果为5.3%；目前已经发现18种，不仅因人体必需的8种氨基酸皆有且表现出较高的利用价值，且尤以天门冬氨酸（1.9%干重）含量最高，对抗白血病和恢复体力、消除疲劳有很好的作用。因此，国外将一种无花果饮品作为“咔啡代用品”。无花果干物质含量很高，鲜果为14%~20%，干果达70%以上。其中，可被人体直接吸收利用的葡萄糖含量占34.3%（干重），果糖占31.2%（干重），而蔗糖仅占7.82%（干重）。所以，无花果热卡较低，在日本被称为低热量食品。国内医学研究证明，无花果是一种减肥保健食品。刘军等[51]将无花果干果用75%乙醇在室温下浸泡2次，浓缩回收溶剂得粗提取物浸膏，再用石油醚提取，得到石油醚浸膏。经低压40~50℃、旋转蒸发器浓缩至干，采用制作药剂的方法，制备成FE（以生药计），并探讨FE对人肺癌细胞增殖及凋亡的影响。结果表明，FE对人肺癌细胞的增殖有显著的抑制作用。

第二节　无花果生物活性物质提取技术

一、多　糖

FCPS（*Ficus carica* L. polysaccharide，无花果多糖）作为无花果的重要功能因子，可以显著改善小鼠、鲫鱼和草鱼的免疫功能，是较好的免疫调节剂。此外，FCPS在体外对羟自由基、超氧阴离子自由基、1，1-二苯基-2-三硝酸苯肼自由基有良好的消除能力，被认为是天然安全的抗氧化剂。

FCPS按其分布位置可分为无花果果实多糖和无花果果叶多糖。提取无花果果实多糖的材料主要是无花果果干（肉）或果干（肉）加工后的残渣。目前提取FCPS主要方法有热水浸提法、超声波辅助提取法、微波辅助提取法和超临界二氧化碳萃取法。

（一）热水提取法

热水提取法是提取FCPS最常用的也是最简便的方法，该法基于多糖易溶于水、不溶于有机溶剂的性质，用高体积分数乙醇将其从水中沉淀析出，再用适量无水乙醇或丙酮脱水冷冻干燥后得到粗多糖。采用热水浸提法获得的无花果粗多糖提取率一般为3.86%~8.52%[52,53]，此法虽操作简单，但也存在提取率低、提取时间长的问题，尤其不适合热敏性多糖的提取。

（二）超声波辅助提取法

超声波辅助提取法是基于超声波的机械效应、热效应和空化效应作用，增大固体颗粒与萃取溶剂之间的接触面积，加快目的物从固相转移到液相的传质速率，从而缩短了提取时间。应用此法获得的粗多糖提取率为4.82%~11.82%[54]。该法虽提取率较高、提取温度低，但存在超声波功率一旦控制不当会对多糖分子特性产生负面影响的问题。张俊艳等[55]以无花果叶为原料，采用超声波法制取粗多糖，所得提取率为11.82%，为极为少见的关于无花果叶多糖研究的论文。

（三）微波辅助提取法

微波辅助提取法是基于微波穿透能力强的特点，进入细胞后由于溶剂分子吸收微波致使胞内温度上升、压力变大，当压力超过细胞壁最大承受能力时，细胞壁发生破裂，从而释放出细胞内的有效成分。微波辅助法的提取率相差甚大，可能与提取温度、提取时间、微波功率、料液比、无花果种类不同有关。该法具有提取时间短、提取率高的优势，然而提取材料存在受热不均的弊端[56]。

（四）超临界二氧化碳萃取法

超临界二氧化碳萃取法是利用超临界状态的物质既具有液体的高溶解特性，又具有气体的高流动性特性，而对目的物进行萃取的方法，具有无毒、无溶剂残留、安全等优点。该法提取率高，但成本高，不适用于大规模制取。赵丛枝等[57]运用超临界二氧化碳提取粗多糖，在温度78.5℃、压力33.4兆帕、时间96.2分钟条件下，提取率达17.31%。

（五）亚临界水提取方法

亚临界水提取方法是采用温度在100~374℃，压力低于22兆帕环境条件下的纯水（亚临界水）作为溶剂进行提取，避免了有机溶剂的使用和污染，是一种新兴的提取分离技术，具有提取时间短、提取率高、成本低、环境友好等技术优势。亚临界水与常温常压下的水的性质存在较大差别，其在高温和高压下具有强烈的溶解能力和分解能力[58-60]。

（六）多糖的分离纯化

采用上述方法提取的粗多糖常含有蛋白质、色素、小分子质量物质等杂质，不仅影响多糖的质量与纯度，还影响下一步纯化、结构鉴定及构效关系的研究。除去粗多糖里的杂蛋白常采用三氯乙酸法、Servag 法[61,62]和酶-Servag 法[63-65]。其中三氯乙酸法作用条件比较剧烈，易使多糖发生降解，残留的三氯乙酸还会带来安全问题[66]。Servag 法是最为常用的一种脱蛋白方法，具有适用范围广、成本低、检测速率快的优点，却也存在多糖损失量大、多糖生物活性破坏大以及色素干扰多糖含量测定等缺点，且除去的大多数是游离蛋白，难以脱除与多糖结合的蛋白。为了提高脱除蛋白效果和减少脱蛋白操作对多糖生物活性的影响，可以采用酶-Servag 法对粗多糖进行脱除蛋白，与 Servag 法相比，该法由于先对大分子蛋白进行一定程度的分解，使得脱除蛋白次数减少、有机溶剂用量下降，且脱除蛋白的效果更佳。对于粗多糖里的色素类物质常采用离子交换树脂法和 H_2O_2 氧化法进行处理。离子交换树脂法对色素含量少、体系不黏稠的粗多糖溶液脱色效果不错，但存在进样量小、需要大量溶液进行洗脱、能耗大的问题。H_2O_2 氧化法脱色效果好，其使用浓度需严格控制，浓度过高不仅会带来残留问题，甚至会破坏多糖的分子结构，影响其生物活性。此外，由于 H_2O_2 含有不稳定的过氧基团，一旦分解过快就使得可有效利用的浓度大幅减少，导致脱色效果下降，因此应尽量减少 H_2O_2 在溶液中的分解。部分学者使用大孔吸附树脂 AB-8 联合 H_2O_2 氧化法对 FCPS 进行脱色处理。也有学者单独利用大孔吸附树脂 AB-8 实现对粗多糖的脱色处理（表 7-6）。

表 7-6　FCPS 的提取、分离纯化、单糖组成及分子质量

提取材料	提取方法	提取条件	提取率（%）	脱除蛋白方法	纯化手段	单糖组成	分子质量（u）
果　实	热水浸提			Sevag 法	Sephadex G-75	半乳糖、甘露糖、木糖、鼠李糖	
果　实	热水浸提	100℃、料液比 1:6.25（m/V，下同）、浸提 4 小时/次（多次）		酶-Sevag 法	DEAE - Sepharose Fast Flow、SephadexG-200		
残　渣	热水浸提	100℃、料液比 1:12、浸提 3 小时/次（2 次）	8.52	Sevag 法、3% 三氯乙酸法			
果　干	超声波	浸提温度 55℃、料液比 1:20、超声波时间 20 分钟	4.82				
果　干	热水浸提	100℃热水浸提		Sevag 法、3% 三氯乙酸法	AB-8 大孔吸附树脂		
果　片	热水浸提	100℃、浸提 3 小时/次（2 次）	4.1	Sevag 法	超　滤	鼠李糖、阿拉伯糖、半乳糖、葡萄糖	
果　实	热水浸提	80℃、料液比 1:18、浸提 6 小时/次（2 次）	19.34	酶-Sevag 法	DEAE-Sepharose Fast Flow		

（续表）

提取材料	提取方法	提取条件	提取率（%）	脱除蛋白方法	纯化手段	单糖组成	分子质量（u）
果 干	微波法	微波功率556瓦、料液比1∶10.2、时间20.1分钟、pH值8.2	27.6				
果 实	热水浸提	80℃、浸提3小时		Sevag法			
果 干	热水浸提	100℃热水浸提		Sevag法、3%三氯乙酸法	AB-8大孔吸附树脂		
果 实	热水浸提	100℃、料液比1∶15、浸提6小时/次（2次）		酶-Sevag法			
果 干	超声波	提取温度70℃、料液比1∶16、超声波功150瓦、提取时间30分钟	11.2	酶-Sevag法			
叶	超声波	提取温度80℃、料液比1∶50、超声波时间50分钟	11.82				
果 实	热水浸提	100℃、料液比1∶6.25、浸提4小时/次（2次）		Sevag法	DEAE-Sepharose Fast Flow		
果 干	微波法	微波功率640瓦、料液比1∶50、浸提时间1小时、微波时间3分钟	4.65	Sevag法			
残 渣	热水浸提	100℃、料液比1∶12、浸提3小时/次（2次）	4.1	Sevag法	超滤（截留分子质量1×104u）	鼠李糖、阿拉伯糖、木糖、甘露糖、葡萄糖、半乳糖	5.92×10^5～1.95×10^6
果 实	超临界CO_2萃取	温度78.5℃、压力33.4兆帕、时间96.2分钟	17.31				
果 干	热水浸提	80℃、料液比1∶15、浸提时间20分钟		Sevag法			
果 粉	热水浸提	100℃、3小时、料液比1∶12、浸提2次		Sevag法			
残 渣	热水浸提	100℃、3小时、料液比1∶10、浸提2次	4.1	Sevag法	DEAE-52离子交换纤维、超滤（截留分子质量）1×104u		混合FCPS分子质量为5.92×10^5～2×10^6，FCPS2分子质量为2.61×10^6

（续表）

提取材料	提取方法	提取条件	提取率（%）	脱除蛋白方法	纯化手段	单糖组成	分子质量（u）
果　干	热水浸提	90℃、料液比 1：49、提取时间 21 分钟、浸提 2 次	3.86	Sevag 法	乙醇分级沉淀、SephadexG-150	L-鼠李糖、D-葡萄糖、D-半乳糖	数均分子质量和重均分子质量分别为 5.368×10^5 和 1.061×10^6
果　干	热水浸提	沸水浸提 3 小时		Sevag 法	DEAE-52 离子交换纤维、SephadexG-150		
果　干	热水浸提	100℃、料液比 1：40、浸提 6 小时/次（6 次）		Sevag 法	DEAE-Sepharose		

二、多　酚

由于国内外对无花果叶片中多酚类等有效成分提取分离的研究较少，所以其提取分离根据常用方法进行（图 7-1）。无花果叶片中所含的多酚类物质较多，易溶于有机溶剂，有效提取方法有：热水提取法、有机溶剂提取法、超声波法、微波法、酶提取法、超临界二氧化碳萃取法、大孔吸附树脂法。

（一）溶剂萃取法

酚类物质是植物生长代谢形成的次生产物，存在于植物体内主要有 3 种形态，包括游离态、酯化态和结合态[67]。游离态、酯化态酚类物质通常是可溶性的，能溶于水和极性溶剂，而结合态酚类物质则多与纤维素、蛋白质、木质素、类黄酮、葡萄糖、酒石酸等以结合的形式存在于植物细胞的初生壁和次生壁中[68]，不能直接被极性溶剂溶解，一般采用碱、酸或酶降解的方式提取，根据不同形态多酚理化性质差异给出了其提取的基本流程。其中，溶剂萃取法在可溶性酚类物质提取中使用最为普遍，主要利用不同酚类成分在溶剂中溶解能力的差别，通过选用恰当的溶剂以浸提的方式使目标物质被析出[69]。目前，大多采用的浸提溶剂包括水、醇类、醚类和酮类，浸提溶剂的极性是影响天然多酚提取率的重要因素，常用溶剂极性大小顺序为：水>甲醇>丙酮>乙醇>石油醚。此外，温度、料液比、浸提时间、溶剂浓度等因素对多酚提取率的影响也不可忽视。Ćujiĉ 等[70]在乙醇萃取干樱桃多酚的试验中发现，总多酚和花色苷的提取量受乙醇浓度、颗粒大小、料液比的影响，而与提取时间长短无关，当颗粒大小为 0.75 毫米、乙醇浓度为 50%、料液比为 1：20（m/V）时提取率最高，为 27.8 毫克/克，其中花色苷占 0.27%。溶剂法以选择性高、适用范围广等优点而被应用到天然多酚成分的提取

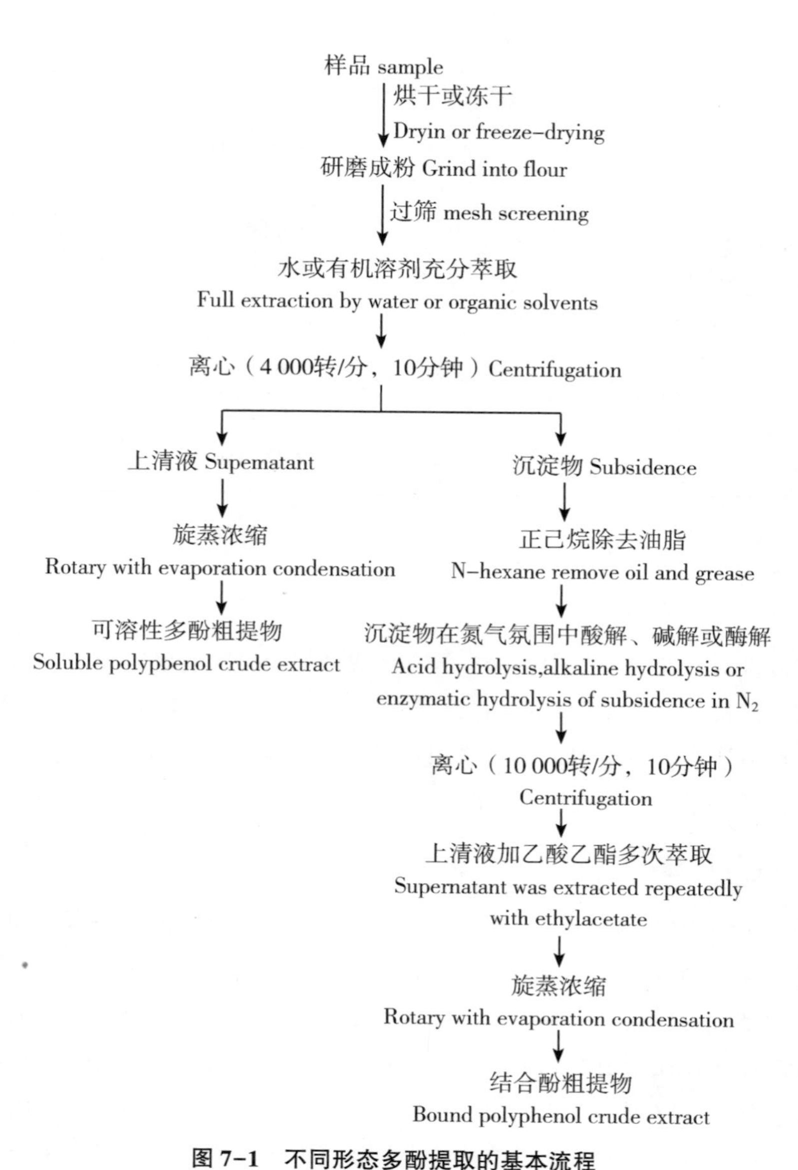

图 7-1　不同形态多酚提取的基本流程

Fig. 7-1　Basic Process for Extraction of Different Forms of Poly phenols

中，由于单一溶剂萃取多酚提取率较低，因此可采用多种溶剂共同萃取以提高天然多酚的提取率。但溶剂萃取法也存在着提取中使用的有机溶剂用量大，不能重复利用，且易挥发产生有害物质，对操作者和环境造成危害等缺点，因此在溶剂萃取过程中常采用其他辅助手段进一步提高提取率。

（二）超声波辅助提取法

超声波辅助提取法主要利用空化作用所产生的次级效应使原料中的有效成分被浸

出[71]，是目前常用的一种天然多酚辅助提取方法，多与溶剂萃取相结合，具有加快提取速度、节省料液、提高得率的优点，近年来备受关注。Ďalessandro 等[72]分别在 20℃、40℃、60℃温度条件下对未使用超声波和使用超声波辅助提取野樱莓中多酚做了比较，结果表明，在同一条件下，辅以超声波，多酚的提取率显著增加。孙静涛等[73]在石榴籽多酚的提取工艺研究中比较了两种提取方法对多酚提取率的影响，结果显示，超声辅助提取的石榴籽中多酚得率为 4.65 毫克/克，比用传统有机溶剂提取高 47.6%。超声处理产生的空化作用引起细胞肿胀、细胞壁孔隙扩大，加速了溶剂在细胞壁上的扩散速度，有效地提高了多酚的浸出率，但超声作用力不宜过高、时间不宜过长，否则产热增加会造成多酚的损失[74]。樊燕鸽等[75]研究表明，超声功率 250 瓦，超声时间为 1 小时，怀菊总多酚的得率最大。因此，一定范围内增加超声功率和时间，有利于多酚的溶出。

超声波提取法的提取率高，提取时间短，提取温度低，能减少有效成分在提取过程中的损失。但超声波使用时间过长会导致杂质渗入，影响提取率。

（三）微波辅助提取法

微波法是一种通过微波来实现提取、干燥、灭菌等方法，也是近年来应用较多的方法之一。在微波的作用下，植物细胞破碎，其有效成分会更易提出。将被萃取物质置于微波的环境中，物质中的不同组分在微波下被选择性加热，则目标产物得以被分离提取[76]。其操作简便，可减少萃取时间和溶剂消耗，在多酚提取中使用较多。影响微波提取效率的因素有微波时间、微波功率等[77]。黄素英等[78]比较了不同微波功率对莲子多酚提取效率的影响，结果显示，以 90%乙醇为溶剂，400 瓦功率的微波辅助处理，莲子多酚得率为 3.5～4.0 毫克/克，显著大于未使用微波提取时的多酚得率（3～3.5 毫克/克）。Xiao 等[79]研究了不同微波处理时间（5 分钟、10 分钟、15 分钟）和微波功率（200～1 000瓦）对黄芪中黄酮得率的影响，结果表明，在试验范围内，随着微波功率的增大和微波处理时间的延长，黄酮得率均呈上升趋势。Chen 等[80]对侧柏中黄酮的研究结果也说明在一定范围内，可通过增加微波强度和微波处理时间达到提高黄酮提取率的目的。使用微波法时，微波功率和处理时间是关键。如果微波处理时间过长、功率过大，有效成分会分解，影响提取率。由此可见，采用微波辅助的方法在提高天然多酚类化合物的含量方面具有明显的优势。

（四）生物酶法

生物酶技术在某些天然成分的提取中已经得到较多使用，大量的研究表明，纤维素酶、蛋白酶、α-淀粉酶、果胶酶等均可用于具有生物活性的天然多酚类物质的提取[81-84]。生物酶可专一性地作用于植物胞壁与胞间的某些物质成分，其被分解，导致细胞壁的紧密结构变得膨胀而疏松，细胞膜和细胞壁的通透性增强，进而使细胞内的目标成分更易被浸出[85]。生物酶法的浸提效果受酶种类、酶量、底物浓度、酶解时间、酶解温度、pH 值等影响。段宙位等[86]比较了纤维素酶、果胶酶对沉香叶多酚提取率的影响，结果表明，采用纤维素酶提取多酚得率是果胶酶的 2 倍多，这是由于沉香叶中纤维素含量高于果胶，植物组织结构更容易被纤维素酶破坏，变得更加疏松，胞内有效成分便更易流出胞外。因此，多酚类物质提取过程中，应依据植物组织结构成分选用合适的酶。

采用酶法提取有效成分，能温和破除植物的细胞壁，避免了在提取过程中对有效成分的破坏。虽然酶提取法提高了有效成分的提取率，但其对实验条件要求较高，需要综合考虑酶的种类、底物浓度、温度、酸碱度、抑制剂和激动剂等对实验的影响，因此目前应用尚不广泛。

（五）闪式提取法

闪式提取法是指利用闪式提取器中内刃和外刃产生的强作用力，使物料发生破碎，大颗粒分散成微小颗粒，机械作用产生的强力涡流也会带动物料发生内外翻转，从而增大了与溶剂的接触面积，使物料中的有效成分被溶剂分子包围、解离、替代，从而更易扩散到溶剂中[87,88]。闪式提取法具有操作过程简单、效率高、短时等优势，避免了原料中有效成分因受热而损失，从而提高了多酚的萃取率[89]。赵先恩等[90]分别采用闪式提取法和超声提取法提取金银花及其叶中绿原酸和木犀草苷，结果表明，闪式提取有效地提高了多酚的得率。此外，张宇等[91]比较热水回流提取法、乙醇回流提取法、微波提取法、乙醇超声波提取法、闪式提取 5 种方法对二氢槲皮素的提取效果，结果表明，在相同料液比下，闪式提取二氢槲皮素的提取率为其他方法的 2 倍多，而且所用时间更短。

（六）其他提取方法

天然多酚的其他提取方法主要包括脉冲电场法和超临界萃取法。脉冲电场法可使细胞膜强度减弱，膜通透性增强，膜内的多酚等生物活性物质因此被释放出来[92]。脉冲电场法不仅缩短了萃取时间，还提高了萃取物的抗氧化能力，且无须使用有机溶剂，在天然多酚等有效成分的提取中得到广泛应用[93]。超临界萃取主要是通过调节超临界流体的压力和温度来控制气相浓度和蒸气压两个参数，并综合了溶剂萃取和精馏两种功能和特点[94]，该方法分离效果好，绿色安全，但成本较高。

热水提取法是传统的提取方法，适合对黄酮苷类物质含量较高的原料进行提取，在提取过程中考虑到水的提取温度、提取时间、提取次数等因素。由于其成本低廉，对环境和人类无毒害，适合工业化大生产。

超临界二氧化碳萃取法由于在萃取过程中，没有有机溶剂的残留和毒副作用，克服了传统萃取法中因回收溶剂而导致的样品损失，是近几年来发展较快的方法之一。但超临界二氧化碳萃取法的设备属于高压设备，投资较大，运行费用高，因此目前这一技术对提取无花果叶片中的有效成分还具有一定的局限性。

大孔吸附树脂是一类不带离子交换基团的大孔结构的高分子吸附剂，属多孔性交联聚合物。它具有良好的网状结构和很高的比表面积，通过物理吸附从水溶液中有选择地吸附有机物质，从而达到分离纯化的目的，近年来广泛应用于天然产物的分离纯化研究。AB-8大孔吸附树脂为聚苯乙烯型、弱极性聚合物吸附剂，研究表明AB-8树脂对黄酮类物质的分离、富集能力较好。

三、黄　酮

黄酮类化合物（Flavonoids）是一类存在于自然界的、具有2-苯基色原酮（Flavone）结构的化合物。它们分子中有一个酮式羰基，第一位上的氧原子具碱性，能与强酸成盐，其羟基衍生物多具黄色，故又称黄碱素或黄酮。多酚类化合物是指分子结构中有若干个酚性羟基的植物成分的总称，包括黄酮类、单宁类、酚酸类以及花色苷类等酚。

黄酮类化合物是人类饮食结构中的主要组成部分，广泛地存在于可食用的果实、蔬菜和谷物中，其在抗炎、抗病毒、抗衰老、抗氧化及清除自由基和抗肿瘤等方面都有重要作用。从植物中鉴定出的黄酮类化合物成分超过6 000种，并在医学、食品、保健品及化妆品等领域得到广泛的应用。

黄酮类天然产物功效成分来源广泛，主要提取方法有溶剂提取法、超声波提取法、微波辅助提取法、超临界流体萃取法、酶解法、双水相萃取法、半仿生提取法等，每种提取方法都有它的优缺点。

（一）溶剂提取法

黄酮类化合物种类众多，由于结构和来源不同，性质差异较大，需要依据其极性和溶解性，选择不同的溶剂进行提取。一般的黄酮苷元难溶或不溶于水，易溶于甲醇、乙醇等有机溶剂及稀碱溶液中；黄酮苷类较易溶于热水、甲醇、乙醇和稀碱溶液中，因此常用甲醇、乙醇和水作提取剂。如浓度为90%或95%的醇适合提取苷元，浓度60%左右的醇适合提取苷类。热水通常仅用于提取苷类，但由于提取率低、杂质较多不常用。为了除去糖、蛋白质、油脂、色素等杂质，常常在提取前或提取后用水、石油醚等溶剂进行处理[95,96]。

（二）超声波提取法

超声波提取法主要是依靠超声波产生的机械振动、空化和搅拌作用等，破坏细胞壁的结构，促使黄酮功效成分进入溶剂中，从而提高提取率。超声波提取具有溶剂耗费量小、不必加热、提取时间短、操作简捷以及提取率高等特点[97]。You 等[98]分别用超声波提取法和回流提取法提取了黄芩根中的黄酮类活性成分，主要以汉黄芩素为考察指标，实验结果发现，0.5 小时超声波提取法的提取率（1.09%）比 3 小时回流提取法的提取率（0.9%）还高，且前者操作简便。张蕾等[99]利用超声波法提取了荷叶超微粉中的黄酮类物质，实验表明，超声波能破坏荷叶的细胞壁，使溶媒进入荷叶细胞中，从而增大了荷叶中黄酮类成分溶解于溶媒中的速度，达到提高其提取率的目的，黄酮提取率为 5.35%。

（三）微波辅助提取法

微波辅助提取法的依据是不同结构的化合物吸收微波的能力不同，使得细胞内的某些成分被微波选择性地加热，导致细胞结构发生变化，从而使有效成分进入溶剂中。这种方法具有选择性好、提取速度快、溶剂使用量少、提取率高和污染小等[100]优点，不过仅适用于提取对热稳定的物质[101]。甘琳等[102]在乙醇浓度为 80%、提取时间为 60 分钟、提取温度为 80℃、料液比为 1：20、微波功率在 800 瓦的工艺条件下，用微波辅助法提取葛根总黄酮的提取率为 91.68%，与 2 小时热回流提取法（提取率 85.35%）相比，不仅提取率较高，而且大大减少了提取时间；与 1 小时超声波提取法（提取率 87.88%）相比，虽然提取率相近，但具有节能、环保等优点。杨斌等[103]实验发现，在提取时间为 40 秒钟、乙醇浓度为 40%、提取次数 2 次、料液比为 1：20 的工艺条件下，微波提取槲蕨根茎中的黄酮类物质的提取率为 1.73%，与提取时间为 12 小时、乙醇浓度为 95%、提取次数 1 次，料液比为 1：80 的工艺条件下，黄酮类成分提取率为 1.48%的溶剂回流提取法相比，具有溶剂用量少、提取时间短和提取率高等优势。

（四）超临界流体萃取技术

超临界流体萃取技术是利用超临界流体的溶解能力提取、分离化合物的一种方法。利用其密度与压力和温度的关系可实现选择性萃取。可作为超临界流体的物质很多，如二氧化碳、一氧化亚氮、六氟化硫、乙烷、甲醇、氨和水等[104]，其中应用较多的是超临界二氧化碳（$SC-CO_2$），这主要是由于超临界二氧化碳有较低的临界常数（$Tc=31.1$℃；$Pc=7.38$ 兆帕），萃取操作温度、压力较低，不会引起药用成分的热解，且二氧化碳还具有无毒、不易挥发和无溶剂残留等优点[105]。黄酮类成分多具有极性（如羟基黄酮、双黄酮），单一的超临界二氧化碳很难将其萃取出来，加入少量的极性夹带剂（又称改性剂）如乙醇、甲醇等，能提高其萃取能力[106,107]。王正云[108]采用超临界二氧化碳萃取法提取了芦笋中总黄酮，在萃取压力为 30 兆帕、75%乙醇夹带剂用量

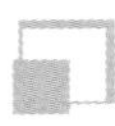

2 毫升/克、萃取温度为 70℃、萃取时间 2 小时条件下，总黄酮提取率为 1.35%。超临界二氧化碳萃取法得到的黄酮提取率是乙醇浸提取法的 2.7 倍，而溶剂用量是后者的 1/15，时间是后者的 1/2。

（五）酶解法

酶解法是利用酶反应具有高度专一性的特点进行萃取的一种方法。该方法首先选用适当的酶，充分破坏以纤维素为主的细胞壁和降解细胞间的胶层，再通过提高温度使酶失活，进而用溶剂提取，使其中的黄酮类成分释放出来。该方法常用于提取被细胞壁包围的黄酮类物质[109,110]。通常采用的酶有纤维素酶、果胶酶以及果胶酶和纤维素酶的复合酶等。酶解法提取条件较温和，使提取物的结构和生物活性不发生改变，有助于保持有效成分原有的药效不变[111]。但也有一定的局限性，如必须严格控制酶反应时的温度及 pH 值，同时提取黄酮类成分的酶种类有限，使该技术不能得到广泛应用。

（六）双水相萃取法

双水相萃取法是利用物质在互不相溶的两水相间分配系数的差异进行萃取的一种新型的分离技术。它具有使用的溶剂环保、操作条件温和、分相效率高、安全环保、能够同时除去粗提取物中的大部分杂质和固体物质等优点[112]。由于黄酮具有较好的醇溶性，目前黄酮类成分的提取多用低级醇（如乙醇、丙醇）与无机盐溶液（硫酸铵/磷酸钾溶液）双水相体系。此体系避免了使用黏稠的水溶性高聚物和后处理复杂等问题，而且容易和其他技术相结合。成明建等[113]分别采用丙醇-硫酸铵双水相与超声提取集成法、回流提取法和超声提取法提取分离了连钱草总黄酮。实验结果发现，在总黄酮提取率相近的情况下，前者（提取时间 30 分钟，提取温度 37.2℃）与后两者（提取时间分别为 100 分钟、50 分钟，提取温度为 78℃、38℃）相比，具有容易操作、节省时间、提取效率高、使用温度低等优点。

（七）半仿生提取法

半仿生提取法是模仿口服药剂在胃肠道的转运过程，首先在药剂中添加一定 pH 值的酸水进行提取，再加入一定 pH 值的碱水提取，合并其提取液，经过滤和浓缩得到粗提取物的一种方法[114]。该方法具有易于工业生产、节约能量、有效成分耗损少、费用低等特点，但由于半仿生提取法本身的原因，在黄酮类成分的提取方面没有得到广泛的应用。利用黄酮类成分中含有较多的酚羟基、显弱酸性、在碱性环境中易于溶出的性质，采用半仿生提取法在酸性条件下沉淀，在碱性条件下提取黄酮。目前提取黄酮类成分常采用水、不同浓度的乙醇和缓冲溶液（如磷酸氢二钠-柠檬酸缓冲溶液、氯化氨-

氨水缓冲溶液）等作为浸提剂，浸提剂的最佳 pH 值是近似模拟人体胃、小肠、大肠体液的 pH，分别为 2、7.5、8.3。

目前已经证实无花果中的黄酮类化合物有芦丁、槲皮素芸香糖苷、儿茶素、表儿茶素、花色素苷等。Vallejo 等人[115]指出，槲皮素葡萄糖苷、山奈酚芸香糖苷、槲皮素乙酰氨基葡萄糖苷等类黄酮会因无花果品种不同而在果实中或有或无。其中 Nazaret 品种果实中未发现黄酮类化合物。由此可见，无花果果实中黄酮类化合物种类及数量差异较大。Solomon 等[116]对 6 个无花果品种中黄酮类物质含量和抗氧化能力进行了研究，指出果皮颜色较深的品种提取物抗氧化活性比果皮颜色较浅的高；总酚、总黄酮和花青素苷的含量也是果皮颜色较深的高。布兰瑞克无花果黄酮类化合物测定结果表明，鲜叶>枝>干叶>果实，鲜叶中含量最高，为 19.834 毫克/克，果实中含量最低，为 3.125 毫克/克。不同提取条件及测定方法对黄酮类物质提取率有影响。杨润亚等[117]以超声波辅助提取法测定无花果叶中总黄酮含量为 25.04 毫克/克，且最佳工艺条件为乙醇浓度 40%，超声波功率 400 瓦，超声时间 50 分钟，超声温度 60℃，料液比 1∶60。王超等[118]用 AB-8 型大孔吸附树脂分离提取江苏产无花果果渣，所得精黄酮纯度为 39.8023%（粗提物纯度为 5.7563%），并且指出 0.5 毫克/毫升流速上样，80% 毫克/毫升乙醇，1 毫克/毫升流速洗脱条件为最好工艺。彭珊珊等[119]采用乙醇冷浸提与超声波相结合提取，并用分光光度计法测得广东韶关地区无花果叶黄酮类含量为 0.64%，且最佳提取条件为 70% 乙醇冷浸提 12 小时，料液比 1∶50，温度 40℃，超声波功率 40 千赫、提取时间 40 分钟。

四、补骨脂素

无花果叶片和果实中均含有大量的挥发油成分，但无花果叶片的挥发油组成与果实不同，其中香豆素约占 51.46%，而补骨脂素（属于呋喃香豆素）占 44.83%，佛手柑和佛手内酯（属于吡喃香豆素）占 6.66%。补骨脂素主要含有香豆素、黄酮、单帖酚等化学成分。根据补骨脂素类化合物的升华性、溶解性、挥发性和内酯结构的性质差别，补骨脂素的提取方法有水蒸气蒸馏法、溶剂提取法（冷浸法、回流法）、超临界二氧化碳萃取法、超声波法、微波法和索氏法等。

（一）水蒸气蒸馏法

植物精油与水不相混合，受热后，二者蒸气压的总和与大气压相等时，溶液开始沸腾，继续加热则植物精油可随水蒸气蒸馏出来。因此，天然药物中植物精油成分可采用水蒸气蒸馏法来提取。提取时，可将原料粗粉加水浸泡，直接加热蒸馏或者将原料置于有孔隔层板网上，当底部的水受热产生的蒸汽通过原料时，植物精油受热随水蒸气蒸出，具有植物精油的回收率高等优点，但原料易受强热而焦化，或使成分发生变化，所

得的植物精油的芳香气味也可能变味，往往降低作为香料的价值。如果挥发油如玫瑰油含水溶性化合物较多，可将初次蒸馏液再重新蒸汽蒸馏并盐析后用低沸点有机溶剂萃取出来[121~123]。

（二）溶剂提取法

补骨脂素的提取一般多使用不同浓度的乙醇等有机溶剂作为提取溶剂进行提取。丁姣姣等[120]研究了无花果叶中补骨脂素的优化提取方法，研究发现乙醇热浸提取法效果最好，最佳提取条件为：温度60℃，时间45分钟，乙醇用量（毫升）1∶15，乙醇浓度60%。在优化条件下提取补骨脂素，其含量达到5.512毫克/克，提取效率提高了94.7%。王红霞等[121]研究了补骨脂素和佛手柑内酯提取方法，分别考察了提取方法、提取溶剂和提取时间，研究结果表明：以75%的甲醇浸泡30分钟，超声波60分钟效果最好。溶剂提取法是根据所含成分在不同溶剂中的溶解性来选用对需要的化学成分溶解度大，对不需要的化学成分溶解度小的溶剂，把有效成分从药材中溶解得到的提取方法。根据提取温度的不同，又分为冷浸法和回流法。冷浸法是采用乙醇作为溶剂进行多次冷浸，静置后倾去上层液，得到下层浸膏。回流法是采用乙醇进行热回流，合并滤液减压浓缩至浸膏。冷浸法操作简单，能源消耗少，提取效率也较高，但其溶剂使用量大，提取时间长。回流法提取时间较短，但是能耗大，出膏率高，不利于制剂研究。因此，大规模实际生产宜采用冷浸法作为补骨脂素的提取方法。为了节约乙醇，有人曾试图采用碱水煮提，但由于形成了胶状物难以过滤，未能成功。大连医学院附属医院药剂科尝试用石灰水进行提取，方法经济简便，经报道提取率为0.227%，与乙醇提取率（0.229%）基本一致[122]。

（三）超临界二氧化碳流体萃取法

用超临界二氧化碳流体萃取技术及正交试验法[123]研究了从补骨脂中萃取分离补骨脂素和异补骨脂素及脂肪油的最佳工艺条件，并进行了中试放大试验，其中补骨脂素可从萃取物中直接析出结晶，同时用GC-MS计算机联用技术对脂肪油进行分析。结果证明：超临界二氧化碳提取补骨脂素的最佳工艺条件为：萃取压力为27兆帕、萃取温度为70℃；超临界二氧化碳流体萃取法适合提取极性低的目标成分；超临界二氧化碳流体萃取法杂质少，但提取的有效成分少且指标成分的转移率低，采用超临界流体萃取得的无花果果实挥发油，平均出油率为3.36%。但粉碎药材所需时间较长，同时其运行成本高，难以大规模生产。

（四）超声波法

近年来，超声波提取法在天然产物提取分离中的应用日趋成熟。超声波产生的热效应、空化效应和机械作用可引起溶剂和样品分子的快速运动，加速样品中的有效成分进入溶剂，从而提高提取效率，缩短提取时间，并避免了高温对有效成分的影响。超声波法是采用乙醇作为溶剂，进行超声波提取。收集提取液过滤回收，减压浓缩至稠膏。超声波提取法得到的提取液中油脂及糖类杂质较少，易过滤并且滤液较澄清，超声辅助提取与普通溶剂提取法的对比实验表明[124,125]，采用超声波辅助提取补骨脂中的补骨脂素，其提取率远远高于普通溶剂提取，但其提取效果较差。超声波法工作噪声比较大，对容器壁的厚薄及容器放置位置要求较高，工业应用有一定的困难。

（五）微波法

微波辅助提取是近年来兴起的生物活性物质提取新技术。原理是根据不同组分吸收微波能为的差异，使体系中的某些物质被选择性加热，从而使物质从萃取体系中分离，并达到较高的提取率。由于其特殊的加热机制，该技术具有提取时间短、有机溶剂消耗少、成本低、可在自然条件下进行等特点，但该技术也存在一定的缺陷，如萃取溶剂影响较大、选择性弱等。微波法也可以应用于无花果叶中补骨脂素的提取。杨长福等[126]研究表明，在其他条件不变的情况下，随着微波强度的增加，提取总量随微波强度的增大而逐渐增加，但各时间段的增幅各有不同，当微波强度为720瓦时增加速度减缓；时间对补骨脂中补骨脂素和异补骨脂素提取的总量并不总是随时间的延长而增加，在12分钟时达最大值；在考察范围内固液比达1：25后呈现下降趋势。

（六）索氏法

索氏法是利用索氏抽提装置进行溶剂提取，收集提取液过滤回收。精称5.09克补骨脂粉末（过40目筛），包好后放在索氏提取器中，加溶剂70毫升，提取2小时，再将其过滤，取滤液备用，于100毫升容量瓶中定容，以溶剂补齐，即得。索氏抽提法与冷浸法、回流法的提取效果相当，并具有提取完全、损失少等优点，但其提取样品量有限，而且提取时间长，使其应用有限[127]。

香豆素类化合物采用水、甲醇或者乙醇回收提取溶剂后再用石油醚、乙醚、乙酸乙酯和正丁醇等有机溶剂依次以极性大小顺序进行萃取，得到不同萃取部分。每个部分所含的化合物需要进一步色谱分离才能得到单体化合物。最常用的分离方法是柱色谱、高效液相色谱和制备薄层色谱等。柱色谱用硅胶或者酸性及中性的氧化铝作为固定相，用石油醚-乙酸乙酯、石油醚-丙酮、氯仿-丙酮、氯仿-甲醇等为流动相进行分离。同时，也可以结合葡聚糖凝胶SephadexLH-20的柱色谱对香豆素类化合物进行分离纯化。DM101型大孔吸附树脂也对补骨脂素有较好的分离纯化作用，且工艺简单，成本低，易于工业化生产。

不同提取方法指标成分的转移率比较如表7-7所示。

表 7-7　不同提取方法指标成分的转移率比较（%）

化合物	超临界二氧化碳流体萃取法	冷浸法	回流法
补骨脂素	50.36	85.73	81.61
异补骨脂素	64.41	83.99	81.36
补骨脂甲素	—	74.71	79.97
补骨脂乙素	—	74.75	85.67
补骨脂酚	66.27	70.88	93.02

不同提取方法制得的补骨脂素与异补骨脂素的含量如表 7-8 所示。

表 7-8　不同提取方法制得的补骨脂素与异补骨脂素的含量　（χ±毫克/克）

提取方法	补骨脂素含量	异补骨脂素含量
浸提法	2.21±0.003	1.85±0.002
回流提取法	2.35±0.004	1.91±0.003
超声提取法	1.94±0.002	1.62±0.004
索氏提取法	2.31±0.005	1.92±0.004

（七）补骨脂素化合物测定方法

王红霞等[121]运用 HPLC 法对无花果中补骨脂素和佛手柑内酯进行含量测定，实验结果表明，在 Phenomenex hydro ODS C18（250 毫米×4.6 毫米，4 微米）色谱柱、流动相为甲醇-水（53∶47）、流速 1.0 毫升/分、检测波长 222 纳米、柱温 32℃、进样量为 10 微升的色谱条件下，补骨脂素有良好的线性关系，补骨脂素的回归方程为：Y = 5 945 985X-54 604.42，R^2 = 0.9999，在 0.0832~0.8321 微克范围内线性关系良好，回收率在 97.0%~104.1%之间，RSD 为 2.8%。经检测无花果叶中补骨酯素含量为 0.262%。

五、佛手柑内酯

无花果叶片中香豆素约占 51.46%，其中补骨脂素（属于呋喃香豆素）占 44.83%，佛手柑和佛手柑内酯（属于吡喃香豆素）占 6.66%。佛手柑内酯是白色带丝光的针状结晶，熔点为 188~190℃，易溶于氯仿，微溶于苯、醋酸乙酯和乙醇，不溶于水，有升华性，是无花果叶片中主要的抑菌物质。采自河南洛阳的无花果叶挥发油中主要含酯和醇类，主要成分是香豆素类（1.46%），其次是檀香萜醇类，叶的香气是由檀香萜醇类化合物产生的。香豆素类中，补骨脂素占 44.83%，佛手柑和佛手柑内酯占 6.63%，其他成分还有植醇、烷类等。

(一)佛手柑内酯提取方法

董芳等[128]分离了北沙参中的佛手柑内酯，取样品粉末10千克置于渗漉筒中，用40升体积分数95%乙醇浸提72小时，过滤，滤渣重复提取2次，合并3次滤液，回收乙醇，得到浸膏1 200克；将浸膏混悬于2 000毫升蒸馏水中，依次用石油醚、乙酸乙酯、正丁醇萃取，得到石油醚部分570克、乙酸乙酯部分80克和正丁醇部分95克。将乙酸乙酯部分拌入等质量的柱色谱硅胶，用干法上样于硅胶层析柱上，从V（石油醚）：V（乙酸乙酯）= 100：0开始梯度洗脱。在洗脱体系为V（石油醚）：V（乙酸乙酯）= 5：1的流分中出现晶体，洗出晶体，重结晶3次，得到淡黄色针状晶体。利用NMR和HPLC等方法对该结晶进行结构鉴定。孟正木等[129]从无花果叶水浸液乙酸乙酯提取物经硅胶层析柱得无色细针结晶佛手柑内酯（香柠檬内酯）和补骨脂素。无花果叶的化合物中主要为醛、醇和酯类化合物，相对含量较高的有呋喃甲醇、苯甲醇、愈创木酚和对羟基苯甲醛等，并具有一定抗白血病细胞株的功能。周海梅等[130]研究表明，无花果叶挥发油中主要成分是香豆素类和檀香萜醇类。香豆素类含有内酯环，其具有抗菌、扩张冠状动脉、抗凝血及催眠镇静作用，抵抗真菌的作用较强而持久。尹卫平等[131]从无花果中提取出3种香豆素类化合物，鉴定分别为补骨脂素、佛手柑内酯和6-(2-甲氧基，顺-乙烯基）7-甲基吡喃香豆素，并证实这3种香豆素类化合物均具有抗癌效用。徐希科等[132]采用硅胶柱色谱及重结晶等方法对采自山东的无花果根的化学成分进行鉴定，结果表明，从无花果根乙醇提取物的石油醚萃取物中分离得到β-谷淄醇、羽扇豆醇；从乙酸乙酯萃取物中分离得到补骨脂素、香柠檬内酯及胡萝卜苷。田景奎等[133]以水蒸气蒸馏法和乙醚超声法对产自山东的无花果叶进行GC-MS分析，共鉴定出53个挥发性组分的分子结构，其中水蒸气蒸馏法鉴定了26个，乙醚超声提取物中鉴定了37个，且2种方法提取的挥发油含11种相同的成分，其中补骨脂素是挥发油的主要成分，分别占水蒸气蒸馏法和乙醚超声法提取挥发油中的81.32%和56.32%，还得到烷烃、烯烃、醛、醇等化合物。用超临界二氧化碳流体萃取河南无花果中的挥发油，通过GC-MS分析，鉴定出61种成分（平均出油率4.35%），其中13种醛类、酚类或链状的多烯醇类化合物未见报道[134]。

根据佛手柑内酯的化学性质，常用的提取方法有溶剂提取法、超临界二氧化碳流体萃取法、超声波法、微波法和索氏法等，提取原理基本等同于补骨脂素。

(二)佛手柑内酯化合物测定方法

王红霞等[121]运用HPLC法对无花果中补骨脂素和佛手柑内酯进行含量测定，实验结果表明，在Phenomenex hydro ODS C18（250毫米×4.6毫米，4微米）色谱柱、流动相为甲醇-水（53：47）、流速1毫升/分、检测波长222纳米、柱温32℃的色谱条件

下，补骨脂素和佛手柑内酯的对照品溶液有良好的线性关系，并且供试品溶液的重现性、精密度、稳定性、加样回收率均为良好。佛手柑内酯的回归方程为：Y = 10 232 300x−47 025.58，R^2=0.9999，在0.038 41～0.230 41微克范围内线性关系良好，回收率在97.1%～103.4%，RSD为2.19%，经检测佛手柑内酯的含量为0.104%。

张海珠[135]等建立了测定西归中佛手柑内酯含量的方法，他采用色谱柱为PhenomeneX Gemini−NX C18110A柱（4.6毫米×250毫米，5微米）；流动相为甲醇−0.05%磷酸水溶液，梯度洗脱；流速为1毫升/分；检测波长为322纳米；柱温为30℃。结果佛手柑内酯在0.020 3～0.609微克内线性关系良好；佛手柑内酯的平均回收率为98.7%（RSD=2.9%）。

六、提取物口服液

20世纪80年代我国才开始系统开展无花果栽培理论和技术研究，但随着经济的增长和人民生活水平的提高，无花果的营养、药用和保健价值日益受到重视。近年来，我国先后从意大利、以色列、美国、日本等引进90多个无花果品种，被列为全国经济作物类农业引智精选项目。

无花果果实不但可以鲜食，还可以加工成各种食用产品。世界上约有90%的无花果被加工成无花果果干，土耳其、埃及等主产国均是如此。此外，还可以生产饮料、酒、茶、果脯、果酱、罐头、果汁、速冻果、叶粉等产品。近年来，我国无花果产品出口创汇一直看好，无花果果脯、罐头、果汁、叶粉等产品畅销日本、韩国、东南亚等地区。利用无花果研制出重要药用化工原料——无花果蛋白酶，生产出的药用无花果口服液等保健产品经济效益显著。目前国际市场货源紧缺，出口前景广阔，国内消费市场也较少见到鲜果。因此，实现无花果规模化、产业化、科学化生产是增加农村经济增长点，致富果农，丰富消费者对健康果品需求及调整我国农产品结构的重要途径。

无花果果实中含有抗衰老作用的淀粉糖化酶、脂肪酶、水解酶、SOD、酯酶、蛋白酶等。郭冬青[136]等利用乙醇沉淀法提取无花果蛋白酶，回收率达47.99%，总纯化系数为2.0。硫酸铵分级沉淀法比乙醇沉淀法更适合无花果蛋白酶的提取，提取工艺参数pH值为8.6，收集20%～60%饱和度硫酸铵沉淀时，粗纯化倍数为1.62，回收率为85.7%，得率为1.4%。杨萌等[137]指出，水抽提−鞣酸沉淀法优于有机溶剂法，前者得率为1‰，酶活为57单位/克（均以鲜果计）。邱业先等[138]采用有机溶剂沉淀和超滤结合的方法对布兰瑞克和紫果1号蛋白酶进行分离纯化，得到酶活为15.34单位/毫克，纯化倍数为11.68%，酶产率为1.5‰，酶活力回收率为27.4%。布兰瑞克无花果不同部位蛋白酶活力不同：枝>鲜叶>干叶>果实，枝活力最高为202.962微克/克，果实最低，仅39.778微克/克。张雷[139]提取纯化了的无花果果叶SOD，并认为所获得无花果果叶 SOD 为 Cu/Zn-SOD。

第三节　无花果护肤系列产品加工技术

一、香料（浸膏）

近年来，随着科学技术的发展，人们对无花果的利用方式不仅局限于水果和药材，更多的无花果产品相继面市，现在我们在市场上能看到的有果干、果脯、果酱、果粉、果酒、饮料、蜜饯、罐头、口服液等。至于无花果食香同源作为香料利用只在有关专业书籍上看到，其香料产品（浸膏或净油）国内也无厂家生产，个别香精生产企业有少量进口（瑞士）。江苏省新曹香料研究所陈连官[140]在采食无花果时发现有强烈的甜味，微带酸的酱果膏香，可作为果实香料开发利用，随即采摘少量鲜果制成浸膏请有关调香师试用，结果令人满意。无花果浸膏的研制填补了国内空白，丰富了我国无花果市场系列产品，开拓了无花果新的经济增长点。

无花果浸膏是用食用酒精浸提无花果而得，酒精浓度影响产品质量和产量。总的趋势是随着浓度的下降，浸膏中的水溶性物质增多，香气减弱。为了选择适宜的浓度，使得率、质量均较佳，特进行了酒精浓度对比试验。结果表明：用 80%的酒精浸提，浸膏质量佳，得率较高。经过试验比选，浸膏生产工艺流程合理，工艺条件成熟可靠，加工方法简单实用，具备投产条件。浸膏安全无毒，质量稳定，检测结果符合标准要求，可以投放市场。经过投产试验核算，无花果浸膏的生产具有较高的经济和社会效益，对环境无污染，并有广泛的销售前景。

无花果浸膏首先在烟草中得到应用并有明显的效果，对推动我国卷烟质量的提高起到积极的作用。根据有关卷烟评吸专家实际应用评吸后认为，无花果鲜果和干果浸膏都对烟草香气有改善效果，但效果不尽相同。鲜果浸膏能使烟香转向云南烟清香方面，适合调配清香型香精；干果浸膏香气较浓，以调配浓香型香精为主。因此，在采收季节采摘部分鲜果和收贮大量的鲜果切片，并晒干生产无花果浸膏系列产品，可满足不同用户的需要，丰富加香产品格调（表 7-9，表 7-10）。

结合生产实际选择无花果浸膏最佳浸提工艺条件组合是：以片干果为原料，用 80%~85%的酒精浸提 7 小时，分 4 次更换溶剂，鲜果浸提可减少 1 次[141]。

工艺流程：原料→预处理→浸提→浸液→浓缩→过滤→浓缩→浸膏

残渣

表 7-9　无花果不同预处理方法对浸膏得率的影响

预处理方法	投料量（克）	得浸膏量（克）	得膏率（%）	香　气	乙醇不溶物（%）	酸　值	应用效果
整果鲜用	850	50	5.9	青气、较甜润、气清淡	2.08	18.33	作用较大
整果晒干	400	61	15.25	焦甜、膏香微酸、气较浓	2.12	18.38	作用大
切片晒干	800	187.5	23.4	焦甜、膏香微酸、气较浓	1.6	27.3	作用大
整果烘干	800	217.2	27.2	焦苦、口感不好、焦气重	10.7	28.17	略有作用

表 7-10　无花果浸膏工艺条件试验结果

试验号		浸提时间（小时）	浸提次数（次）	果的利用方式	得膏率（%）	乙醇不溶物（%）
1		5	2	鲜整果	3.5	1.68
2		5	3	片干果	21.25	1.06
3		5	4	干整果	18.6	1.73
4		6	2	片干果	14.75	1.6
5		6	3	干整果	15.25	2.12
6		6	4	鲜整果	4	—
7		7	2	干整果	15.5	1
8		7	3	鲜整果	4.25	2.35
9		7	4	片干果	24.75	1.96
总　和	Ⅰ	43.35	33.75	11.75	因素主次：果的利用方式>浸提次数>浸提时间	
	Ⅱ	34	40.75	60.75		
	Ⅲ	44.5	47.35	49.35		
平　均	Ⅰ	14.45	11.35	3.92		
	Ⅱ	11.33	13.58	20.25		
	Ⅲ	14.83	15.53	16.45		
极　差		3.5	4.53	12.53		

二、香　皂

当今世界不断朝着全球化发展，消费者持续追求纯正匠心的产品。无花果作为贯穿古今的重要食用香精原料，将继续满足人们对真实独特产品的需求。目前，全球市场对无花果的健康鲜果风味的需求正呈增长趋势，瑞士芬美意公司将无花果评为2018年“年度风味”。作为一种绝佳风味，无花果深受消费者的喜爱，在2012—2016年无花果风味产品的增幅已达80%以上，芬美意食用香精部总裁ChrisMillington表示，“无花果拥有诸多保健功效，其甘甜、丰富的香气特征为广大食品领域的客户带来无尽的商机，同时也为消费者带来了愉悦的感官体验。”芬美意认为，无花果的发展无可限量，可以应用在酒精饮料、成熟蛋白的无花果风味产品开发中。亦古，亦今，时而简单，时而复杂，这些特性都赋予了无花果无尽的可能性。无花果还可用于香料提取，不仅对卷烟香味起到良好的改善作用，也可以添加在香皂中（图7-2，图7-3）。

图7-2　DIPTYQUE 圣日耳曼大街34 Philosykos 无花果香皂

图7-3　ROGER & GALLET 香邂格蕾 Fleur de Figuier 无花果香皂

参考文献

[1]　中国科学院中国植物志编辑委员会．中国植物志：第23卷第1册［M］．北京：科学出版社，1998.

[2]　尹卫平，陈宏明，王天欣，等．具有抗癌活性的一个新的香豆素化合物［J］.

中草药，1997，28（1）：3-4.

[3] 莫少红．无花果研究进展［J］．基层中药杂志，1998，12（2）：54-55.

[4] 张峻松，贾春晓，张文叶，等．超临界二氧化碳流体萃取无花果挥发油化学组分的研究［J］．香料香精化妆品，2003，8（4）：7-9.

[5] 王超，马海乐，王振斌．AB-8 大孔树脂分离提纯无花果总黄酮的研究［J］．食品研究与开发，2005，26（4）：11-12.

[6] 康文艺，李宁，林炳芳．无花果多糖的研究［J］．中国畜产与食品，1999，6（6）：256-257.

[7] 吴亚林，黄静，潘远江．无花果多糖的分离、纯化和鉴定［J］．浙江大学学报，2004，31（2）：177.

[8] 张积霞，庞荣英，贺志安，等．无花果微量元素含量的测定［J］．微量元素与健康研究，2000，17（1）：41.

[9] 唐清秀，郭红云，王晓辉，等．陇南无花果微量元素含量测定［J］．甘肃科学学报，2004，16（4）：48-49.

[10] 彭勃，苗明三，方晓燕．无花果抗癌作用的研究进展［J］．河南中医，2002，22（6）：84-85.

[11] 郭润妮，倪孟祥．无花果多糖体外抗氧化及抗肿瘤活性研究［J］．化学与生物工程，2015，32（3）：49-52.

[12] 王静，王修杰，林苹，等．无花果果浆对肿瘤细胞增殖抑制和诱导凋亡作用［J］．天然产物研究与开发，2006，18（5）：760-764.

[13] 解美娜，庄文欣．无花果叶超声提取物体外诱导肝癌 Hep G2 细胞凋亡［J］．生命科学研究，2010，14（6）：523-527.

[14] 尹卫平，陈宏明，王天欣，等．无花果抽提物抗肿瘤成分的分析［J］．新乡医学院学报，1995，12（4）：316-320.

[15] 尹卫平，陈宏明，阎福林，等．从无花果中提取新的皂苷和糖苷化合物及其活性研究［J］．中草药，1998，29（8）：505-507.

[16] 王振斌，马海乐，马晓珂．无花果渣脂溶性物质的化学成分和体外抗肿瘤的活性研究［J］．林产化学与工业，2010，30（4）：48-52.

[17] 苗明三，刘会丽，杨亚蕾，等．无花果多糖对免疫抑制小鼠腹腔巨噬细胞产生 IL-1α、脾细胞体外增殖、脾细胞产生 IL-2 及其受体的影响［J］．中国现代应用药学杂志，2009，26（7）：525-528.

[18] 徐坤，苗明三．无花果多糖对氢化可的松致免疫抑制小鼠免疫功能的影响［J］．中医学报，2011，26（154）：324-325.

[19] 王桂亭，王皞，宋艳艳，等．无花果叶抗单纯疱疹病毒的实验研究 [J]．中药材，2004，27（10）：754-755.

[20] 王桂亭，王皞，宋艳艳，等．无花果叶提取物抗新城疫病毒的实验研究 [J]．中国人兽共患病杂志，2005，21（8）：710-712.

[21] 杨海霞，陈廷，宋烨，等．无花果叶乙醇提取物体内抗单纯疱疹病毒的实验研究 [J]．实用预防医学，2009，16（4）：1228-1229.

[22] 赵爱云，吴神怡，杜桂彩．无花果叶抑菌活性成分的实验研究 [J]．青岛大学学报（自然科学版），2005，18（3）：37-40.

[23] 郭紫娟，张凤英，董开发，等．无花果干提取液抑菌活性的研究 [J]．江西农业大学学报，2011，35（5）：999-1005.

[24] 赛小珍，刘勤朴．无花果叶茎乳汁外敷治疗病毒性跖疣 [J]．解放军护理杂志，2008，(16)：32.

[25] 李玉群，孟昭礼．无花果农用抑菌活性的初步研究 [J]．莱阳农学院学报，2003，20（4）：264.

[26] 苏卫国，董艳，童应凯．无花果枝、叶、果实生理活性物质的测定 [J]．天津农学院学报，2001，8（1）：24-26，30.

[27] 朱凡河，王绍红，徐丽娟．荷S180小鼠血清MDA、SOD和GSH-PX的变化及无花果多糖对其影响 [J]．中国民族民间医药，2002，57（4）：231-232.

[28] 戴伟娟，司端运，王绍红，等．无花果多糖对荷瘤小鼠免疫功能的影响 [J]．时珍国医国药，2001，12（12）：1056-1060.

[29] 戴伟娟，司端远，辛勒，等．无花果多糖对小鼠细胞免疫功能的影响 [J]．中草药，2000，31（5）.

[30] 房昱含，魏玉西，赵爱云，等．无花果叶提取物抗氧化活性的研究 [J]．中国生化药物杂志，2008，29（6）：366-367.

[31] 张兆强，韩春姬，孙东菊，等．无花果水提取液对环磷酰胺诱发微核的拮抗作用 [J]．济宁医学院学报，2006，29（3）：15.

[32] 张兆强，张景，张春之，等．无花果水提取液对小鼠血中SOD的影响 [J]．济宁医学院学报，2006，29（1）：14-15.

[33] C. Perez，J. R. Canal，M. D. Torres. Experimental diabetes treated with ficus carica extract：effect on oxidative stress parameters [J]. Acta Di－abetol，2003，40：3-8.

[34] 许秋霞，张吟，黄丹丹，等．无花果叶提取物对糖尿病大鼠血糖及抗氧化能

力的影响［J］. 福建医科大学学报，2013，47（3）：146-149.

［35］杨利芬，唐清秀．陇南无花果降血脂作用的实验研究［J］. 卫生职业教育，2009，27（7）：110-111.

［36］E. Dominguez，C. Pere，J. M. Ramiro，A. Romero，J. E. Campillo and M. D. Torres. A Study on the Glycaemic Balance in Streptozotocin diabetic Rats Treated with an Aqueous Extract of Ficus carica（Fig）Leaves［J］. Phytotherapy Research，1996，10：82-83.

［37］E. Dominguez，C. Pere，J. R. Canal，J. E. Campillo and M. D. Torres. Hypoglycaemic activity of an aqueous extract from FicusCarica（Fig tree）Leaves in Streptozotcin Disabetic Rats［J］. Pharma-ceutical Biology，2000，38（3）：181-186.

［38］Ahmad Fatemi. Ali Rasouli and Farzad Asadi［J］. American Journal ofAnimal and Veterinary Sciences，2007，2（4）：104-107.

［39］魏荣堂，赵军太，凌志国．无花果止泻口服液的制备与质量控制［J］. 实用医技杂志，2003，10（8）：873.

［40］曾艳平，平洁，汪晖，等．无花果叶提取物的镇静催眠作用［J］. 武汉大学学报（医学版），2008，29（6）：763-765.

［41］裴凌鹏，董福慧．维药无花果叶对抗大鼠泼尼松性骨质疏松的作用研究［J］. 中国民族医药杂志，2009，15（2）：39-40.

［42］闫华．无花果代茶饮治疗慢性高血压［J］. 中国民间疗法，2013，（5）：57.

［43］孟正木，王佾先，纪江．无花果叶化学成分研究［J］. 中国药科大学学报，1996，27（4）：202-204.

［44］尹卫平，王蕾．苯甲醛类衍生物的抗癌药效学研究［J］. 新乡医学院学报，1995，12（2）：116-119.

［45］周海梅，吴云骥．无花果叶化学成分的研究——无花果叶挥发油的研究［J］. 中药，2004，35（12）：34.

［46］沙坤，张泽俊．微波辅助提取无花果叶中补骨脂素工艺的研究［J］. 食品科技，2010，35（8）：244-2461.

［47］苏卫国，董艳，童应凯．无花果枝、叶、果实生理活性物质的测定［J］. 天津农学院学报，2001（1）：24-26，30.

［48］赖淑英，陈学文，黄爱东，等．无花果叶微量元素的分析［J］. 广东微量元素科学，1997，4（4）：63-65.

［49］唐清秀，郭红云，王晓辉，等．陇南无花果微量元素含量测定［J］. 甘肃科

学学报，2004，16（4）：48-49.

[50] 徐希科，胡疆，柳润辉，等．无花果根的化学成分研究［J］．药学服务与研究，2005，5（2）：138-139.

[51] 刘军，张百江．无花果提取物对肺癌细胞增殖及凋亡影响的初步观察［J］．中华肿瘤防治杂志，2008，15（9）：665-667.

[52] 王振斌，马海乐，王超．无花果多糖提取技术研究［J］．食品科学，2006，27（2）：174-177.

[53] 王振斌，刘加友，马海乐，等．无花果多糖提取工艺优化及其超声波改性［J］．农业工程学报，2014，30（10）：262-269.

[54] 刘娅，戴升健，鲁松涛，等．无花果多糖超声提取技术的研究［J］．食品科技，2006，31（9）：87-89.

[55] 张俊艳，彭珊珊，方园，等．枸杞叶、无花果叶多糖的超声波提取和测定［J］．食品工业，2012（12）：98-100.

[56] Zhang Lianfu，Liu Zelong. Optimization and comparison of ultrasound/microwave assisted extraction（UMAE）and ultrasonic assisted extraction（UAE）of lycopene from tomatoes［J］. Ultrasonics Sonochemistry，2008，15（5）：731-737.

[57] 赵丛枝，苑社强，王磊，等．响应面法优化超临界二氧化碳提取无花果多糖工艺［J］．中国食品学报，2013，13（7）：46-52.

[58] 盛国华．亚临界水提取技术在有效利用食品副产物中的应用［J］．中国食品添加剂，2009（2）：127-129.

[59] Zhao C，Yang R F，Qiu T Q. Ultrasound-enhancedsubcritical water extraction of polysaccharides from *Lycium barbarum* L.［J］. Separation and Purification Technology，2013（120）：141-147.

[60] Ahmadian-kouchaksaraie Z，Niazmand R，Najafi M N. Optimization of the subcritical waterextraction of phenolic antioxidants from Crocus sativus，petals of saffron industry residues：Box-Behnkendesign and principal component analysis［J］. Innovative Food Science & Emerging Technologies，2016（36）：234-244.

[61] Staub A M. Removal of proteins：Sevag method［M］. New York：Academic Press Inc.，1965.

[62] 吴亚林，黄静，潘远江．无花果多糖的分离、纯化和鉴定［J］．浙江大学学报（理学版），2004，31（2）：177-179.

[63] 陈霞．无花果多糖的提取及其对鲫鱼非特异性免疫功能影响的研究［D］.

雅安：四川农业大学，2009.

［64］ 邱松山，姜翠翠，谭振钟，等．无花果粗多糖体外抗氧化能力初步研究［J］．时珍国医国药，2011，22（7）：1659-1660.

［65］ 邱松山，周天，姜翠翠．无花果粗多糖提取工艺及抗氧化活性研究［J］．食品与机械，2011，27（1）：40-42.

［66］ Kao T H，Chen B H. Functional components in Zizyphus with emphasis on polysaccharides［M］. Switzerland：Springer International Publishing，2015：795-827.

［67］ Chen G L，Zhang X，Chen S G，et al. Antioxidant activi-ties and contents of free，esterified and insoluble-bound phe-nolics in 14 subtropical fruit leaves collected from the south of China［J］. Journal of Functional Foods，2017，30：290-302.

［68］ Jung M Y，Jeon B S，Jin Y B. Free，esterified，and insolu-ble-bound phenolic acids in white and red Korean ginsengs（Panax ginseng，C. A. Meyer）［J］. Food Chemistry，2002，79（1）：105-111.

［69］ 刘翠，刘红芝，刘丽，等．花生红衣酚类物质的制备及其抗氧化活性研究进展［J］．中国粮油学报，2015，30（8）：136-142.

［70］ Ćujiĉ N，AVIKIN K，JANKOVIC ET T，et al. Optimizationof polyphenols extraction from dried chokeberry using macer-ation as traditional technique［J］. Food Chemistry，2016，194：135-142.

［71］ Pradal D，Vauchel P，Decossin S，et al. Kinetics of ultrasound - assisted extraction of antioxidant polyphenols fromfood by - products：Extraction and energy consumption optimization［J］. Ultrasonics Sonochemistry，2016，32：137-146.

［72］ Ďalessandro L G，Kriaa K，Nikov I，et al. Ultrasound assisted extraction of polyphenols from black chokeberry［J］. Separation and Purification Technology，2012，93：42-47.

［73］ 孙静涛，董娟，张荣，等．超声波强化有机溶剂提取石榴籽多酚工艺优化研究［J］．中国酿造，2012，31（8）：102-105.

［74］ Jiang H L，Yang J L，Shi Y P. Optimization of ultrasoniccell grinder extraction of anthocyanins from blueberry using response surface methodology［J］. Ultrasonics Sonochemistry，2017，34：325-331.

［75］ 樊燕鸽，张娟梅，黄做华．响应面法优化怀菊水溶性总多酚的超声提取工艺

[J]. 食品工业科技, 2016, 37 (5): 268-272.

[76] Camel V. Microwave-assisted solvent extraction of environ-mental samples [J]. Trac Trends in Analytical Chemistry, 2000, 19 (4): 229-248.

[77] Muňim A, Nurpriantia S, Setyaningsih R, et al. Optimization of microwave-assisted extraction of active compounds, antioxidant activity and angiotensin converting enzyme (ACE) inhibitory activity from Peperomia pellucida (L.) Kunth [J]. Journal of Young Pharmacists, 2017, 9 (1s): 73-78.

[78] 黄素英, 郑宝东. 溶剂法浸提莲子多酚的工艺研究 [J]. 东南园艺, 2014 (4): 1-5.

[79] Xiao W, Han L, SHI B. Microwave-assisted extraction offlavonoids from Radix Astragali [J]. Separation and Purification Technology, 2008, 62 (3): 614-618.

[80] Chen L, Ding L, Yu A, et al. Continuous determination oftotal flavonoids in Platycladus orientalis (L.) Franco by dynamic microwave-assisted extraction coupled with on-linederivatization and ultraviolet-visible detection [J]. AnalyticaChimica Acta, 2007, 596 (1): 164-170.

[81] Gomez-garcia R, Martinez-avila G C G Aguilarc N. Enzyme-assisted extraction of antioxidative phenolicsfrom grape (Vitis vinifera L.) residues [J]. Biotech, 2012, 2 (4): 297-300.

[82] Zhang J, Jia S, Liu Y, et al. Optimization of enzymeassisted extraction of the Lycium barbarum, polysaccharides usingresponse surface methodology [J]. Carbohydrate Polymers, 2011, 86 (2): 1089-1092.

[83] 付晓燕, 吴茜, 胡正浩, 等. 传统溶剂提取与酶辅助提取燕麦多酚工艺的优化与比较 [J]. 食品工业科技, 2012, 33 (24): 277-281.

[84] Najafian L, Ghodsvali A, Haddad Khodaparastm H, et al. Aqueous extraction of virgin olive oil using industrial enzymes [J]. Food Research International, 2009, 42 (1): 171-175.

[85] 盛锁柱. 生物酶技术在中药提取中的应用 [J]. 牡丹江医学院学报, 2008, 29 (1): 93-95.

[86] 段宙位, 谢辉, 窦志浩, 等. 酶辅助提取沉香叶多酚及其抗氧化性研究 [J]. 食品科技, 2016, 7: 197-202.

[87] 沈瑞. 闪式提取在中药中的应用进展 [J]. 中药材, 2015, 38 (7): 1540-1542.

[88] 李精云，刘延泽．组织破碎提取法在中药研究中的应用进展［J］．中草药，2011，42（10）：2145-2149.

[89] 陈菲，盛柳青，麻佳蕾．松针中原花青素的闪式提取及其抗氧化活性［J］．中国医药工业杂志，2014，45（2）：120-123.

[90] 赵先恩，耿岩玲，王岱杰，等．闪式提取 HPLC-DAD 测定金银花中绿原酸和木犀草苷［J］．分析试验室，2010（S1）：77-80.

[91] 张宇，苏丹．二氢槲皮素提取方法的比较和优化［J］．中医学报，2015，30（10）：1470-1472.

[92] Zderic A，Zondervan E. Polyphenol extraction fromfresh tea leaves by pulsed electric field：A study of mechanisms［J］. Chemical Engineering Research and Design，2016，109：586-592.

[93] Luengo E，Alvarez I，Raso J. Improving the pressingextraction of polyphenols of orange peel by pulsed electricfields［J］. Innovative Food Science & Emerging Technologies，2013，17（1）：79-84.

[94] Natolino A，Porto C D，Rodriguez-rojo S，et al. Supercritical antisolvent precipitation of polyphenols fromgrape marc extract［J］. Journal of Supercritical Fluids，2016，118：54-63.

[95] Liu B G，Zhu Y Y. Extraction of flavonoids from flavonoid-rich parts in tartary buckwheat and identification of the main flavonoids［J］. Journal of Food Engineering，2007，78（2）：584-587.

[96] 杨云裳，张应鹏，李春雷，等．沙棘汁中总黄酮提取及纯化研究［J］．时珍国医国药，2011，22（3）：570-572.

[97] 邹玉红，寇小燕，韩秋霞，等．超声波辅助法提取甘草总黄酮工艺的研究［J］．安徽农业科学，2011，39（14）：8345-8347.

[98] You J Y，Gao S Q，Jin H Y，et al. On-line continuous flow ultrasonic extraction coupled with high performance liquid chromatographic separation for determination of the flavonoids from root of Scutellaria baicalensis Georgi［J］. Journal of Chromatography A，2010，1217（12）：1875-1881.

[99] 张蕾，乔旭光，占习娟，等．超声波提取对荷叶超微粉中黄酮类物质提取的影响［J］．食品工业科技，2007，28（9）：137-140.

[100] Wang L J，Weller C L. Recent advances in extractionof nutraceuticals from plants［J］. Trends in Food Science & Technology，2006，17（6）：300-312.

[101] 王艳，张铁军．微波萃取技术在中药有效成分提取中的应用［J］．中草药，

2005，36（3）：470-473.

[102] 甘琳，周芳，张越非，等．葛根总黄酮提取工艺的比较［J］. 时珍国医国药，2010，21（4）：929-931.

[103] 杨斌，胡福超，陈功锡，等．微波提取槲蕨根茎中的黄酮类物质的条件优化实验［J］. 中药材，2009，32（12）：1907-1910.

[104] 陈岚．超临界萃取技术及其应用研究［J］. 医药工程设计，2006，27（3）：65-68.

[105] Lang Q Y，Wai C M. Supercritical fluid extraction inherbal and natural product studies-a practical review［J］. Talanta，2001，53（4）：771-782.

[106] Herrero M，Mendiola J A，Cifuentes A，et al. Super-critical fluid extraction：Recent advances and applications［J］. Journal of Chromatography A，2011，1 217（16）：2495-2511.

[107] 郗砚彬，夏晓晖，靳冉，等．夹带剂对超临界二氧化碳萃取中草药成分的作用分析［J］. 中国中药杂志，2009，34（11）：1460-1462.

[108] 王正云．超临界二氧化碳萃取芦笋中总黄酮的工艺研究［J］. 食品研究与开发，2007，28（10）：42-46.

[109] 刘晓光，毛波，胡立新．酶解法提取山楂黄酮的工艺［J］. 食品科学，2010，31（8）：56-59.

[110] 王宏志，喻春皓，高钧，等．酶法提取黄芩中黄芩素、汉黄芩素［J］. 中药材，2007，30（7）：851-854.

[111] 陈栋，周永传．酶法在中药提取中的应用和进展［J］. 中国中药杂志，2007，32（2）：99-101.

[112] 国大亮，朱晓薇．双水相萃取法在天然产物纯化中的应用［J］. 天津药学，2006，18（1）：64-67.

[113] 成明建，陈小英，黄齐慧．正交试验优选双水相分配与超声提取集成法提取分离连钱草总黄酮的工艺［J］. 中国药房，2010，21（27）：2532-2534.

[114] 张兆旺，孙秀梅．半仿生提取法的特点与应用［J］. 世界科学技术—中医药现代化，2000，2（1）：35-38.

[115] Fernando Vallejo，J. G. Marín，Francisco A. Tomás - Barberan. Phenolic compound content of fresh and dried figs（*Ficus carica* L.）［J］. Food Chemistry，2012，130（3）：485-492.

[116] Anat，Solomon；Sara，Golubowicz.，Zeev. Yablowicz，etc.，Antioxidant activities and anthocyanin content of fresh fruit of common fig（*Ficus carica* L.）

[J]. Journal of Agricultural and Food Chemistry, 2006, 54: 7717-7723.
[117] 杨润亚，明永飞，王慧. 无花果叶中总黄酮的提取及其抗氧化活性测定 [J]. 食品科学，2010，31（6）：78-82.
[118] 王超，马海乐，王振斌. AB-8 大孔树脂分离提纯无花果总黄酮的研究 [J]. 食品研究与开发，2005，26（4）：11-21.
[119] 彭珊珊，肖峰. 无花果叶、番石榴叶中黄酮类化合物的提取与测定 [J]. 食品科学，2005，26（9）：30-301.
[120] 曲晓华，辛玉峰，张克英，等. 不同方法提取银杏叶活性物质抑菌效果的比较研究 [J]. 山东农业科学，2010（4）：62-64.
[121] 曹尚银. 无花果高效栽培与加工利用 [M]. 北京：中国农业出版社，2002.
[122] 赵爱云，吴神怡. 无花果叶提取物的抑菌作用研究 [J]. 食品工业科技，2005，26（11）：87-92.
[123] 余得平. 不同含量乙醇提取补骨脂的比较 [J]. 时珍国医国药，2000，11（7），592.
[124] 丁姣姣，杨建，张文芳，等. 无花果叶中补骨脂素的优化提取 [C]. 第十三届中国科协年会—中医药发展国际论坛卫星会议暨第六届“岐黄雏鹰”学术科技论坛论文集. 天津中医药大学，2011：170-171.
[125] 王红霞，陈随清，郑岩，等. 无花果叶中补骨脂素和佛手柑内酯的含量测定 [C]. 中国科学院昆明植物研究所，中国植物学会药用植物及植物药专业委员会，2011.
[126] 罗志冬，郭晏华. 补骨脂有效成分提取工艺的考察 [J]. 中国新药杂志，2007，16（9）：705-708.
[127] 黄芳，黄晓芬，梁卫萍，等. 超临界二氧化碳流体从补骨脂中提取分离补骨脂素、异补骨脂素及脂肪油的工艺研究 [J]. 中药材，2000，23（5）：266-267.
[128] 白鸽，曹学丽，谭莉. 补骨脂素和异补骨脂素的分离纯化研究 [J]. 北京工商大学学报（自然科学版），2009，27（5）：1-5.
[129] 罗志冬，郭晏华. 补骨脂有效成分提取工艺的考察 [J]. 中国新药杂志，2007，16（9）：705-708.
[130] 晏芸，潘晓梅，肖国民. 补骨脂素超声提取工艺的优化 [J]. 东南大学学报（自然科学版），2012，42（3）：516-520.
[131] 杨长福，林昶，李玮，等. 微波辅助提取补骨脂中补骨脂素、异补骨脂素工艺研究 [J]. 贵阳中医学院学报，2010，32（5）：86-88.

[132] 杨帆，金描真，宋凤兰，等．补骨脂提取工艺的比较研究［J］．中国中药杂志，2005，30（16）：1290-1291.

[133] 董芳，刘汉柱，孙阳，等．北沙参中佛手柑内酯的分离鉴定及体外抗肿瘤活性的初步测定［J］．植物资源与环境学报，2010，19（1）：95-96.

[134] 张英，俞卓裕，吴晓琴．中草药和天然植物有效成分提取新技术——微波协助萃取［J］．中国中医药杂志，2004，29（2）：104.

[135] 孟正木，王佾先，纪江，等．无花果叶化学成分研究［J］．中国药科大学学报，1996（4）：13-15.

[136] 国家药典委员会中华人民共和国药典［S］．2005 年版一部．北京：化学工业出版社，2005：129-130.

[137] 周海梅，吴云骥．无花果叶化学成分的研究——无花果叶挥发油的研究［J］．中草药，2004，35（12）：34.

[138] 尹卫平，陈宏明，王天欣，等．具有抗癌活性的一个新的香豆素化合物［J］．中草药，1997，28（1）：3-4.

[139] 徐希科，胡疆，柳润辉，等．无花果根化学成分研究［J］．药学服务与研究，2005，5（2）：138-140.

[140] 田景奎，王爱武，吴丽敏，等．无花果叶挥发油化学成分研究［J］．中国中药杂志，2005，30（6）：474-476.

[141] 张峻松，贾春晓，张文叶，等．超临界 CO_2 流体萃取无花果挥发油化学组分的研究［J］．香料香精化妆品，2003（4）：7-9.

[142] 张海珠，李齐贤，孙帮燕，等．HPLC 同时测定西归中阿魏酸和佛手柑内酯的含量［J］．中国现代应用药学，2013，30（6）：648-651.

[143] 郭冬青，纪付江，高健，等．无花果蛋白酶的不同提取方法比较及酶学性质研究［J］．湖北农业科学，2011，50（6）：1258-1260.

[144] 杨萌，吕源玲，王洪新．无花果蛋白酶和果胶的综合提取［J］．食品科学，1998（7）：23-26.

[145] 邱业先，刘勇，周群，等．无花果蛋白酶的提取分离纯化及其理化性质研究［J］．江西农业大学学报，1996，18（1）：46-50.

[146] 张雷．无花果叶超氧化物歧化酶的分离提纯及性质表征［D］．长春：吉林大学，2007.

[147] 陈连官．无花果浸膏研制［J］．香料香精化妆品，2007（2）：17-19.

[148] 生吉萍，孙志健．申林，等．无花果的营养和药用价值及其加工利用［J］．农牧产品开发，1999（3）：10-11.

主栽品质无花果图片

（图片来源于网络，版权归原作者所有）

波姬红

布兰瑞克

金傲芬

青　皮

蓬 莱 柿

玛斯义陶芬

新疆早黄

白圣比罗

卡利亚那

加 州 黑

附录 1　NY 5086—2005 无公害食品　落叶浆果类果品

前　言

本标准代替 NY 5106—2002《无公害食品　猕猴桃》、NY 5242—2004《无公害食品　石榴》和 NY 5086—2002《无公害食品　鲜食葡萄》。

本标准由中华人民共和国农业部提出并归口。

本标准起草单位：南京农业大学园艺学院、江苏省农林厅园艺服务站。

本标准主要起草人：章镇、乔玉山、陆爱华、聂赞、王化坤、王红霞、渠慎春、陶建敏、蔡斌华。

1　范围

本标准规定了无公害食品落叶浆果类果品的要求、试验方法、检验规则、标志、标签、包装、运输和贮存。

本标准适用于无公害食品葡萄、无花果、树莓、醋栗、穗醋栗、石榴、猕猴桃、越橘等鲜食落叶浆果类果品。

2　规范性引用文件

下列文件中的条款通过本标准的引用而成为本标准的条款。凡是注日期的引用文件，其随后所有的修改单（不包括勘误的内容）或修订版均不适用于本标准，然而，鼓励根据本标准达成协议的各方研究是否可使用这些文件的最新版本。凡是不注日期的引用文件，其最新版本适用于本标准。

GB/T 5009. 11　食品中总砷及无机砷的测定

GB/T 5009. 12　食品中铅的测定

GB/T 5009. 15　食品中镉的测定

GB/T 5009. 188　蔬菜、水果中甲基托布津、多菌灵的测定

GB 7718　食品标签通用标准

GB/T 8855　新鲜水果和蔬菜的取样方法

NY/T 761　蔬菜和水果中有机磷、有机氯、拟除虫菊酯和氨基甲酸酯类农药多残留检测方法

3　要求

3.1　感官

感官应符合表1规定。

表1　感官要求

项目	指标
果面	洁净，无日灼、病虫斑、机械损伤等缺陷
果形	端正，基本均匀一致
色泽	果皮、果肉和籽粒（仅限石榴）颜色符合本品种特征
风味	具有本品种的特有风味，无异味
成熟度	充分发育

3.2　安全指标

安全指标应符合表2的规定。

表2　安全指标　　单位为毫克/千克

项目	指标
敌敌畏（dichlorvos）	≤0.2
乐果（dimethoate）	≤1
溴氰菊酯（deltamethrin）	≤0.1
氯氰菊酯（cypermethrin）	≤2
甲霜灵（metalaxyl）*	≤1
三唑酮（triadimefon）	≤0.2
多菌灵（Carbendazim）	≤0.5
百菌清（chlorothalonil）	≤1
砷（以As计）	≤0.5
铅（以Pb计）	≤0.2
镉（以Cd计）	≤0.03

注：其他有毒有害物质的指标应符合国家有关法律、法规、政策规章和强制性标准的规定。

*：葡萄检测甲霜灵，其他果品不检测。

4 试验方法

4.1 感官

取样量按 GB/T 8855 标准执行。

果品的果面、果形、色泽、成熟度等项目用目测法、风味用品尝法、异味用口尝法和鼻嗅法检测。感官不合格率按有缺陷样品的质量百分率计。

4.2 卫生指标

4.2.1 敌敌畏、乐果、溴氰菊酯、氯氰菊酯、甲霜灵、三唑酮和百菌清

按 NY/T 761 规定执行。

4.2.2 多菌灵

按 GB/T 5009.188 的规定执行。

4.2.3 砷

按 GB/T 5009.11 规定执行。

4.2.4 铅

按 GB/T 5009.12 规定执行。

4.2.5 镉

按 GB/T 5009.15 规定执行。

5 检验规则

5.1 组批规则

同一品种、同一产地、同批采收的落叶浆果作为一个检验批次；市场抽样以相同渠道进货为一个检验批次。

5.2 检样方法

按 GB/T 8855 规定执行。

5.3 检验分类

5.3.1 型式检验

型式检验是对产品进行全面考核，即对本标准规定的全部要求进行检验。有下列情形之一者应进行型式检验。有下列情形之一者应进行型式检验：

a）申请无公害农产品认证；

b）前后两次抽样检验结果差异较大；

c）人为或自然因素使生产环境发生较大变化；

d）国家质量监督机构或主管部门提出型式检验要求。

5.3.2 交收检验

每批产品交收前，生产单位都应进行交收检验。交收检验内容包括感官、包装、标

志和标签，检验合格并附合格证方可交收。

5.4 判定规则

5.4.1 每批受检样品的感官不合格率按其所检单位的平均值计算，其值不应超过5%。其中任意一件的不合格率不应超过10%，判为感官合格。

5.4.2 感官、安全指标合格则判定该批产品合格。

5.4.3 感官不合格或安全指标有一项指标不合格，则判该批产品为不合格。

5.4.4 对包装、标志、标签检验不合格的产品，允许生产单位进行整改后复验一次。感官和安全指标检验不合格不进行复验。

6 标志、标签

6.1 标志

无公害农产品标志的使用应符合有关规定。

6.2 标签

应有明显标签，内容包括：产品名称、产品执行标准、生产者及详细地址、产地和采收、包装日期等，要求字迹清晰、完整、准确。

7 包装、运输和贮存

7.1 包装

包装容器应坚固耐用，清洁卫生，干燥无异味，内外均无刺伤果实的尖突物，并有合适的通气孔，对产品具有良好的保护作用。包装材料应无毒、无虫、无异味，不会污染果实。

7.2 运输

运输工具应清洁卫生，有防雨、防晒设施，不应与有毒、有异味等有害物品混装、混运。长途运输时宜使用具冷藏条件的工具。

7.3 贮存

库房应清洁卫生，有通风换气条件。产品不应与有毒、有害品和易于传播病虫的物品混合存放，不应使用影响产品质量的保鲜试剂和材料。入库产品应批次分明，堆码整齐。

附录2　CAC/RCP 65—2008国际标准：无花果果干中黄曲霉毒素的污染
AFLATOXIN CONTAMINATION IN DRIED FIGS

CAC/RCP 65-2008

INTRODUCTION

1. The elaboration and acceptance of a Code of Practice for dried figs by Codex will provide uniform guidance for all countries to consider in attempting to control and manage contamination by various mycotoxins, specifically aflatoxins. It is of high importance in order to ensure protection from aflatoxin contamination in both producer and importer countries. All dried figs should be prepared and handled in accordance with the Recommended International Code of Practice-General Principles of Food Hygiene1 and Recommended International Code of Hygienic Practice for Dried Fruits2 which are relevant for all foods being prepared for human consumption and specifically for dried fruits. It is important for producers to realize that Good Agricultural Practices (GAP) represent the primary line of defence against contamination of dried figs with aflatoxins, followed by the implementation of Good Manufacturing Practices (GMP) and Good Storage Practices (GSP) during the handling, processing, storage and distribution of dried figs for human consumption. Only by effective control at all stages of production and processing, from the ripening on the tree through harvest, drying, processing, packaging, storage, transportation and distribution can the safety and quality of the final product be ensured. However, the complete prevention of mycotoxin contamination in commodities, including dried figs, has been very difficult to achieve.

2. This Code of Practice applies to dried figs (*Ficus carica* L.) of commercial and international concern, intended for human consumption. It contains general principles for the reduction of aflatoxins in dried figs that should be sanctioned by national authorities. National authorities should educate producers, transporters, storage keepers and other operators of the produc-

tion chain regarding the practical measures and environmental factors that promote infection and growth of fungi in dried figs resulting in the production of aflatoxin in orchards. Emphasis should be placed on the fact that the planting, pre-harvest, harvest and post-harvest strategies for a particular fig crop depends on the climatic conditions of a particular year, local production, harvesting and processing practices followed in a particular country or region.

3. National authorities should support research on methods and techniques to prevent fungal contamination in the orchard and during the harvesting, processing and storage of dried figs. An important part of this is the understanding of the ecology of *Aspergillus* species in connection with dried figs.

4. Mycotoxins, in particular aflatoxins are secondary metabolites produced by filamentous fungus found in soil, air and all plant parts and can be toxic to human and animals through consumption of contaminated food and feed entering into food chain. There are a number of different types of aflatoxin, particularly aflatoxin B_1 have been showed toxigenic effects i. e. it can cause cancer by reacting with genetic material. Aflatoxins are produced by mould species that grow in warm, humid conditions. Aflatoxins are found mainly in commodities imported from tropical and subtropical countries with in particular peanuts (groundnuts) and other edible nuts and their products, dried fruit, spices and maize. Milk and milk products may also be contaminated with aflatoxin M_1 owing to the consumption of aflatoxin contaminated feed by ruminants.

5. Aflatoxigenic fungi are spread on fig fruits during fruit growth, ripening and drying but thrive especially during the ripening and overripening phase. The formation of aflatoxins in dried figs is mainly due to contamination by Aspergillus species and particularly A. flavus and A. parasiticus. The presence and spread of such fungus in fig orchards are influenced by environmental and climatic factors, insects, (insect abundance or control in an orchard is related to the applied plant protection measures so could be included in cultural practices but to point out its significance can be left as another factor), cultural practices, floor management and susceptibility of fig varieties.

6. The aflatoxin-producing Aspergillus species and consequently dietary aflatoxin, contamination is ubiquitous in areas of the world with hot humid climates. A. flavus/A. parasiticus cannot grow or produce aflatoxins at water activities less than 0. 7; relative humidity below 70% and temperatures below 10℃. Under stress conditions such as drought or insect infestation, aflatoxin contamination is likely to be high. Improper storage conditions can also lead to aflatoxin contamination after crops have been harvested. Usually, hot humid conditions favour mould

growth on the stored food which can lead to high levels of aflatoxins.

7. Application of the following preventive measures is recommended in dried fig producing regions in order to reduce aflatoxin contamination by application of good practices:

a) Information on contamination risk. Ensure that regional/national authorities and grower organisations: —Sample dried figs representatively for analysis to determine the level and frequency of aflatoxin contamination; sampling should reflect differences in areas, time of the year and stage from production to consumption. —Combine this information with regional risk factors including meteorological data, cultural practices and propose adapted risk management measures. —Communicate this information to growers and other operators along the chain. Use labelling to inform consumers and handlers on storage conditions.

b) Training of producers.

Ensure training of producers with regards to:

—Risk of mould and mycotoxins.

—Conditions favouring aflatoxigenic fungi and period of infection.

—Knowledge of preventive measures to be applied in fig orchards.

—Pest control techniques.

c) Training of transporters, storage keepers and other operators of the production chain.

Ensure training regarding the practical measures and environmental factors that promote infection and growth of fungi in dried figs resulting in a possible secondary production of aflatoxins at post harvest handling and processing stages. Besides these, all applications should be documented.

d) Encourage related research.

8. In developing training programs or gathering risk information, emphasis should be placed on the fact that the planting, pre-harvest, harvest and post-harvest strategies for a particular fig crop depends on the climatic conditions of a particular year, local production, harvesting and processing practices followed in a particular country or region.

1 SCOPE

9. This document is intended to provide guidance for all interested parties producing and handling dry figs for entry into international trade for human consumption. All dried figs should be prepared and handled in compliance with the Recommended International Code of Practice-General Principles of Food Hygiene and Recommended International Code of Hygienic Practice

for Dried Fruits, which are relevant for all foods being prepared for human consumption. This code of practice indicates the measures that should be implemented by all persons that have the responsibility for assuring that food is safe and suitable for human consumption.

10. Fig differs from other fruits, which has potential risk of aflatoxin contamination, with its fruit formation and properties. Its increased sensitivity is due to juicy and pulpy skin, and the cavity inside the fruit and the suitable composition rich in sugar. Thus, toxigenic fungi may grow and form aflatoxins on the outer surface or inside the cavity even if no damage occurs on the skin. The critical periods for aflatoxin formation in dried fig fruits starts with the ripening of figs on the tree, continues during the over-ripe period when they lose water, shrivel and fall down onto the ground and until they are fully dried on drying trays. Fungal growth and toxin formation can occur on the outer fleshy skin and/or inside the fruit cavity. Some insect pests as the Dried Fruit Beetle (*Carpophilus* spp.) or Vinegar flies (*Drosophila* spp.) that are active at fruit ripening stage may act as vectors in transferring the aflatoxigenic fungi to the fruit cavity.

11. The main requirement is to obtain a healthy plant and good quality product by applying necessary agricultural techniques for prevention/reduction of aflatoxin formation.

2 DEFINITIONS

12. Fig, *Ficus carica* L., as a dioecious tree has male and female forms that bear two to three cycles of fruits per year.

13. Caprification is a process applied in case female fig fruits of a certain variety require pollination for fruit set. The "profichi" (ilek) fruits of male figs possessing fig wasps (*Blastophaga psenes* L.) and pollen grains are either hung or placed on female fig trees to pollinate and fertilize the main and second crop (iyilop) fruits. The pollen shedding period of the male flowers in male fig fruits should coincide with the ripening of the female flowers in female fig fruits.

14. Ostiole or eye is the opening at the distant end of the fruit that may, if open, provide entrance to the vectors, Dried Fruit Beetle (*Carpophilus* spp.) or Vinegar flies (*Drosophila* spp.) for dissemination of aflatoxigenic fungi.

3 RECOMMENDED PRACTICES BASED ON GOOD AGRICULTURAL PRACTICES (GAP), GOOD MANUFACTURING PRACTICES (GMP) AND GOOD STORAGE PRACTICES (GSP)

3.1 Site selection and orchard establishment (planting)

15. Fig trees grow in subtropical and mild temperate climates and have a short dormancy

period which restricts fig growing in low temperatures in winter rather than high temperatures in summer. Low temperatures right after bud-break in the spring and during October-November before shoots are hardened, can damage the tree. Freezing temperatures in winter may affect the fig wasps over-wintering in male fruits and may create problems in fruit set.

16. High temperatures and arid conditions in spring and summer can increase sunscald, result in early leaf fall if severe, cause substantial problems in quality and trigger aflatoxin formation.

17. The fig varieties may vary regarding their tendency for cracking/splitting however high relative humidity and rainfall during the ripening and drying period must be taken into account before establishing the orchard. High humidity and rainfall can increase ostiole-end cracking, development of fungi and decrease of quality.

18. Fig trees can be grown in a wide range of soils such as sandy, clayey or loamy. A soil depth of at least 1 ~ 2 m accelerates the growing of fig trees which have fibrous and shallow roots. The optimum pH range for soil is 6.0 ~ 7.8. The chemical (such as pH) and physical properties of the orchard soil can influence the intake of plant nutrients and consequently dried fig quality and resistance to stress conditions, thus soil properties must be fully evaluated before orchard establishment.

19. The level of the underground water table must not be limiting. Availability of irrigation water is an asset to overcome drought stress.

20. The orchards should be established with healthy nursery trees that are free from any insects and diseases. Adequate space, which is generally 8 m to 10 m, should be given between the rows and the trees to allow the use of necessary machinery and equipments. Before planting the way the fruits will be utilized (fresh, dried or both) need to be considered. Other species present in the orchard should also be considered. Species which are susceptible to aflatoxin formation such as maize should not be produced around the fig orchards. Materials remaining from the previous crops and foreign materials should be cleaned and if it is needed the field can be fallowed in the following few years.

3.2　Orchard management

21. Practices such as caprification, pruning, tillage, fertilization, irrigation, and plant protection should be applied on time and with a preventive approach in the framework of "Good Agricultural Practice".

22. Cultivation practices, both in the orchard and in the vicinity, that might disperse A. flavus/A. parasiticus, and other fungal spores in the soil to aerial parts of trees should be a-

voided. Soil as well as fruits and other plant parts in fig orchards can be rich in toxigenic fungi Soil tillage practices must be terminated one month before the harvest. During the growing seasons, roadways near the orchards should be watered or oiled periodically to minimise outbreaks of mites as a result of dusty conditions. The devices and equipments should not damage fig trees or cause cross contamination with pests and/or diseases.

23. Fig trees must be pruned lightly and all the branches and other plant parts must be removed from the orchard in order to avoid further contamination. Direct incorporation of all parts into the soil must be avoided. After soil and leaves analysis, based on the expert proposal proper composting can be recommended prior to incorporation of the organic matter.

24. Fertilization affects the composition of fruit and stress conditions may trigger toxin formation. Also excess nitrogen is known to enhance fruit moisture content which may extend the drying period. Fertilizer applications must be based on soil and plant analysis and all recommendations must be made by an authorized body.

25. An integrated pest management programme must be applied and fruits or vegetables that promote infestation with dried fruit beetles or vinegar flies should be removed from the fig orchards since these pests act as vectors for the transmission of fungi especially into the fruit cavity. Pesticides approved for use on figs, including insecticides, fungicides, herbicides, acaricides and nematocides should be used to minimise damage that might be caused by insects, fungal infections, and other pests in the orchard and adjacent areas. Accurate records of all pesticide applications should be maintained.

26. Irrigation should be implemented in regions or during periods with high temperatures and/or inadequate rainfall during the growing season to minimise tree stress, however, irrigation water should be prevented from contacting the figs and foliage.

27. Water used for irrigation and other purposes (e. g. preparation of pesticide sprays) should be of suitable quality, according to the legislation of each country and/or country of import, for the intended use.

3. 3 Caprificarion

28. Caprifigs (male fig fruits) are important for fig varieties, which require for fruit set. Caprifigs should be healthy, free from fungi and should have plenty and live pollen grains and wasps (*Blastophaga psenes* L.). During pollination of female fig fruits by fig wasps, which pass their life cycle in caprifig fruits, Fusarium, Aspergillus spp. and other fungi can be transported to the female fig fruits from the male fruits through these wasps. Since male trees are the major sources of these fungi, male trees are generally not allowed to grow in female fig or-

chards. It is important to use clean caprifigs, rotten and/or soft caprifigs should be removed prior to caprification. Because caprifigs, which are allowed to stay on the tree and/or in the orchard, can host other fungal diseases and/or pests therefore after caprification they must be collected and destroyed outside the orchard. To make the removal of caprifigs easier, it is recommended to place caprifigs in nets or bags.

3.4 Pre-harvest

29. All equipment and machinery, which is to be used for harvesting, storage and transportation of crops, should not constitute a hazard to health. Before harvest time, all equipment and machinery should be inspected to ascertain that they are clean and in good working condition to avoid contamination of the figs with soil and other potential hazards.

30. Trade Associations, as well as local and national authorities should take the lead in developing simple guidelines and informing growers of the hazards associated with aflatoxin contamination of figs and how they may practice safe harvesting procedures to reduce the risk of contamination by fungi, microbes and pests.

31. Personnel that will be involved in harvesting figs should be trained in personal hygienic and sanitary practices that must be implemented in processing facilities throughout the harvesting season.

3.5 Harvest

32. Harvesting of dried figs is different from harvest of figs for fresh consumption. The figs to be dried are not harvested when they mature but kept on the trees for overripening. After they lose water, partially dry and shrivel, an abscission layer forms and the fig fruits naturally fall from the trees onto the ground. The most critical aflatoxin formation period begins with ripening and continues when shriveled until fully dried. The fig fruits need to be collected from the ground daily to reduce aflatoxin formation and other losses, caused by diseases or pests. On the other hand, the collecting containers should be suitable, preventing any mechanical damage and should be free of any fungal sources and clean.

33. Dried fig harvest should be done regularly at short intervals daily to minimize the contacts with soil and thus contamination risks. Frequent harvest also reduces insect infestation especially of dried fruit beetles (*Carpophilus* spp.) and fig moths (Ephestia cautella Walk. and Plodia interpunctella Hübner).

34. In case of a significant difference between day and night temperatures, dew formation that may trigger aflatoxin production may occur. This is important since wet surfaces favouring the growth of fungi may be formed even after complete drying of the fruit.

3.6 Drying

35. Drying area and time are important factors in aflatoxin formation. The moisture content of the partially dried and shriveled fig, fallen down from the tree, is approximately 30-50% and these fruits are more susceptible to physical damage than the fully dried fig fruits that have approximately 20%~22% moisture content. Good soil management that reduces particle size and smoothens the surface before harvest is therefore necessary to reduce the risk of damaging.

36. Fig fruits can be dried artificially in driers or under the sun with the help of solar energy. In artificial driers, the fig fruits are dried in a shorter period and more hygienic products with less pest damage can be obtained. Good drying practice can help preventing aflatoxin formation. Sun-drying is cost efficient and environmentally friendly, however may as a result increase the likelihood of aflatoxin contamination.

37. Fruits shall not be placed directly on the soil surface or on some vegetation. Drying beds should be arranged as single layers in a sunny part of the orchard where air currents are present. The drying trays shall be covered with a material to protect the figs from rain fall in case there is a risk or to prevent infestation of fig moths that lay eggs in the evening. Drying trays that are 10-15 cm above the ground should be preferred in sun-drying since fruits can benefit from the heat at the soil surface and are well aerated. They can dry quickly and the contamination of fruits by foreign materials and sources of infection such as soil particles or plant parts are eliminated.

38. Figs that are dried, possessing moisture = 24% and water activity = 0.65, should be picked from the trays. The fully dried fruits should be collected from the trays preferably in the morning before the temperature of the fruits increase and soften but after the dew goes away. The trays should be re-visited at short intervals to collect fully dried figs. Dried figs taken from drying trays must be treated to prevent storage pests with a method allowed in the legislation of each country, for the intended use.

39. Low quality figs which are separated as cull and have the risk of contamination should be dried and stored separately to prevent cross contamination. Staff who conduct the harvesting or work in storage rooms should be trained in this respect to ensure that these criteria are followed.

3.7 Transportation

If transportation is required the following provisions apply:

40. During the transportation of dried figs from farm to processor, the quality of figs should not be affected adversely. Dried figs should not be transported with products that pungent odours or have the risk of cross contamination. During transportation, increase of moisture and temperature must be prevented.

41. The dried figs should be moved in suitable containers to an appropriate storage place or directly to the processing plant as soon as possible after harvesting or drying. At all stages of transportation, boxes or crates allowing aeration should be used instead of bags. Containers used in transportation shall be clean, dry, and free of visible fungal growth, insects or any other source of contamination. The containers should be strong enough to withstand all handling without breaking or puncturing, and tightly sealed to prevent any access of dust, fungal spores, insects or other foreign material. Vehicles (e. g. wagons, trucks) to be used for collecting and transporting the harvested dried figs from the farm to drying facilities or to storage facilities after drying, should be clean, dry, and free of insects and visible fungal growth before use and re-use and be suitable for the intended cargo.

42. At unloading, the transport container should be emptied of all cargo and cleaned as appropriate to avoid contamination of other loads.

3.8 Storage

43. Figs must be properly cleaned, dried and labelled when placed in a storage facility equipped with temperature and moisture controls. The shelf life of dried figs can be prolonged, if they are dried to a water activity value at which molds, yeasts and bacteria cannot grow (water activity<0.65). In case further hot spots are formed where temperature and moisture increases, secondary aflatoxin formation may occur. Because of this reason, any possible source enhancing humidity of the dried fruits or of the surrounding environment must be eliminated. Direct contact of dried fig containers with floors or walls need to be prevented by placing a palette or a similar separator.

44. The storage rooms should be far from sources of contamination as in the case of mouldy figs or animal shelters if any are present at the farm, and fruits must not be stored with materials that possess unusual odours. Precautions should be taken to avoid insect, bird or rodent entrance or similar problems especially under farm storage conditions.

45. Low quality figs that are not destined for direct human consumption should be stored separately those intended for human consumption. The storage rooms should be disinfected with effective disinfectants. Areas like cleavage and cavity should be repaired and windows and doors should be netted. The walls should be smoothened and cleaned every year. The storage rooms should be dark, cool and clean.

46. The optimum storage conditions for dried figs are at temperatures of 5~10℃ and relative humidity less than 65%. Therefore, cold storage is recommended.

3.9 Processing

47. Dried figs are fumigated, stored, sized, washed, cleaned, sorted and packed in

processing units. Among these processes, removal of aflatoxin-contaminated figs, storage and package material may exert the major impact on aflatoxin levels of the final products. Processed figs must be treated to prevent storage pest with a method allowed in the legislation of each country for the intended use.

48. Dried fig lots entering into the processing plant must be sampled and analyzed as an initial screening for quality moisture content and ratio of bright greenish yellow fluorescent (BGYF) figs. Dried figs contaminated with aflatoxins can have a correlation with BGYF under long wave (360 nm) UV light. BGYF may occur on the outer skin but also inside the fruit cavity; the ratio being dependent on the fruit characteristics and on prevalence of vectors. Dried figs fruits are examined under long wave UV light and the fluorescent ones are removed to obtain a lower aflatoxin content of the lot. Work conditions such as the length of working, break intervals, the aeration and cleanliness of the room, should provide worker safety and product safety.

49. Contaminated figs must be separated, labelled and then destroyed in an appropriate manner in order to prevent their entry into the food chain and further risk of environmental pollution.

50. The moisture content and water activity level of dried fig fruits must be below the critical level (moisture content can be set at 24% and water activity of less than 0.65). Higher levels may trigger fungal growth and toxin formation. Higher water activity levels may trigger aflatoxin formation in areas of high temperature storage at the processing plant or at retail level especially in moisture tight packaging material.

51. Dried figs are washed if demanded by the buyer. The water temperature and the duration of washing should be arranged according to the moisture content of the figs in order to avoid the elevation of the initial moisture content of fruits to critical levels. In case the moisture and water activity levels are increased, a second drying step must be integrated in the process. The water should have the specifications of drinking water.

52. Good storage practices must be applied at the processing plant and should be kept at this standard until the product reaches the consumer (see section 3.8).

53. All equipment, machinery and the infrastructure at the processing plant should not constitute hazard to health, and good working conditions should be provided to avoid contamination of figs.

54. These recommendations are based on current knowledge and can be updated according to the research to be pursued. Preventive measures are essentially carried out in fig orchards and precautions or treatments undertaken at the processing stage are solely corrective measures to prevent any aflatoxin formation.

附录 3　NYT 844—2010 绿色食品　温带水果

前言

本标准代替 NY/T 844—2004《绿色食品　温带水果》、NY/T 428—2000《绿色食品 葡萄》。

本标准与 NY/T 844—2004 相比，主要变化如下：

——适用范围增加了柰子、越橘（蓝莓）、无花果、树莓、桑葚和其他，并在要求中增加其相应内容；

——对规范性引用文件进行了增减和修改；

——感官要求中删除了对水果大小的要求；

——卫生要求增加黄曲霉毒素 B_1、仲丁胺、氧乐果项目及其限量；

——对检验规则、包装、运输和贮存分别引用绿色食品标准 NY/T 1055、NY/T 658 和 NY/T 1056。

本标准由中国绿色食品发展中心提出并归口。

本标准主要起草单位：农业部蔬菜水果质量监督检验测试中心（广州）。

本标准主要起草人：王富华、万凯、王旭、李丽、何舞、杨慧、杜应琼。

本标准于 2004 年首次发布，本次为第一次修订。

1　范围

本标准规定了绿色食品温带水果的术语和定义、要求、检验方法、检验规则、标志、包装、运输和贮藏。

本标准适用于绿色食品温带水果，包括苹果、梨、桃、草莓、山楂、柰子、越橘（蓝莓）、无花果、树莓、桑葚、猕猴桃、葡萄、樱桃、枣、杏、李、柿、石榴和除西甜瓜类水果之外的其他温带水果。

2　规范性引用文件

下列文件对于本文件的应用是必不可少的。凡是注日期的引用文件，仅注日期的版本适用于本文件。凡是不注日期的引用文件，其最新版本（包括所有的修改单）适用于本文件。

GB/T 191　包装储运图示标志

GB/T 5009.11　食品中总砷及无机砷的测定

GB/T 5009.12　食品中铅的测定

GB/T 5009.15　食品中镉的测定

GB/T 5009.17　食品中总汞及有机汞的测定

GB/T 5009.18　食品中氟的测定

GB/T 5009.19　食品中有机氯农药多组分残留量的测定

GB/T 5009.23　食品中黄曲霉毒素 B_1、B_2、G_1、G_2 的测定

GB/T 5009.34　食品中亚硫酸盐的测定

GB/T 5009.94　植物性食品中稀土的测定

GB/T 5009.123　食品中铬的测定

GB 7718　预包装食品标签通则

GB/T 10650—2008 鲜梨

GB/T 10651—2008 鲜苹果

GB/T 23380　水果、蔬菜中多菌灵残留的测定 高效液相色谱法

NY/T 391　绿色食品产地环境技术条件

NY/T 393　绿色食品农药使用准则

NT/T 394　绿色食品肥料使用准则

NY/T 444—2001　草莓

NY/T 586—2002　鲜桃

NY/T 658　绿色食品包装通用准则

NY/T 761　蔬菜和水果中有机磷、有机氯、拟除虫菊酯和氨基甲酸酯类农药多残留的测定

NY/T 839—2004　鲜李

NY/T 946　蒜薹、青椒、柑橘、葡萄中仲丁胺残留量测定

NY/T 1055　绿色食品产品检验规则 NY/T 1056 绿色食品贮藏运输准则

SB/T 10092—1992 山楂

3　术语和定义

NY/T 391 和 GB/T 10651 中确立的以及下列术语和定义适用于本标准。

3.1　生理成熟 physiological ripe

NY/T 844—2010

果实已达到能保证正常完成熟化过程的生理状态。

3.2　后熟 full ripe

达到生理成熟的果实采收后，经一定时间的贮存使果实达到质地变软，出现芳香味的最佳食用状态。

4　要求

4.1　产地环境

应符合 NY/T 391 的规定。

4.2　生产过程农药和肥料使用

应分别符合 NY/T 393 和 NY/T 394 的规定。

4.3　感官指标

4.3.1　苹果

应符合 GB/T 10651—2008 表 1 中二等果及以上等级的规定。

4.3.2　梨

应符合 GB/T 10650—2008 表 1 中二等果及以上等级的规定。

4.3.3　桃

应符合 NY/T 586—2002 表 1 中二等果及以上等级的规定。

4.3.4　草莓

应符合 NY/T 444—2001 表 1 中二等果及以上等级的规定。

4.3.5　山楂

应符合 SB/T 10092—1992 表 1 中二等果及以上等级的规定。

4.3.6　柰子、越橘、无花果、树莓、桑葚、猕猴桃、葡萄、樱桃、枣、杏、李、柿、石榴及其他

应符合表 1 的规定。

表 1　感官指标

项目	要求
果实外观	果实完整，新鲜清洁，整齐度好；具有本品种固有的形状和特征，果形良好；无不正常外来水分，无机械损伤、无烂、无裂果、无冻伤、无病虫果、无刺伤、无果肉褐变；具有本品种成熟时应有的特征色泽
病虫害	无病虫害
气味和滋味	具有本品种正常气味，无异味
成熟度	发育充分、正常，具有适于市场或贮存要求的成熟度

4.4 理化指标

应符合表2的规定。

表2 理化指标

水果名称	指标		
	硬度（千克/厘米^2）	可溶性固形物（%）	可滴定酸（%）
苹果	≥5.5	≥11.0	≤0.35
梨	≥4.0	≥10.0	≤0.3
葡萄	—	≥14.0	≤0.7
桃	≥4.5*	≥9.0	≤0.5
草莓	—	≥7.0	≤1.3
山楂	—	≥9.0	≤2.0
柰子	—	≥16.0	≤1.2
越橘	—	≥10.0	≤2.5
无花果	—	≥16.0	—
树莓	—	≥10.0	≤2.2
桑葚	—	≥11.0	—
猕猴桃	生理成熟果	≥6.0	≤1.5
	后熟果	≥10.0	
樱桃	—	≥13.0	≤1.0
枣	—	≥20.0	≤1.0
杏	—	≥10.0	≤2.0
李	≥4.5	≥9.0	≤2.00
柿	—	≥16.0	—
石榴	—	≥15.0	≤0.8

* 不适用于水蜜桃。

注：其他未列入的温带水果，其理化指标不作为判定依据。

4.5 卫生指标

应符合表3的规定。

表3 卫生指标

序号	项目	指标
1	无机砷（以As计），毫克/千克	≤0.05
2	铅（以Pb计），毫克/千克	≤0.1
3	镉（以Cd计），毫克/千克	≤0.05

（续表）

序号	项目	指标
4	总汞（以 Hg 计），毫克/千克	≤0.01
5	氟（以 F 计），毫克/千克	≤0.5
6	铬（以 Cr 计），毫克/千克	≤0.5
7	六六六（BHC），毫克/千克	≤0.05
8	滴滴涕（DDT），毫克/千克	≤0.05
9	乐果（dimethoate），毫克/千克	≤0.5
10	氧乐果（omethoate），毫克/千克	不得检出（<0.02）
11	敌敌畏（dichlorvos），毫克/千克	不得检出（<0.02）
12	对硫磷（parathion），毫克/千克	不得检出（<0.02）
13	马拉硫磷（malathion），毫克/千克	不得检出（<0.03）
14	甲拌磷（phorate），毫克/千克	不得检出（<0.02）
15	杀螟硫磷（fenitrothion），毫克/千克	≤0.2
16	倍硫磷（fenthion），毫克/千克	≤0.02
17	溴氰菊酯（deltmethrin），毫克/千克	≤0.1
18	氰戊菊酯（fenvalerate），毫克/千克	≤0.2
19	敌百虫（trichlorfon），毫克/千克	≤0.1
20	百菌清（chlorothalonil），毫克/千克	≤1
21	多菌灵（carbendazim），毫克/千克	≤0.5
22	三唑酮（triadimefon），毫克/千克	≤0.2
23	黄曲霉毒素 B_1，微克/千克	≤ 5
24	仲丁胺[a]，毫克/千克	不得检出（<0.7）
25	二氧化硫[b]，毫克/千克	≤ 50

[a]：仅适用于无花果。

[b]：仅适用于葡萄。

5　试验方法

5.1　感官指标

从供试样品中随机抽取 2~3 千克，用目测法进行品种特征、成熟度、色泽、新鲜、清洁、机械伤、霉烂、冻害和病虫害等感官项目的检测。气味和滋味采用鼻嗅和口尝方法进行检验。

5.2 理化指标

5.2.1 硬度按 GB/T 10651—2008 中附录 C 的规定执行。

5.2.2 可溶性固形物的测定按 NY/T 839—2004 中附录 B.1 的规定执行。

5.2.3 可滴定酸的测定按 NY/T 839—2004 中附录 B.2 的规定执行。

5.3 卫生指标

5.3.1 无机砷

按 GB/T 5009.11 规定执行。

5.3.2 铅

按 GB/T 5009.12 规定执行。

5.3.3 镉

按 GB/T 5009.15 规定执行。

5.3.4 总汞

按 GB/T 5009.17 规定执行。

5.3.5 氟

按 GB/T 5009.18 规定执行。

5.3.6 铬

按 GB/T 5009.123 规定执行。

5.3.7 六六六、滴滴涕

按 GB/T 5009.19 规定执行。

5.3.8 乐果、氧乐果、敌敌畏、对硫磷、马拉硫磷、甲拌磷、杀螟硫磷、倍硫磷、敌百虫、百菌清、溴氰菊酯、氰戊菊酯

按 NY/T 761 规定执行。

5.3.9 多菌灵

按 GB/T 23380 规定执行。

5.3.10 三唑酮

按 GB/T 5009.126 规定执行。

5.3.11 黄曲霉毒素 B_1

按 GB/T 5009.23 规定执行。

5.3.12 仲丁胺

按 NY/T 946 规定执行。

5.3.13 二氧化硫

按 GB/T 5009.34 规定执行。

6　检验规则

按照 NY/T 1055 的规定执行。

7　标志、标签

7.1　标志

绿色食品外包装上应印有绿色食品标志，贮运图示按 GB/T 191 规定执行。

7.2　标签

按照 GB 7718 的规定执行。

8　包装、运输和贮存

8.1　包装

按照 NY/T 658 的规定执行。

8.2　运输和贮存

按照 NY/T 1056 的规定执行。

附录 4　NYT 1041—2010 绿色食品　干果

1　范围

本标准规定了绿色食品干果的要求、试验方法、检验规则、标签和标志、包装、运输和贮存。

本标准适用于以绿色食品水果为原料，经脱水，未经糖渍，添加或不添加食品添加剂而制成的荔枝干、桂圆干、葡萄干、柿饼、干枣、杏干（包括包仁杏干)、香蕉片、无花果干、酸梅（乌梅）干、山楂干、苹果干、菠萝干、杧果干、梅干、桃干、猕猴桃干、草莓干等干果；不适用于经脱水制成的樱桃番茄干等蔬菜干品、经糖渍的水果蜜饯以及粉碎的椰子粉、柑橘粉等水果固体饮料。

2　规范性引用文件

下列文件对于本文件的应用是必不可少的。凡是注日期的引用文件，仅注日期的版本适用于本文件。凡是不注日期的引用文件，其最新版本（包括所有的修改单）适用于本文件。

GB/T191　包装储运图示标志

GB/T 4789.4　食品卫生微生物学检验　沙门氏菌检验

GB/T 4789.5　食品卫生微生物学检验　志贺氏菌检验

GB/T 4789.10　食品卫生微生物学检验　金黄色葡萄球菌检验

GB/T 4789.11　食品卫生微生物学检验　溶血性链球菌检验

GB/T 4789.15　食品卫生微生物学检验　霉菌和酵母计数

GB/T 5009.3　食品中水分的测定

GB/T 5009.23　食品中黄曲霉毒素 B_1、B_2、G_1、G_2 的测定

GB/T 5009.28—2003　食品中糖精钠的测定

GB/T 5009.29　食品中山梨酸、苯甲酸的测定

GB/T 5009.34　食品中亚硫酸盐的测定

GB/T 5009.35　食品中合成着色剂的测定

GB/T 5009.97　食品中环己基氨基磺酸钠的测定

GB5749　生活饮用水卫生标准

GB/T 5835—2009　干制红枣

GB/T6682　分析实验室用水规格和试验方法

GB7718　预包装食品标签通则

GB/T12456　食品中总酸的测定

JJF1070　定量包装商品净含量计量检验规则

NY/T392　绿色食品　食品添加剂使用准则

NY/T658　绿色食品　包装通用准则

NY/T750　绿色食品　热带、亚热带水果

NY/T844　绿色食品　温带水果

NY/T1055　绿色食品　产品检验规则

NY/T1056　绿色食品　贮藏运输准则

NY/T1650　绿色食品　苹果和山楂制品中展青霉素的测定　高效液相色谱法

国家质量监督检验检疫总局令 2005 年第 75 号《定量包装商品计量监督管理办法》

3　要求

3.1　原料

3.1.1　温带水果应符合 NY/T 844 的要求；热带、亚热带水果应符合 NY/T 750 的要求。

3.1.2　食品添加剂应符合 NY/T 392 的要求。

3.1.3　加工用水应符合 GB 5749 的要求。

3.2　感官

应符合表 1 的规定。

表 1　感官

品种	项目及指标				
	外观	色泽	气味及滋味	组织状态	杂质
荔枝干	外观完整，无破损，无虫蛀，无霉变	果肉呈棕色或深棕色	具有本品固有的甜酸味，无异味	组织致密	无肉眼可见杂质
桂圆干	外观完整，无破损，无虫蛀，无霉变	果肉呈黄亮棕色或深棕色	具有本品固有的甜香味，无异味，无焦苦味	组织致密	

（续表）

品种	项目及指标				
	外观	色泽	气味及滋味	组织状态	杂质
葡萄干	大小整齐，颗粒完整，无破损，无虫蛀，无霉变	根据鲜果的颜色分别呈黄绿色、红棕色、棕色或黑色，色泽均匀	具有本品固有的甜香味，略带酸味，无异味	柔软适中	无肉眼可见杂质
柿饼	完整，不破裂，蒂贴肉而不翘，无虫蛀，无霉变	表层呈白色或灰白色霜，剖面呈橘红至棕褐色	具有本品固有的甜香味，无异味，无涩味	果肉致密，具有韧性	
干枣	外观完整，无破损，无虫蛀，无霉变	根据鲜果的外皮颜色分别呈枣红色、紫色或黑色，色泽均匀	具有本品固有的甜香味，无异味	果肉柔软适中	
杏干	外观完整，无破损，无虫蛀，无霉变	呈杏黄色或暗黄色，色泽均匀	具有本品固有的甜香味，略带酸味，无异味	组织致密，柔软适中	
包仁杏干	外观完整，无破损，无虫蛀，无霉变	呈杏黄色或暗黄色，仁体呈白色	具有本品固有的甜香味，略带酸味，无异味，无苦涩味	组织致密，柔软适中，仁体致密	
香蕉片	片状，无破损，无虫蛀，无霉变	呈浅黄色、金黄色或褐黄色	具有本品固有的甜香味，无异味	组织致密	
无花果干	外观完整，无破损，无虫蛀，无霉变	表皮呈不均匀的乳黄色，果肉呈浅绿色，果籽棕色	具有本品固有的甜香味，无异味	皮质致密，肉体柔软适中	
酸梅（乌梅）干	外观完整，无破损，无虫蛀，无霉变	呈紫黑色	具有本品固有的酸味	组织致密	
山楂干	外观完整，无破损，无虫蛀，无霉变	皮质呈暗红色，肉质呈黄色或棕黄色	具有本品固有的酸甜味	组织致密	
苹果干	外观完整，无破损，无虫蛀，无霉变	呈黄色或褐黄色	具有本品固有的甜香味，无异味	组织致密	
菠萝干	外观完整，无破损，无虫蛀，无霉变	呈浅黄色、金黄色	具有本品固有的甜香味，无异味	组织致密	
杧果干	外观完整，无破损，无虫蛀，无霉变	呈浅黄色、金黄色	具有本品固有的甜香味，无异味	组织致密	
梅干	外观完整，无破损，无虫蛀，无霉变	呈橘红色或浅褐红色	具有本品固有的甜香味，无异味	皮质致密，肉体柔软适中	
桃干	外观完整，无破损，无虫蛀，无霉变	呈褐色	具有本品固有的甜香味，无异味	皮质致密，肉体柔软适中	

（续表）

品种	项目及指标				
	外观	色泽	气味及滋味	组织状态	杂质
猕猴桃干	外观完整，无破损，无虫蛀，无霉变	果肉呈绿色，果籽呈褐色	具有本品固有的甜香味，无异味	皮质致密，肉体柔软适中	
草莓干	外观完整，无破损，无虫蛀，无霉变	呈浅褐红色	具有本品固有的甜香味，无异味	组织致密	无肉眼可见杂质
其他	外观完整，无破损，无虫蛀，无霉变	具有本品固有的色泽	具有本品固有的气味及滋味	具有本品固有的组织状态	

3.3 理化指标

应符合表2的规定。

表2 理化指标 单位为克/百克

项目	指标										
	香蕉片	荔枝干、桂圆干	桃干	干枣[a]	草莓干、梅干	葡萄干、菠萝干、猕猴桃干、无花果干、苹果干	酸梅（乌梅）干	杧果干、山楂干	杏干（及包仁杏干）	柿饼	其他
水分	≤15	≤25	≤30	干制小枣≤28，干制大枣≤25	≤25	≤20	≤25	≤20	≤30	≤35	去皮干果≤20，带皮干果≤30
总酸（以苹果酸计）	≤1.5	≤1.5	≤2.5	≤2.5	≤2.5	≤2.5	≤6.0	≤6.0	≤6.0	≤6.0	≤6.0

[a]：干制小枣和干制大枣的定义应符合GB/T 5835—2009的规定。

3.4 卫生指标

3.4.1 污染物和农药残留

以温带水果和热带、亚热带水果为原料的干果分别执行NY/T 844和NY/T 750中规定的污染物和农药残留项目，其指标值除保留不得检出或检出除外，均应乘以表3规定的倍数。

表 3　污染物和农药残留的倍数

项目	干果品种										
	干枣	无花果干	酸梅（乌梅）干	荔枝干	香蕉干	杏干（及包仁杏干），梅干、桃干	桂圆干、柿饼、山楂干	葡萄干、草莓干	苹果干、猕猴桃干	菠萝干、杧果干	其他
倍数	1.5	2.0	2.5	2.0							

3.4.2　食品添加剂

食品添加剂应符合表 4 的规定。

表 4　食品添加剂

项目	指标
二氧化硫	≤50
苯甲酸及其钠盐（以苯甲酸计）	不得检出（<1）
糖精钠	不得检出（<0.15）
环己基氨基磺酸钠	不得检出（<2）
赤藓红[a]	不得检出（<0.72）
胭脂红[a]	不得检出（<0.32）
苋菜红[a]	不得检出（<0.24）
柠檬黄[b]	不得检出（<0.16）
日落黄[b]	不得检出（<0.28）

[a]：仅适用于红色干果。

[b]：仅适用于黄色干果。

3.4.3　真菌毒素

真菌毒素应符合表 5 的规定。

表 5　真菌毒素　　单位为微克/千克

项目	指标
黄曲霉毒素 B_1[a]	不得检出（<0.20）
展青霉素[b]	不得检出（<12）

[a]：仅适用于无花果干。

[b]：仅适用于苹果干和山楂干。

3.4.4　微生物

微生物应符合表 6 的规定。

表 6　微生物

项目	指标
霉菌，cfu/克	<50
致病菌（沙门氏菌、志贺氏菌、金黄色葡萄球菌、溶血性链球菌）	不得检出

3.5　净含量

净含量应符合国家质量监督检验检疫总局令 2005 年第 75 号文的规定。

4　试验方法

4.1　感官

称取约 250 克样品置于白色搪瓷盘中，外观、色泽、组织状态和杂质采用目测方法进行检验，气味和滋味采用鼻嗅和口尝方法进行检验。

4.2　理化指标

4.2.1　水分

按 GB/T 5009.3 的规定执行。

4.2.2　总酸

按 GB/T 12456 的规定执行。

4.3　卫生指标

4.3.1　污染物和农药残留

按 NY/T 844 和 NY/T 750 的规定执行。

4.3.2　食品添加剂

4.3.2.1　二氧化硫

按 GB/T 5009.34 的规定执行。

4.3.2.2　苯甲酸

按 GB/T 5009.29 的规定执行。

4.3.2.3　糖精钠

称取 10.00 克样品，加入 7 毫升符合 GB/T 6682 一级水要求的实验室用水，破碎打浆，离心过滤，加氨水（1+1）洗涤滤纸上沉淀，并调滤液 pH 值至 7 左右，定容至 10 毫升，经 0.45 滤膜过滤。按 GB/T 5009.28—2003 中 5.3 和 5.4 测定并计算。

4.3.2.4　环己基氨基磺酸钠

按 GB/T 5009.97 的规定执行。

4.3.2.5　赤藓红、胭脂红、苋菜红、柠檬黄、日落黄

按 GB/T 5009.35 的规定执行。

4.3.3 真菌毒素

4.3.3.1 黄曲霉毒素 B_1

按 GB/T 5009.23 的规定执行。

4.3.3.2 展青霉素

按 NY/T 1650 的规定执行。

4.3.4 微生物

4.3.4.1 霉菌

按 GB/T 4789.15 的规定执行。

4.3.4.2 沙门氏菌

按 GB/T 4789.4 的规定执行。

4.3.4.3 志贺氏菌

按 GB/T 4789.5 的规定执行。

4.3.4.4 金黄色葡萄球菌

按 GB/T 4789.10 的规定执行。

4.3.4.5 溶血性链球菌

按 GB/T 4789.11 的规定执行。

4.4 净含量

按 JJF 1070 的规定执行。

5 检验规则

按 NY/T 1055 的规定执行。

6 标签和标志

6.1 标签

按 GB 7718 的规定执行。

6.2 标志

应有绿色食品标志，贮运图示按 GB/T 191 的规定执行。

7 包装、运输和贮存

7.1 包装

按 NY/T 658 的规定执行。

7.2 运输和贮存

按 NY/T 1056 的规定执行。

附录 5　SBT 11026—2013 浆果类果品流通规范

前　言

本标准按照 GB/T 1.1—2009 给出的规则起草。

本标准由全国农产品购销标准化技术委员会（SAC/TC517）提出并归口。

本标准起草单位：全国城市农贸中心联合会、国家农产品保鲜工程技术研究中心、国富通信息技术发展有限公司。

本标准主要起草人：贾凝、马增俊、纳绍平、张敏、王晓燕、禹泓、罗颖、陈存坤。

1　范围

本标准规定了浆果类果品的商品质量基本要求、商品等级、包装、标识和流通过程要求。

本标准适用于葡萄草莓、猕猴桃、火龙果、蓝莓、无花果、杨桃、枇杷等浆果类果品的流通，其他浆果类果品的流通可参照执行。

2　规范性引用文件

下列文件对于本文件的应用是必不可少的。凡是注日期的引用文件，仅注日期的版本适用于本文件。凡是不注日期的引用文件，其最新版本（包括所有的修改单）适用于本文件。

GB 2762　食品安全国家标准食品中污染物限量

GB 2763　食品安全国家标准食 品中农药最大残留限量

GB/T4456　包装用聚乙烯吹塑薄膜

GB/T 5737　食品塑料周转箱

GB/T6543　运输包装用单瓦楞纸箱和双瓦楞纸箱

3　术语和定义

下列术语和定义适用于本文件。

3.1 浆果 berry

由子房或联合其他花器发育成的柔软多汁的肉质果。

4 商品质量基本要求

4.1 达到了浆果类 果品作为商品所需的成熟度，具有该品种产品固有的色泽、形状、大小等特征。

4.2 果面洁净，果体完整，无腐烂、病虫害、病斑和明显的机械伤。

4.3 带果柄时，果柄剪截后的长度不超过果肩，且切口平整无污染。

4.4 污染物限量、农药最大残留限量应符合 GB 2762、GB 2763 的有关规定。

5 商品等级

浆果类果品依据成熟度、新鲜度完整度和均匀度分为一级、二级和三级，各等级指标应符合表 1 的规定。

表 1 浆果类果品等级

指标	等级		
	一级	二级	三级
成熟度	发育充分，果实饱满，果皮结实，肉质新鲜多汁	发育较充分，果实较饱满，肉质较新鲜。果皮较结实，允许有轻微皱缩或裂口	发育较充分，果实较饱满，允许肉：质有轻微萎蔫。允许果皮变软、有明显皱缩或明显裂口
新鲜度	果皮有光泽，果肉细腻，口感新鲜，汁多，无异味	果皮稍有光泽，果肉较细腻，口感新鲜，无异味	果皮光泽不明显，口感正常，肉质偏软，无异味
完整度	果形无缺陷，果皮无机械损伤	允许果形和颜色有轻微缺陷；果皮有缺陷，但面积总和不得超过总表面积 3%，并且不能影响果肉	允许果形和颜色有缺陷；果皮有缺陷，但面积总和不得超过果皮总表面积 10%，并且不能影响果肉
均匀度	果形端正，颜色、大小均匀，同一包装中单果重量差异≤5%	果形端正，颜色、大小较均匀，同一包装中单果重量差异<10%	果形端正，颜色、大小尚均匀，同一包装中单果重量差异≤15%

6 包装

6.1 包装材料

6.1.1 包装材料应无毒清洁、干燥、牢固、无污染、无异味，具有一定的透气性、防潮性和抗压性，宜便于取材及回收处理。

6. 1. 2　包装容器宜选用瓦楞纸箱、塑料周转箱等，瓦楞纸箱、塑料周转箱应符合 GB/T 6543、GB/T 5737 的有关规定。

6. 1. 3　具有特殊包装要求的浆果类果品需按特殊要求选择适宜的包装材料。

6. 2　包装箱规格

包装箱规格应便于浆果类果品的摆放、装卸和运输，与托盘、运输工具等物流设施相配套，包装箱规格可参考表 2。

表 2　浆果类果品包装箱参考规格

包装箱	尺寸（长×宽×高）/毫米
瓦楞纸箱	460×300×220
	460×300×300
	520×320×360
塑料周转箱	600×425×300

6. 3　包装方法

6. 3. 1　采收后的果品在阴凉、清洁的环境中堆放，选择符合等级特征的浆果类果品进行包装。

6. 3. 2　鼓励浆果类果品包装前进行预冷处理，使果品降温至适宜温度。

6. 3. 3　包装箱内宜加衬适宜厚度塑料薄膜，应根据包装箱大小摆放整齐，包装量应适度。

6. 3. 4　同一包装内浆果类果品的产地、品种、等级应一致，包装内产品的可视部分应具有整个包装品的代表性。

6. 3. 5　特殊浆果类果品需要按特殊要求选择适宜的内包装材料和包装方法。

7　标识

7. 1　标识应字迹清晰持久，易于辨认和识读。

7. 2　标识内容应包括浆果类果品名称、等级、产地．净重、商标、企业名称（生产企业、合作社或经销商）、地址和联系电话等。

7. 3　商标标识应是经国家工商管理部门注册登记的。取得相应认证资质的，应按照要求使用标识。

7. 4　纸箱包装宜在箱体印刷标识，2 面、4 面［即（长×高）面］标识相同，左上角为注册商标和认证标识，中间为浆果类名称；下方为企业名称（生产企业、合作社或经销商）、地址和联系电话；5 面、6 面［即（宽×高）面］标识相同，需标明“品种”“等级”“产地”“净重”等。

8 流通过程要求

8.1 产地采购

8.1.1 鼓励采购方与生产基地建立稳定的联系，实行订单采购的方式。

8.1.2 采购方应向产品 提供方（种植户、种植基地或产地经纪人等）索要产地证明、产品质量检验合格证明或认证证书等。

8.1.3 采购的浆果类果品应符合第 4 章的规定，宜在产地按第 5 章第 6 章和第 7 章的规定进行分级、包装和标识。

8.1.4 采购方应做好每批浆果类果品的产品提供方、进货时间、品种数量、等级、产地、采收及包装日期等信息记录。

8.2 贮藏

8.2.1 浆果类果品者不能及时运输和交易，应选择阴凉、通风、干燥和洁净的场所按品种、等级存放，并保持适宜的温度和相对湿度。

8.2.2 装载时包装箱应顺序摆放、稳固，防止挤压，留通风空隙。

8.2.3 在贮藏时，应建立包括出入库日期、品种、温度、湿度记录等内容的贮藏相关文件。

8.3 运输

8.3.1 运输工具应清洁、卫生、无污染、无杂物，具有防晒、防雨和通风设施，可采用箱式货车、保温车、冷藏车等。

8.3.2 装载时包装箱应顺序摆放、稳固，防止挤压，留通风空隙。

8.3.3 装卸时应轻搬轻放，严防机械损伤，搬运过程中若采用机械化装卸，包装箱应放在托盘上并有保护措施。

8.3.4 运输过程中应在不损害商品品质的情况下，综合考虑产地温度、运输距离、销地温度、适宜贮存温度和湿度等因素，采取保温措施，防止温度波动过大，且不得与易产生乙烯的果实（如苹果、梨、桃、番茄等），以及有毒、有害物质混运。

8.3.5 应做到物、证相符，保留相关票据备案。

8.4 批发

8.4.1 批发商应按照国家有关规定建立购销台账，如实记录浆果类果品名称、产地、等级、进货时间、交易时间、价格、数量和产品提供方名称等内容，以及交易双方的姓名和联系方式。

8.4.2 批发商应向采购方提供产地证明、质量检验合格证明、购销票证等，购销票证包含批发商姓名、浆果类果品名称、产地、等级成交量、成交价格等。

8.4.3　批发商应加强整个销售过程的记录，对每批商品的产地证明、检验报告等文件进行管理和保存，一般应保存 2 年，建立农产品安全追溯制度。

8.4.4　对于包装破损的浆果类果品，应查明原因，确认无安全危害时，才能上市销售。对于认定不合格的浆果类果品，应按照国家有关规定做下架退市或销毁处理。

8.4.5　批发过程应注意保持适宜的温度、湿度。

8.5　零售

8.5.1　零售应有固定的经营场地（摊位），挂牌销售，明确标识浆果类果品的品种、产地、等级、价格、质量安全检验合格证明等信息。

8.5.2　散装销售时，应整齐摆放，方便挑选，并防止过度挤压。常温下宜少量摆放。

8.5.3　零售小包装宜采用聚乙烯薄膜包装，包装材料应符合 GB/T 4456 的规定。

8.5.4　不得销售出现腐烂特征、不能保证质量安全的浆果类果品。

附录6　NY/T 2587—2014植物新品种特异性、一致性和稳定性测试指南——无花果 [Guidelines for the conduct of tests for distinctness, uniformity and stability—Fig（*Ficus carica* L.）]

前言

本标准依据GB/T 1.1—2009给出的规则起草。

本标准由农业部种子管理局提出。

本标准由全国植物新品种测试标准化技术委员会（SAC/TC 277）归口。

本标准起草单位：新疆农业科学院农作物品种资源研究所、农业部科技发展中心、新疆喀什地区园艺蚕桑特产技术推广中心。

本标准主要起草人：刘志勇、颜国荣、王威、白玉亭、张新明、卢新、艾海提、罗国亮。

1　范围

本标准规定了无花果（*Ficus carica* L.）新品种特异性、一致性和稳定性测试的技术要求和结果判定的一般原则。

本标准适用于无花果新品种特异性、一致性和稳定性测试和结果判定。

2　规范性引用文件

下列文件对于本文件的应用是必不可少的。凡是注日期的引用文件，仅注日期的版本适用于本文件。凡是不注日期的引用文件，其最新版本（包括所有的修改单）适用于本文件。

GB/T 12293　水果、蔬菜制品可滴定酸度的测定

GB/T 12295　水果、蔬菜制品可溶性固形物含量的测定

GB/T 19557.1　植物新品种特异性、一致性和稳定性测试指南总则

3　术语和定义

GB/T 19557.1　界定的以及下列术语和定义适用于本文件。

3.1　群体测量 single measurement of a group of plants or parts of plants

对一批植株或植株的某器官或部位进行测量，获得一个群体记录。

3.2　个体测量 measurement of a number of individual plants or parts of plants

对一批植株或植株的某器官或部位进行逐个测量，获得一组个体记录。

3.3　群体目测　visual assessment by a single observation of a group of plants or parts of plants

对一批植株或植株的某器官或部位进行目测，获得一个群体记录。

3.4　个体目测 visual assessment by observation of individual plants or parts of plants

对一批植株或植株的某器官或部位进行逐个目测，获得一组个体记录。

4　符号

下列符号适用于本文件：

MG：群体测量。

MS：个体测量。

VG：群体目测。

VS：个体目测。

QL：质量性状。

QN：数量性状。

PQ：假质量性状。

（a）~（c）：标注内容在 B.2 中进行了详细解释。

（+）：标注内容在 B.3 中进行了详细解释。

_ ：本文件中下画线是特别提示测试性状的适用范围。

5　繁殖材料的要求

5.1　繁殖材料以扦插苗形式提供。

5.2　提交的苗木数量不少于 12 株。

5.3　提交的繁殖材料苗木。质量要求如下：

苗（一年生）：苗高 60 厘米以上，新生茎主干基部 5 厘米处茎粗（直径）0.8 厘米以上，芽眼健壮饱满；根数 6 条以上，根基部粗度 0.2 厘米以上。

5.4　提交的繁殖材料一般不进行任何影响品种性状表达的处理。如果已处理，应提供处理的详细说明。

5.5 提交的繁殖材料应符合中国植物检疫的有关规定。

6 测试方法

6.1 测试周期

测试周期至少为2个独立的生长周期。

无花果的一个独立生长周期指的是从萌芽，经过正常结果到休眠期结束的整个生长季节。

6.2 测试地点

测试通常在一个地点进行。如果某些性状在该地点不能充分表达，可在其他符合条件的地点对其进行观测。

6.3 田间试验

6.3.1 试验设计

申请品种和近似品种相邻种植。

每个品种种植不少于10株，采用（2米~3米）×（3米~5米）的株行距种植。

6.3.2 田间管理

可按当地果园生产园管理方式进行。

6.4 性状观测

6.4.1 观测时期

性状观测应按照表A.1和表A.2列出的生育阶段进行。生育阶段描述见表B.1。

6.4.2 观测方法

性状观测应按照表A.1和表A.2规定的观测方法（VG、VS、MG、MS）8R。部分性状观测方法见B.2和B.3。

6.4.3 观测数量

除非另有说明，个体观测性状（VS、MS）植株取样数量不少于10个，在观测植株的器官或部位时，每个植株取样数量应为1个。群体观测性状（VG、MG）应观测整个小区或规定大小的混合样本。

6.5 附加测试

必要时，可选用表A.2中的性状或本文件未列出的性状进行附加测试。

7 特异性、一致性和稳定性结果的判定

7.1 总体原则

特异性、一致性和稳定性的判定按照GB/T 19557.1确定的原则进行。

7.2　特异性的判定

申请品种应明显区别于所有已知品种。在测试中，当申请品种至少在一个性状上与近似品种具有明显且可重现的差异时，即可判定申请品种具备特异性。

7.3　一致性的判定

对于测试品种，一致性判定时，采用1%的群体标准和至少95%的接受概率。当样本大小为10株时，最多可以允许有1个异型株。

7.4　稳定性的判定

如果一个品种具备一致性，则可认为该品种具备稳定性。一般不对稳定性进行测试。

必要时，可以种植该品种的下一批苗木，与以前提供的繁殖材料相比，若性状表达无明显变化，则可判定该品种具备稳定性。

8　性状表

根据测试需要，将性状分为基本性状和选测性状。基本性状是测试中必须使用的性状，基本性状见表 A.1，选测性状见表 A.2。

8.1　概述

性状表列出了性状名称、表达类型、表达状态及相应的代码和标准品种、观测时期和方法等内容。

8.2　表达类型

根据性状表达方式，将性状分为质量性状、假质量性状和数量性状3种类型。

8.3　表达状态和相应代码

8.3.1　每个性状划分为一系列表达状态，为便于定义性状和规范描述，每个表达状态赋予一个相应的数字代码，以便数据记录、处理和品种描述的建立与交流。

8.3.2　对于质量性状和假质量性状，所有的表达状态都应当在测试指南中列出；对于数量性状，为了缩小性状表的长度，偶数代码的表达状态可以不列出，偶数代码的表达状态可描述为前一个表达状态到后一个表达状态的形式来描述。

8.4　标准品种

性状表中列出了部分性状有关表达状态相应的标准品种，以助于确定相关性状的不同表达状态和校正环境因素引起的差异。

9　分组性状

本文件中，品种分组性状如下：

a）叶片：裂刻类型（表 A.1 中性状 19）。

b）果实：形状（表 A. 1 中性状 32）。

c）果实：果皮底色（表 A. 1 中性状 42）。

d）果实：果肉颜色（表 A. 1 中性状 52）。

e）果实：成熟期（表 A. 1 中性状 57）。

10 技术问卷

申请人应按附录 c 给出的格式填写无花果技术问卷。

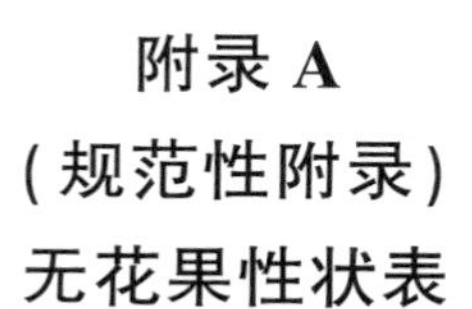

附录 A
(规范性附录)
无花果性状表

A.1 无花果基本性状

见表 A.1。

表 A.1 无花果基本性状表

序号	性状	观测时期和方法	表达状态	标准品种	代码
1	树：姿态 QN (+)	00 VG	直立 半直立 开张		1 2 3
2	树：二级分枝下垂 QL (+)	00 VG	无 有	B110 BLM	1 9
3	树：树势 QN	00 VG	弱 中 强	 玛斯义陶芬 青皮	3 5 7
4	树：分枝数 QN	00 VG	少 中 多	B110 A1213 A134	1 2 3
5	树：结瘤 QN (+)	00 VG	少 中 多	A1213 B110	1 2 3
6	一年生枝：皮孔形状 PQ (a)	00 VG	线形 椭圆形 圆形	B110 日本紫果	1 2 3
7	一年生枝：皮孔大小 QN (a)	00 VG	小 中 大	B110 A1213 日本紫果	3 5 7
8	一年生枝：皮孔数量 QN (a)	00 VG	少 中 多	 日本紫果 B110	3 5 7

（续表）

序号	性状	观测时期和方法	表达状态	标准品种	代码
9	一年生枝：颜色 PQ (a)	00 VG	橙色 褐色 灰褐色 灰色	 A1213 1X）05 	1 2 3 4
10	一年生枝：粗度 QN (a) (-)	00 VG	细 中 粗	A16 A134 	1 2 3
11	一年生枝：节间长度 QN (+)	00 MS	短 中 长	B1011 波姬红 A1213	3 5 7
12	一年生枝：节间数 QN (a) (+)	00 MS	少 中 多	A134 波姬红 	3 5 7
13	一年生枝：顶芽形状 QN	00 VG	长角形 三角形 短三角形	日本紫果 玛斯义陶芬 B110	1 2 3
14	一年生枝：顶芽颜色 PQ	00 VG	黄绿色 橙色 褐色 灰褐色	 日本紫果 A1213 	1 2 3 4
15	一年生枝：顶芽大小 QN	00 VG	小 中 大		1 2 3
16	两年生枝：潜伏芽隆起程度 QN (+)	00 VG	弱 中 强		1 2 3
17	顶芽萌动期 QN (+)	21 VG	早 中 晚	B110 A134 八 132	3 5 7
18	幼叶：绿色程度 QN	21 VG	浅 中 深	日本紫果 B110 玛斯义陶芬	1 2 3
19	叶片：裂刻类型 PQ (b) (丨)	29 VG	无裂 三裂 五裂 七裂	 蓬莱柿 布兰瑞克 D005	1 2 3 4

（续表）

序号	性状	观测时期和方法	表达状态	标准品种	代码
20	仅适用于叶片无裂品种：叶片：形状 PQ Cb） （+）	29 VG	心形		1
			三角形		2
			披针形		3
			椭圆形		4
21	仅适用于叶片有裂品种：叶片：顶部裂片形状 PQ （b） （+）	29 VG	三角形		1
			窄菱形		2
			阔菱形	B110	3
			匙形		4
			长匙形	1X05	5
			大头羽裂形		6
22	仅适用于叶片有裂品种：叶片：顶部裂片长与叶长的比率 QN （b） （+）	29 VG	小	B110	1
			中	玛斯义陶芬	2
			大	波姬红	3
23	仅适用于叶片有裂品种：叶片·裂片二次裂刻 QN （b）	29 VG	无		1
			浅	B110	3
			中	布兰瑞克	5
			深		7
24	叶片：基部形状 PQ （b） （+）	29 VG	下弯		1
			截形	B110	2
			心形	日本紫果	3
			距状	布兰瑞克	4
25	叶片：长度 QN （b） （+）	29 MS	极短		1
			短	D005	3
			中	B110	5
			长	日本紫果	7
			极长		，9
26	叶片：宽度 QN （b） （+）	29 MS	极窄		1
			窄		3
			中	B110	5
			宽	日本紫果	7
			极宽		9
27	叶片：绿色程度 QN （b）	29 VG	浅		1
			中	D005	2
			深	日本紫果	3

（续表）

序号	性状	观测时期和方法	表达状态	标准品种	代码
28	叶片：背面茸毛 QN （b）	29 VG	少 中 多	B110 1X05	1 2 3
29	叶柄：长度 QN （b） （+）	29 MS	极短 短 中 长 极长	 B110 B1011 A1213	1 3 5 7 9
30	叶柄：颜色 QN （b）	29 VG	黄绿色 浅绿色 绿色	B110 玛斯义陶芬	1 2 3
31	单株果实数量 QN （C）	40 MS/VG	极少 少 中 多 极多	 B110 D005 玛斯义陶芬	1 3 5 7 9
32	果实：形状 PQ （c） （+）	40 VG	球形 葫芦形 陀螺形 倒卵形 梨形 瓮形	日本紫果 A1213 B110	1 2 3 4 5 6
33	果实：果粉 QN （C）	40 VG	少 中 多	A1213 日本紫果	3 5 7
34	果实：纵径 QN （C） （^）	40 MS	短 中 长	ALMA B110 玛斯义陶芬	3 5 7
35	果实：横径 QN （C） （+）	40 MS	窄 中 宽	ALMA B110 玛斯义陶芬	3 5 7
36	果实：重量 QN （C） （+）	40 MG	轻 中 重	 B110 A134	3 5 7
37	果实：果柄脱落 QN （C）	40 VG	易 中 难	 日本紫果 A1213	1 2 3

（续表）

序号	性状	观测时期和方法	表达状态	标准品种	代码
38	果柄：长度 QN （C）	40 MS	短	日本紫果	3
			中	B1011	5
			长	ALMA	7
39	果柄：粗度 QN （C） （+）	40 MS	细		3
			中	日本紫果	5
			粗	A212	7
40	果柄：颜色 PQ （c）	40 VG	浅黄色		1
			浅黄褐色	日本紫果	2
			浅黄绿色	玛斯义陶芬	3
			淡绿色	A1213	4
41	果实：颈长度 QN （C） （+）	40 VG	无或极短	D005	1
			短	日本紫果	2
			中		3
			长	A1213	4
			极长		5
42	果实：果皮底色 PQ （C）	40 VG	黄色	新疆早黄	1
			绿黄色	D005	2
			黄绿色	A1213	3
			绿色	绿抗 1 号	4
			黄、绿条带	A42	5
			红色	蓬莱柿	6
			紫色	日本紫果	7
			黑色	加州黑	8
43	果实：果皮盖色 PQ （C）	40 VG	无	青皮	1
			黄色		2
			红紫色	D005	3
			紫色		4
44	果实：果脉明显程度 QN （C）	40 VG	不明显	A1213	1
			较明显	B110	2
			明显	波姬红	3
45	果实：果脉密度 QN （C）	40 VG	稀		3
			中	B110	5
			密	D005	7
46	果实：果点明显度 QN （C）	40 VG	不明显		1
			较明显	A1213	2
			明显	玛斯义陶芬	3
47	果实：果点密度 QN （C）	40 VG	稀	A1213	3
			中	B110	5
			密		7

（续表）

序号	性状	观测时期和方法	表达状态	标准品种	代码
48	果实：果斑有无 QL (C)	40 VG	无	A1213	1
			有	玛斯义陶芬	9
49	果实：果孔大小 QN (C) (+)	40 VG	小	13110	1
			中	A212	2
			大	波姬红	3
50	果实：裂果性 PQ (C) (+)	40 VG	无裂		1
			横裂		2
			纵裂		3
51	果实：剥皮难易程度 QN (C)	40 VS	易		1
			中	玛斯义陶芬	2
			难	A1213	3
52	果实：果肉颜色 PQ (C) (C-4-)	40 VG	黄白色		1
			褐黄色	A134	2
			粉红色	D005	3
			橙红色		4
			红色	日本紫果	5
			紫色		6
			浅褐色		7
			深褐色		8
53	果实：空腔大小 Q \ (c) (下)	40 VG/MS	极小		1
			小	A134	2
			中	布兰瑞克	3
			大	B1011	4
			极大		5
54	果实：瘦果数量 QN (C) (^)	40 VG	少		1
			中		2
			多		3
55	果实：瘦果大小 QN (C) (-)	40 VG	小		]
			中		2
			大		3
56	结果习性 QL	40 VG	春果		1
			夏果	布兰瑞克	2
			秋果	蓬莱柿	3

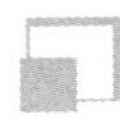

（续表）

序号	性状	观测时期和方法	表达状态	标准品种	代码
57	果实：成熟期 QN （C） （-）	40 VG	早 中 晚	B110 玛斯义陶芬 ALMA	3 5 7
58	果实：畸形果实数量 QN （C）	40 VG	少 中 多		1 2 3

A.2 无花果选测性状

见表A.2。

表A.2 无花果选测性状表

序号	性状	观测时期和方法	表达状态	标准品种	代码
59	果实：香味 QL （C）	40 VG	无 有	B110 D005	1 9
60	果实：果肉质地 QN （C） （+）	40 VG	软 中 硬	A1213 玛斯义陶芬	3 5 7
61	果实：可溶性固形物含量 QN （C） （+）	40 VG	低 中 高	A132 D005 ALMA	3 5 7
62	果实：可滴定酸含量 QN （C） （+）	40 VG	无 低 中 高		1 3 5 7
63	果实：果肉汁液 QN （c） （+）	40 VG	少 中 多	B1011 波姬红	1 2 3

附录 B
(规范性附录)
无花果性状表的解释

B.1 无花果生育阶段

见表 B.1。

表 B.1 无花果生育阶段

代码	名称	描述
00	休眠期	落叶至萌芽前
11	芽萌动期	全树 25%的芽开始萌发
19	芽展叶期	顶芽开始展开 1 片、2 片叶的时期
20	新梢生长期	
25		新梢迅速生长期
29		新梢缓慢生长期
40	成熟期	多数果实开始出现成熟果实的典型皮色、瘦果颜色、硬度和糖度水平相对稳定的时期

B.2 涉及多个性状的解释

(a) 观测一年生枝条，冬季观测，树龄为至少结过 1 年果实的树。

(b) 观察新梢中部且充分发育的叶片，裂叶类型有变化时，观测裂叶类型占多数的叶片。

(c) 观测第一次收获成熟果实。

B.3 涉及单个性状的解释

性状分级和图表中代码见表 A.1。

性状 1 树：姿态，见图 B.1。

性状 2 树：二级分枝下垂，见图 B.2。

性状 5 树：结瘤，观测部位，见图 B.3。

性状 10 一年生枝：粗度，目测枝条中部的粗度。

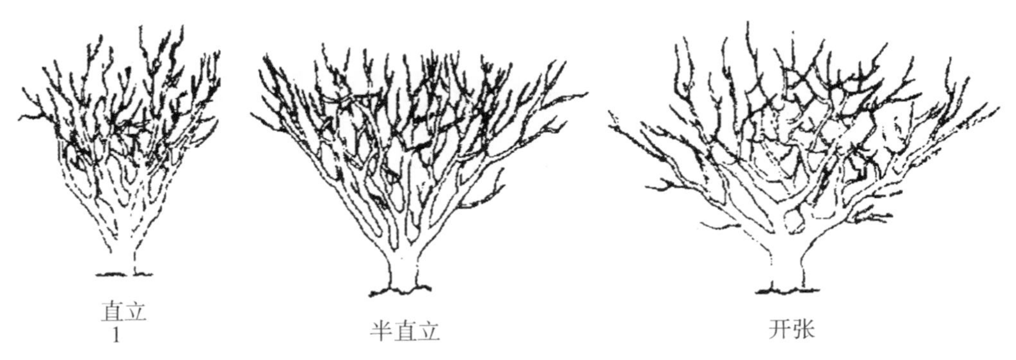

图 B.1 树：姿态

图 B.2 树：二级分枝下垂

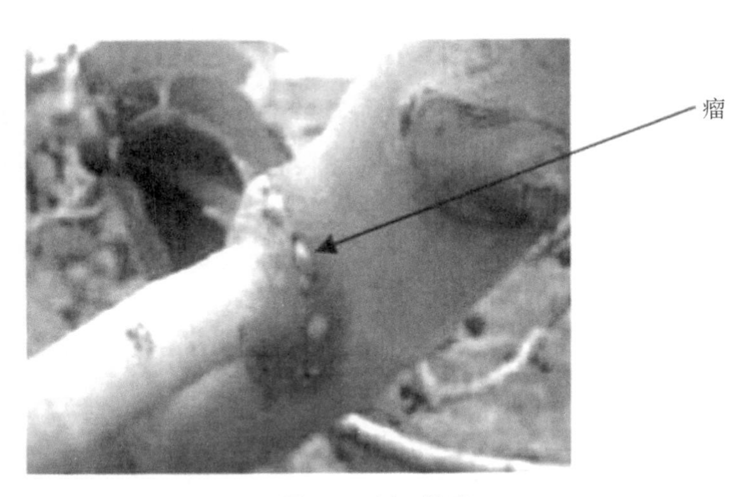

图 B.3 树：结瘤

性状 11 一年生枝：节间长度，测量枝条中部 3 个节间长度，并计算节间长度的平均值。

性状 12 一年生枝：节间数，计数一年生枝条的节间数。

性状 16　两年生枝：潜伏芽隆起程度，见图 B. 4。

图 B. 4　两年生枝：潜伏芽隆起程度

性状 17　顶芽萌动期，当全株 50%顶芽 1～2 片叶平展时的日期，计算小区平均日期。

性状 19　叶片：裂刻类型，见图 B. 5。观测当年生枝条中部充分发育叶片，全株叶片裂片数可能发生变化，观测占主要的裂叶类型。

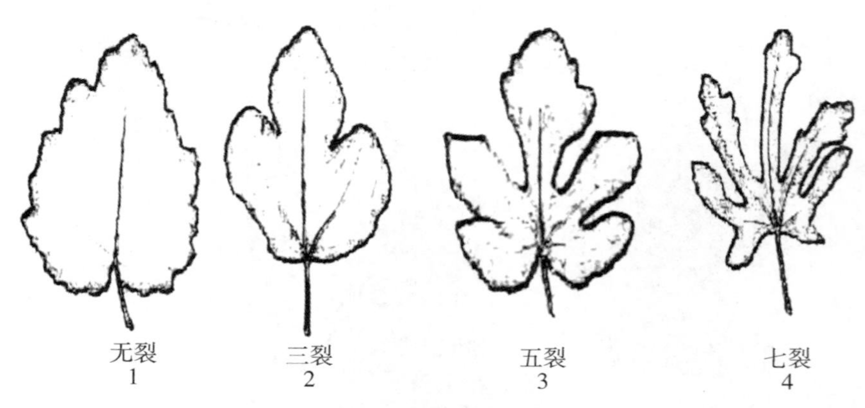

图 B. 5　叶片：裂刻类型

性状 20　仅适用于叶片无裂品种：叶片：形状，见图 B. 6。

性状 21　仅适用于叶片有裂品种：叶片：顶部裂片形状，见图 B. 7。

性状 22　仅适用于叶片有裂品种：叶片：顶部裂片长与叶长的比率；性状 25　叶片：长度；性状 26　叶片：宽度；性状 29　叶柄：长度，见图 B. 8。

性状 24　叶片：基部形状，见图 B. 9。

性状 32　果实：形状，见图 B. 10。

性状 34　果实：纵径，测量 10 个果实的纵径（包括果颈），精确到 0. 1 厘米。

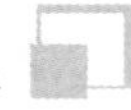

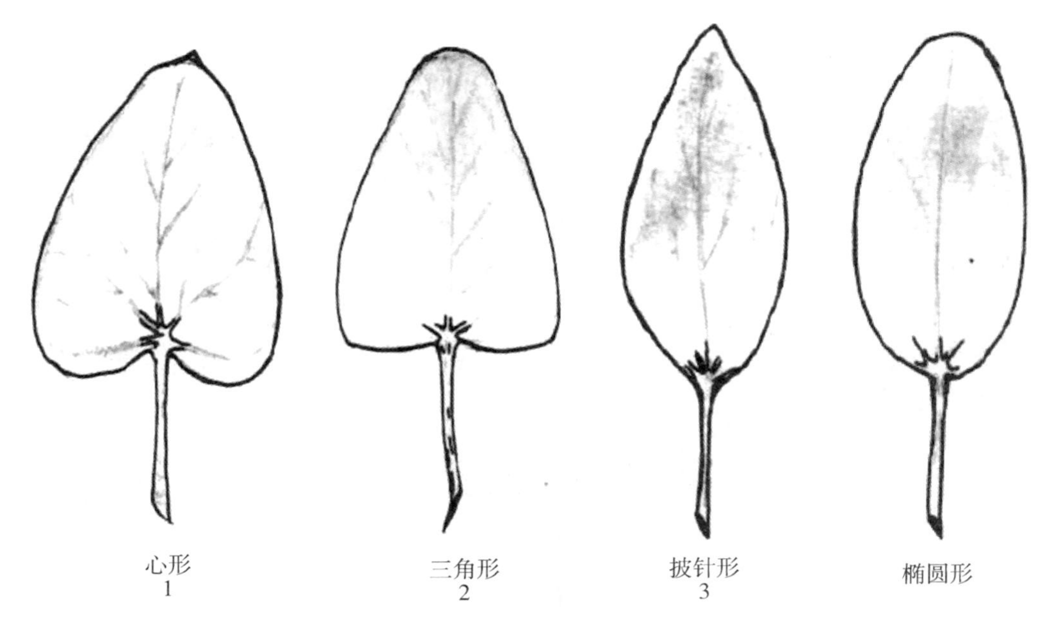

图 B.6 仅适用于叶片无裂品种：叶片：形状

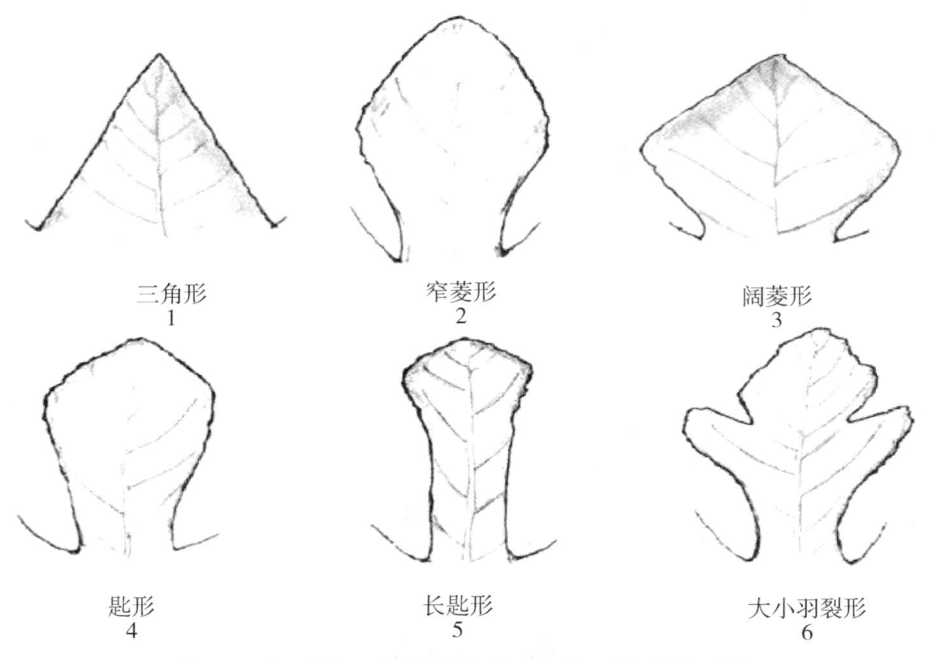

图 B.7 仅适用于叶片有裂品种：叶片：顶部裂片形状

性状 35 果实：横径，测量 10 个果实的最大宽度，精确到 0.1 厘米。

性状 36 果实：重量，测量 20 个果实的重量，计算单果重量平均值，精确到 0.1

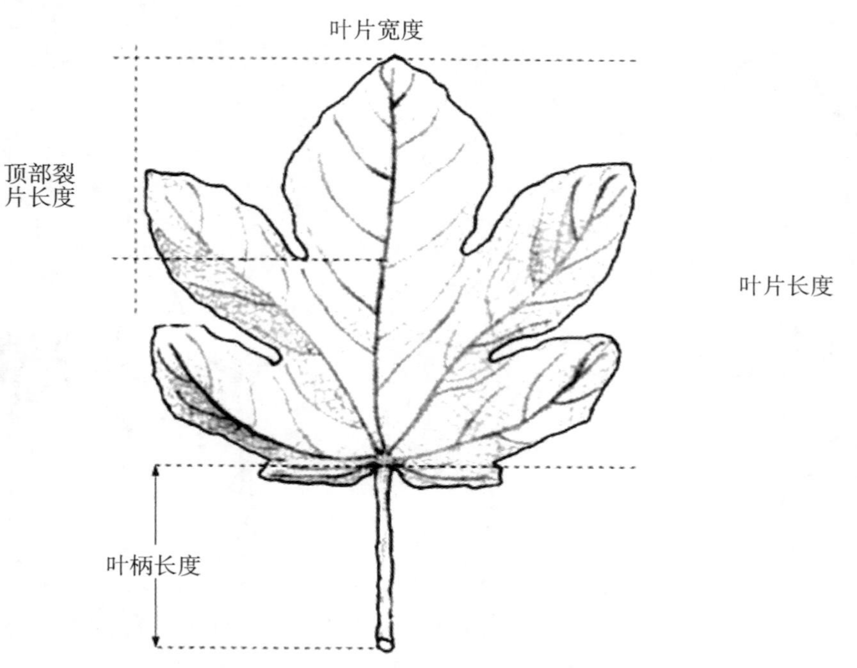

图 B.8　仅适用于叶片有裂品种：叶片：顶部裂片长与叶长的比率；叶片：长度；叶片：宽度；叶柄：长度示意

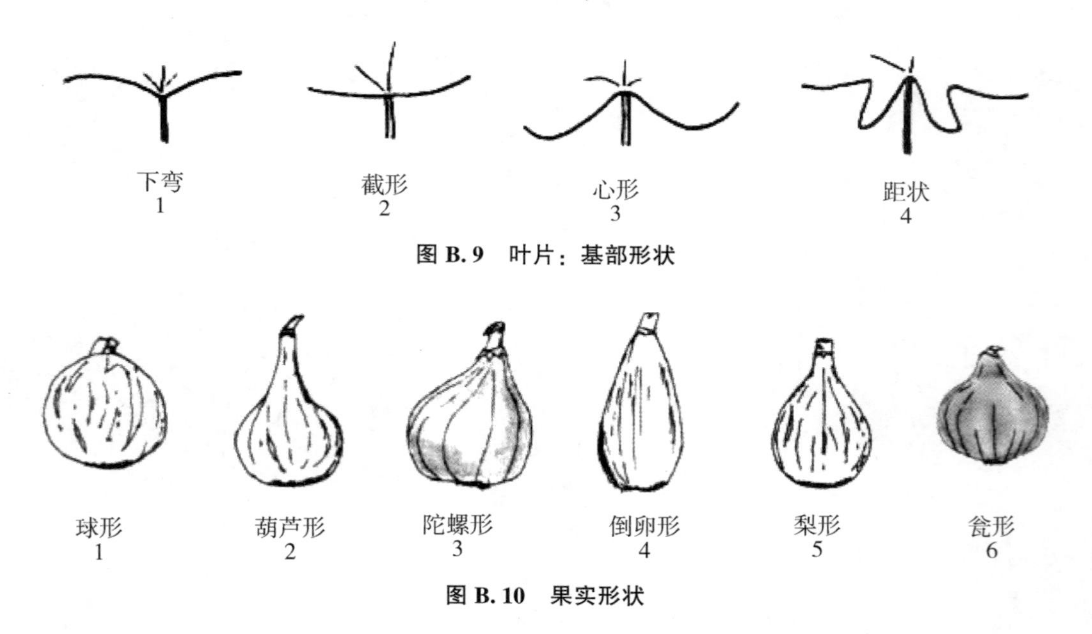

图 B.9　叶片：基部形状

图 B.10　果实形状

克。性状性状 39　果柄：粗度，测量果柄中部直径，精确到 0.1 厘米。

性状 41　果实：颈长度；性状 49　果实：果孔大小；性状 52　果实：果肉颜色；性状 53　果实：空腔；性状 54　果实：瘦果数量；性状 55　果实：瘦果大小，观察部

位，见图 B.11。

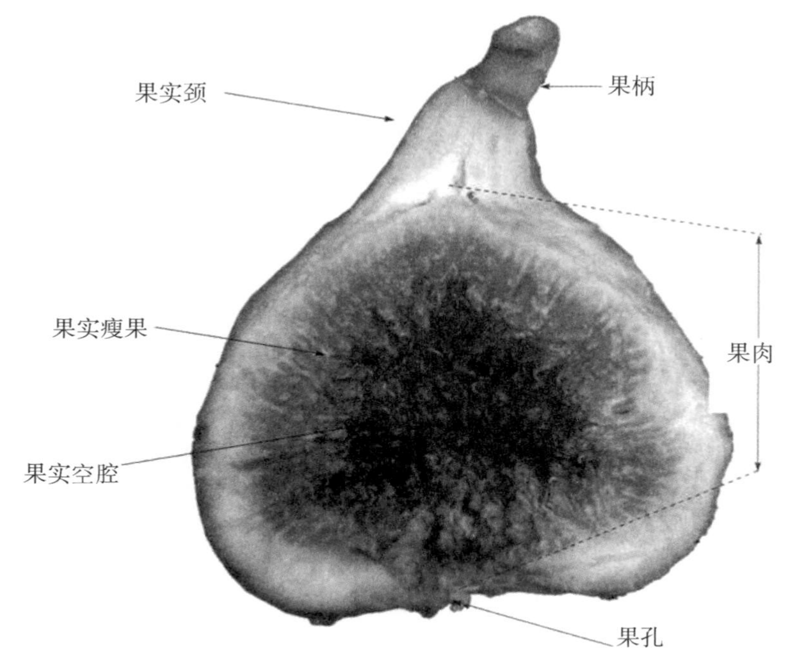

图 B.11　果实剖面

性状 50　果实：裂果性，见图 B.12。

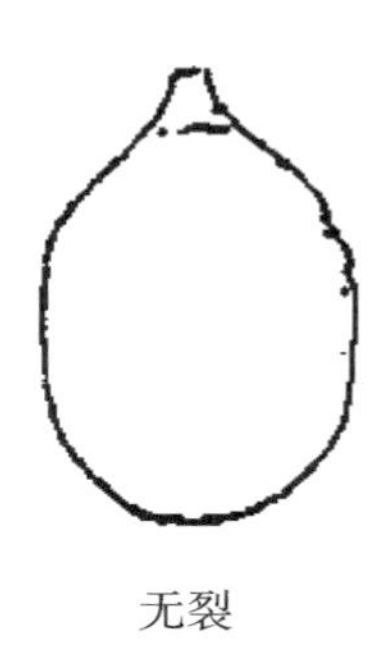

无裂

横裂

纵裂

图 B.12　果实：裂果性

性状 57　果实：成熟期，多数果实商品成熟的日期（果实出现典型皮色、瘦果颜色、硬度和糖度水平相对稳定时）。

性状 60　果实：果肉质地，品尝果肉。

性状 61　果实：可溶性固形物含量，按 GB/T 12295 的规定执行。

性状 62　果实：可滴定酸含量，按 GB/T 12293 的规定执行。

性状 63　果实：果肉汁液，品尝果肉。

附录 C （规范性附录）无花果技术问卷格式

无花果技术问卷

C.1 品种暂定名称

C.2 植物学分类

拉丁名：

中文名：

C.3 品种类型

在相符的类型 [ ] 中打√。

C.3.1 普通型

C.3.2 斯密尔那型

C.3.3 中间型

C.3.4 原生型

C.4 申请品种的具有代表性彩色照片

C.5 其他有助于辨别申请品种的信息

（如品种用途、品质和抗性，请提供详细资料）

C.6 品种种植或测试是否需要特殊条件

在相符的 [ ] 中打√。

是 [ ] 否 [ ]

（如果回答是，请提供详细资料）

C.7 品种繁殖材料保存是否需要特殊条件

在相符的 [ ] 中打√。

是 [ ] 否 [ ]

（如果回答是，请提供详细资料）

C.8 申请品种需要指出的性状

在表 C.1 中相符的代码后 [ ] 中打√，若有测量值，请填写在表 C.1 中。

表 C.1　申请品种需要指出的性状

序号	性状	表达状态	代码	测量值
1	树：姿态（性状1）	直立	1 [　]	
		半直立	2 [　]	
		开张	3 [　]	
2	叶片：裂刻类型（性状19）	无裂	1 [　]	
		三裂	2 [　]	
		五裂	3 [　]	
		七裂	4 [　]	
3	果实：形状（性状32）	球形	1 [　]	
		葫芦形	2 [　]	
		陀螺形	3 [　]	
		倒卵形	4 [　]	
		梨形	5 [　]	
		瓮形	6 [　]	
4	果实：颈长度（性状41）	无或极短	1 [　]	
		短	2 [　]	
		中	3 [　]	
		长	4 [　]	
		极长	5 [　]	
5	果实：果皮底色（性状42）	黄色	1 [　]	
		绿黄色	2 [　]	
		黄绿色	3 [　]	
		绿色	4 [　]	
		黄、绿条带	5 [　]	
		红色	6 [　]	
		紫色	7 [　]	
		黑色	8 [　]	
6	果实：果孔大小（性状49）	小	1 [　]	
		中	2 [　]	
		大	3 [　]	

（续表）

序号	性状	表达状态	代码	测量值
7	果实：果肉颜色（性状 52）	黄白色	1 [ ]	
		褐黄色	2 [ ]	
		粉红色	3 [ ]	
		橙红色	4 [ ]	
		红色	5 [ ]	
		紫色	6 [ ]	
		浅褐色	7 [ ]	
		深褐色	8 [ ]	
8	结果习性（性状 56）	春果	1 [ ]	
		夏果	2 [ ]	
		秋果	3 [ ]	
9	果实：成熟期（性状 57）	极早	1 [ ]	
		极早到早	2 [ ]	
		早	3 [ ]	
		早到中	4 [ ]	
		中	5 [ ]	
		中到晚	6 [ ]	
		晚	7 [ ]	
		晚到极晚	8 [ ]	
		极晚	9 [ ]	

附录 7　NY/T 3026—2016 鲜食浆果类水果采后预冷保鲜技术规程

(Technical code for pre-cooling and storage of postharvest fresh berry fruits)

前言

本标准按照 GB/T 1.1—2009 给出的规则起草。

本标准代替 NY/T 1199—2006《葡萄保鲜技术规范》。与 NY/T 1199—2006 相比，除编辑性修改外，主要技术变化如下：

——修订了标准范围，将范围扩大到鲜食浆果类果品；

——修订了标准规范性引用文件引导语和引用文件；

——增加了术语和定义部分；

——删除了保鲜葡萄的栽培技术要求部分；

——增加了预冷用冷库要求条款；修订了冷库的消毒、冷库的降温等条款位置；

——将采收时期和采收要求两部分修订为采收要求；

——修订葡萄果实的质量要求条款为质量要求条款，修订条款位置；

——修订采后的分级、包装、运输章为分级、包装两个条款，修订条款位置；

——删除果实的预处理条款，增加了预冷章节；

——修改温度条款的内容；修订病害防治条款的位置，修改病害防治条款的内容；

——修改湿度条款的内容；

——增加气体调节条款；

——删除二氧化硫处理条款，增加保鲜处理条款；

——增加储藏管理条款；

——修订出库果实的检测、质量标准和注意事项章节为出库章节，并修改章节内容；

——增加了附录 A“常见浆果预冷条件”；

——增加了附录B“常见浆果储藏保鲜条件”。

本标准由农业部种植业管理司提出并归口。

本标准起草单位：农业部规划设计研究院。

本标准主要起草人：孙静、孙洁、王希卓、程勤阳、刘晓军、王萍、陈全、孙海亭、程方、沈瑾、叶俊松、庞中伟、高逢敬、郭淑珍。

本标准的历次版本发布情况为：

——NY/T 1199—2006。

1 范围

本标准规定了鲜食浆果类果品的术语和定义、基本要求、预冷和储藏。

本标准适用于葡萄、猕猴桃、草莓、越橘（蓝莓）、树莓、蔓越莓、无花果、石榴、番石榴、醋栗、穗醋栗、杨桃、番木瓜、人心果等鲜食浆果类果品的采后预冷和储藏保鲜。

2 规范性引用文件

下列文件对于本文件的应用是必不可少的。凡是注日期的引用文件，仅注日期的版本适用于本文件。凡是不注日期的引用文件，其最新版本（包括所有的修改单）适用于本文件。

GB 2762　食品安全国家标准食品中污染物限量

GB 2763　食品安全国家标准食品中农药最大残留限量

GB/T 8559　苹果冷藏技术

CJB 50072　冷库设计规范

NY/T 658　绿色食品包装通用准则

NY/T 1394—2007　浆果贮运技术条件

3 术语和定义

下列术语和定义适用于本文件。

3.1　浆果 berry

由子房或子房与其他花器共同发育而成的柔软多汁的肉质果。

3.2　预冷 pre-cooling

新鲜采收的浆果，在长途运输销售或储藏之前，通过必要的装置或设施，迅速除去田间热和呼吸热，使果心温度尽快降低到适宜温度范围的操作过程。

3.3　预冷终止温度 final temperature of pre-cooling

预冷终止时，浆果果实的果心温度。

3.4　普通冷库预冷 cold room pre-cooling

利用普通高温库降温的预冷方式。

3.5　预冷库预冷 special cold room pre-cooling

利用在普通冷库隔热防潮设计的基础上，通过加大制冷量和库内风速而设计的专门冷库降温的预冷方式。

3.6　差压预冷库预冷 forced-air pre-cooling

利用专门的压差通风装置强制通风降温的预冷方式。

3.7　自发气调储藏 modified atmosphere storage

在塑料薄膜帐或袋中，通过果实自身的呼吸代谢和塑料膜选择透气性双相调节储藏环境中的氧气和二氧化碳浓度的储藏方式。

3.8　人工气调储藏 controlled atmosphere storage

在冷藏的基础上，把果品放置在密闭的气调室中，利用产品自身的呼吸作用，通过专用设备调节储藏环境中氧气和二氧化碳浓度的储藏方式。

4　基本要求

4.1　冷库要求

4.1.1　预冷用冷库设计要求

4.1.1.1　普通冷库

应满足 GB 50072 的基本要求。要求风速不低于 0.5 米/秒，浆果类商品入库量为库容 20%时，应在 24 小时内将果心温度降至适宜的温度范围。

4.1.1.2　预冷库

应满足 GB 50072 的基本要求。要求风速不低于 1 米/秒，浆果类商品入库量为库容 80%时，应在 24 小时内将果心温度降至适宜的温度范围。

4.1.1.3　差压预冷库

应满足 GB 50072 的基本要求。要求风速 0.9~1.5 米/秒，空气流量不少于 0.06 立方米/（千克/分钟），应在 6~8 小时内将入库浆果类果品的果心温度降至适宜的温度范围。

4.1.2　入库前准备

4.1.2.1　预冷或储藏前对制冷设备检修并调试正常。选择食品卫生法规定允许使用的消毒剂对库房、包装容器、工具等进行消毒灭菌，并及时通风换气。

4.1.2.2　入库前应提前进行空库降温，在入库前 1 天将库温降至适宜温度。

4.2　果实要求

4.2.1　采收要求

4.2.1.1 跃变型浆果应在适宜储藏、运输的成熟期适时采收，非跃变型浆果应在适宜储藏、运输的成熟期适时晚采收，浆果类水果采收成熟度判断依据应按照 NY/T 1394—2007 的规定执行。

4.2.1.2 采收前应至少 15 天严格控制浇水，至少 30 天严格控制施药。

4.2.1.3 采收应在早晨露水干后或下午气温凉爽时进行。不宜雾天、雨天、烈日暴晒下采收。

4.2.1.4 采收过程中做到轻拿轻放，尽量避免碰伤果实。如需剪采时，应采用圆头形采果剪。

4.2.1.5 对机械伤果、病虫果、落地果、残次果、腐烂果、沾地果进行单独存放、处理。

4.2.1.6 采后果实应放置阴凉处，避免受太阳光直射。

4.2.2 质量要求

用于预冷保鲜的浆果类果品应有该果品固有的色泽、形状、大小等特征。卫生指标应符合 GB 2762 和 GB 2763 的规定。

4.2.3 分级

果实采收、修整后，按产品大小、质量进行分级，相同等级集中堆放。

4.2.4 包装

4.2.4.1 根据要求，采用果盘、盒、箱、筐等进行包装。

4.2.4.2 包装材料应符合 NY/T 658 的卫生要求。

4.2.4.3 同批次预冷果实外包装箱规格应一致。

4.2.4.4 包装箱要牢固、有良好通风性能，内壁应光滑。包装内衬应有防震、减伤、调湿、调气等功能。

4.2.4.5 果实如需使用内包装，应在内包装材料上打孔，内包装的开孔需与外包装的开孔相配合；如因储藏要求内包装不能打孔，预冷时必须将内包装袋口打开。

5 预冷

5.1 入库

5.1.1 入库时间

浆果类果品采收后应及时入库预冷，采收到入库时间不宜超过 12 小时。

5.1.2 堆码

5.1.2.1 基本要求

小心装卸，合理安排货位及堆码方式，包装件的堆码方式应保证库内空气正常流通。货垛应按产地、品种、等级分别堆码，并悬挂标牌。

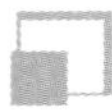

5.1.2.2　普通冷库预冷和预冷库预冷堆码要求

码垛要松散，普通冷库预冷堆码密度不宜超过 125kg/m^3；预冷库预冷堆码密度不宜超过 200kg/m^3。货垛排列方式、走向应与库内空气环流方向一致。

普通冷库预冷和预冷库预冷货物堆码要求：

a）距离≥0.2m

b）距顶≥1.0m

c）距冷风机≥1.5m

d）垛间距离≥0.3m

e）库内通道宽≥1.2m

f）垛底垫木（石）高度≥0.15m

5.1.2.3　压差预冷库预冷堆码要求

果品包装箱置于压差预冷设备前，码垛要密集，使包装箱有孔侧面垂直于进风风道，堆垛后包装箱开孔应对齐。包装箱应对称摆放在风道两侧、高度相同，用油布或帆布平铺覆盖中央风道上面及末端，包装箱高度不应高于油布或帆布高度。

5.2　预冷

5.2.1　预冷温度控制

5.2.1.1　预冷时库温

不同种类浆果类果品采用普通冷库预冷、预冷库预冷和压差预冷库预冷时的库温参见附录 A。

5.2.1.2　预冷终止温度

不同种类浆果类果品冰点和预冷终止温度参见附录 A。

5.2.1.3　温度测定与记录

测量温度的仪器，误差≤0.2℃。测温点的选择符合 GB/T 8559 的要求。

5.2.2　预冷湿度控制

5.2.2.1　相对湿度值

普通冷库预冷和预冷库预冷时库内相对湿度 85%~90%。差压预冷库预冷时库内相对湿度 90%~95%。当库房内湿度低于预冷浆果的适宜湿度下限，应采取加湿措施。

5.2.2.2　湿度测定与记录

测量湿度的仪器要求误差≤5%。测湿点的选择与测温点相同。

5.3　出预冷冷库

5.3.1　果品温度降至预冷终止温度后，及时出库。

5.3.2　普通冷库和预冷库预冷果品，预冷终止后可就库储藏；差压预冷库预冷果品，预冷终止后应移入普通冷库储藏，移动过程中应保持低温状态。

6 储藏

6.1 入库堆码

6.1.1 按产地、品种分库、分垛、分等级堆码，垛位不宜过大，以 200~300kg/m^3 的密度堆码，大木箱包装、托盘堆码时，堆码密度可增加 10%~20%。

6.1.2 在冷库不同部位摆放 1~2 箱观察果，以便随时观察箱内变化。

6.1.3 入库后应及时填写货位标签和平面货位图。

6.1.4 货位堆码按照 GB/T 8559 中相关规定执行。

6.2 储藏方式

根据浆果类果品的储藏特性、对气调储藏的反应和拟储藏的时间长短，决定采取冷藏、自发气调储藏或人工气调储藏方式。

6.3 保鲜技术条件

6.3.1 温度

入满库房后要求 24 小时内库温达到所储产品要求的储藏温度，不同种类浆果类果品储藏温度参见附录 B。应尽量避免库温波动，如有波动，波动范围不超过±0.5℃。

6.3.2 湿度

不同种类浆果类果品储藏适宜的相对湿度参见附录 B，储藏过程中应防止外界热空气进入而造成库内大的湿度变化，当库房内湿度低于储藏浆果的适宜湿度下限时，应采取加湿措施。

6.3.3 气体调节

6.3.3.1 冷藏时，如有大量腐烂或熏药等特殊情况，应利用夜间或早上气温较低时对冷库进行通风换气，但应注意避免发生冻害。

6.3.3.2 不同种类浆果类果品储藏时适宜的氧气和二氧化碳浓度参见附录 B。

6.3.4 保鲜处理

浆果类储藏期间，按照其储藏特性要求，选择适宜的保鲜处理方式和处理工艺，并严格遵守食品安全的相关规定。

6.4 储藏管理

6.4.1 定期检查浆果类果品储藏期间的质量变化情况，并及时处理腐烂变质果实。

6.4.2 浆果在储藏过程中主要病害的防治措施按照 NY/T 1394—2007 附录 B 执行。

6.5 出库

6.5.1 果实出库时，可一次出库或按市场需要分批出库。储藏温度在 0℃左右的果品，一次全部出库上市时，应提前停止制冷机运行，使库温缓慢回升至 5~8℃后再出库；分批出库时，应先将果实移至温度为 5~8℃的干净场所，当果温和环境温度相近时上市。

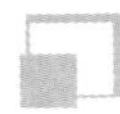

6.5.2　气调储藏结束时，应先打开储藏间，开动风机 1~2 小时，待排出过高的二氧化碳、氧气含量接近大气水平时，工作人员方可不戴安全防护面具进入库内进行出库操作。

附录 A　（资料性附录）常见浆果预冷条件

常见浆果预冷方式和预冷时库温见表 A.1。

表 A.1

名称	冰点温度（℃）	预冷时库温（℃）			预冷终止温度（℃）
		普通冷库预冷	预冷库预冷	差压预冷库预冷	
葡萄	-2.1	-1~0	-1~0	0~2	3~5
猕猴桃	-1.5	0~2	0~2	1~3	3~5
草莓	-0.8	3~5	3~5	4~6	7~9
蓝莓	-1.3	2~4	2~4	3~5	5~7
树莓	-0.9	0~2	0~2	1~3	3~5
蔓越莓	-0.9	0~2	0~2	1~3	3~5
无花果	-2.4	0~2	0~2	1~3	3~5
石榴	-3.0	5~7	5~7	6~8	10~12
番石榴	-2.4	5~10	5~10	6~11	10~15
醋栗	-1.1	0~2	0~2	1~3	3~5
穗醋栗	-1.1	0~2	0~2	1~3	3~5
杨桃	-1.2	5~7	5~7	6~8	9~10
番木瓜	-0.9	5~7	5~7	6~8	10~13
人心果	-1.1	15~18	15~18	16~19	15~18

附录 B
(资料性附录)
常见浆果储藏保鲜条件

常见浆果预冷方式和预冷时库温见表 B. 1。

表 B. 1　常见浆果储藏保鲜条件

名称	适宜储藏温度（℃）	适宜储藏湿度（%）	乙烯敏感性	推荐储藏时间（天）	适宜储藏气体条件	
					O_2（%）	CO_2（%）
葡萄	-1~0	90~95	L	30~90	2~5	1~5
猕猴桃	0~1	90~95	H	90~150	2~3	3~5
草莓	2~4	85~95	L	3~5	5~10	15~20
蓝莓	0~2	85~95	L	20~40	2~5	15~20
树莓	0±0.5	90~95	L	3~6	5~10	15~20
蔓越莓	0±0.5	90~95	L	8~16	1~2	0~5
无花果	-1~0	90~95	L	7~14	5~10	5~10
石榴	5~7	90~95	L	60~90	3~5	5~6
番石榴	5~10	90~95	M	10~20	8~10	5~6
醋栗	0±0.5	90~95	L	14~30	5~10	15~20
穗醋栗	-1~0	90	L	7~15	1~5	7~15
杨桃	5~7	85~90	M	20~30	3~6	4~6
番木瓜	7~13	85~90	M	10~20	2~5	5~8
人心果	15~18	85~90	H	30~50	2~5	5~10

注：L 代表低敏感性；M 代表中敏感性；H 代表高敏感性。